항공보안 법규해설

(항공보안법을 중심으로)

소대섭

도서출판 진 영 사

항공보안 법규해설
소대섭

2018년 08월 22일 초판 인쇄
2018년 08월 24일 초판 발행
발행인 박 진 영
발행처 도서출판 진영사
인천광역시 부평구 갈산동 185번지 풍진빌딩 303호
전화 : 032)505-4207
팩스 : 032)505-4206
E-mail : 0183734207@hanmail.net
등록 : 122-91-77317

ISBN 978-89-6541-375-2 93360
값 18,000원

머리말

2017년 에어버스에서 발표한 글로벌 항공시장 전망에 따르면 2037년까지 20년간 항공기 4.8만대와 조종사 54만명이 필요하고 항공교통량은 매년 4.4% 성장할 것이며, 인천국제공항도 2035년에는 연간 여객이 1억 1천만명, 운항횟수는 62만회이상이 될 것이라고 예측하고 있습니다. 최근에는 4차산업이 급속히 발전하면서 전세계 주요공항에서 빅데이터 분석을 통한 예측적 공항운영, IoT기술을 활용한 여객동선 모니터링/분석 등 여객흐름관리 등에 적용함으로서 최첨단 ICT/서비스 융합과 혁신으로 스마트공항을 구현하는데 경쟁적으로 추진하고 있습니다.

특히 항공보안분야에서는 빅데이터 분석과 안면인식 등 인공지능(AI) 활용한 위협인물 자동탐지, 홍채 등 생체인식을 활용한 출입통제, AI가 X-ray 이미지를 분석하여 위해물품을 자동으로 탐지하는 기술, 승객이 불편없이 휴대물품을 소지하고 보행속도로 보안검색터미널을 통과하면 승객·휴대물품·위탁수하물을 자동으로 검색하는 터널형 보안검색시스템 등이 개발되고 있으며 일부 시스템은 이미 상용화되어 운영중에 있습니다.

이렇듯 급변하는 항공보안 환경에서도 항공보안의 근간이 되고 공항 및 항공사보안 운영을 위해서는 필수적으로 알아야 하는 가장 중요한 지식이 항공보안법규로서, 법규를 이해하지 못하면 사상누각에 불과할 것입니다.

저자는 1996년 3월부터 항공보안업무를 담당하였고 2001년부터는 인천국제공항공사부설 항공보안교육원을 설립하여 운영한 바 있으며, 이때 2004년 국내 최초로 "항공보안종사자를 위한 항공보안법규"를 발간하여 항공보안종사자에게 유익한 항공보안 법률정보를 일목요연하게 제공한 바 있습니다.

2015년에는 (사)대한민국 항공보안협회 이사로 활동하면서 외국적 항공사 등 항공보안종사자를 위해 국내에서 처음으로 항공보안법 · 시행령 · 시행규칙을 한글 · 영문 혼용으로 수록하였고 항공보안과 관련한 고시 · 예규 · 지침 · 훈령 등을 총정리하여 "항공보안법규"를 발간한 바 있습니다.

이번 "항공보안 법규해설"은 항공보안 관련법규를 편집 · 정리하는데 그치지 않고 '항공보안법을 중심으로' 모든 조항 별로 관련된 시행령, 시행규칙, 해당 조항과 관련한 국제법규, 국토교통부 고시 · 예규 · 훈령 · 지침 등을 체계적으로 수록함으로서 항공보안법 각 조항을 이해하고 해석하는데 도움이 될 수 있도록 하였습니다. 또한 ICAO(국제민간항공기구) 부속서 17(SECURITY)이외에 기타 부속서에 수록된 항공보안 관련조항을 포함하여 항공보안과 관련한 법규가 항공운송산업 발전에 얼마나 중요한 역할을 하고 있는지를 알 수 있도록 하였습니다.

끝으로 "항공보안 법규해설(항공보안법을 중심으로)" 책이 발간될 수 있도록 물심양면에서 도와주신 (사)항공보안협회 윤규식회장님, 협회부설 민간경비교육원 고광남원장님, 진영사 박진영대표님께 진심으로 감사드리며, 항공보안종사자 여러분들에게 다소나마 유용하게 활용되기를 바라면서 부족한 부분이 있더라도 독자 여러분의 크신 아량으로 이해해 주시기를 간곡히 부탁드립니다. 감사합니다.

2018년 8월 소대섭 올림

목 차

제1장 항공보안법 개정

제1절 항공보안법 개정연혁

1. 항공법 제정

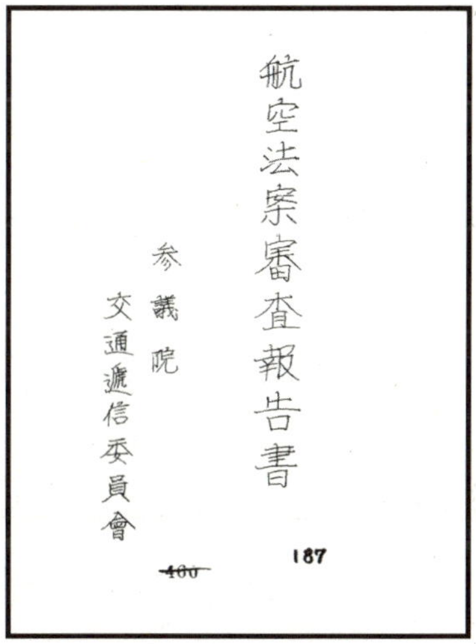
航空法案審査報告書

參議院

交通遞信委員會

~~400~~ 187

항공법 제정 심사보고서(61.2.13)

1961. 3. 7일 제정되어 같은 해 6. 8일 시행된 항공법은 1919년에 파리에서 체결된 국제항공조약에 근거를 둔 것으로 항공산업계의 비약적인 발전과 제2차 세계대전을 통하여 급격히 발달한 항공정세에 부합하기 위해 1944년에 시카고에서 국제민간항공조약을 체결[1]함으로써 정부에서는 1960.11.19일 항공법을 제안하였으며 국제민간항공조약과 외국항공법등을 참고로 하여 이 법을 제정하였다.

제정당시 안전비행을 위하여 폭발물 운송을 금지하는 조항을 포함하였는데 폭발성 또는 연소성 높은 물품, 기타 타인에게 위해를 주거나 손상할 우려가 있는 물건은 항공기 운송이 금지되며 항공운송사업자는 금지물품을 확인하기 위해 점검하도록 의무화하였다.

1) 국제민간항공협약은 1944년 시카고 국제민간항공회의에서 채택된 협약으로서 1947년 4월 4일 세계 민간항공의 평화적이고 건전한 발전을 도모할 목적으로 유엔 경제사회이사회 산하 전문기구로 편제되어 ICAO(국제민간항공기구, International Civil Aviation Organization)가 설립하게 되었으며, 대한민국은 1952년에 가입하였다.

【항공법】 제66조(폭발물 등의 수송 또는 휴대의 금지)

① 폭발성 또는 연소성이 높은 물건 기타 타인에게 위해를 주거나 다른 물건을 손상할 우려가 있는 물건으로서 교통부령으로 정하는 것은 이를 항공기로 운송하지 못한다.
② 항공운송업자는 수송품 중에 전항에 해당하는 물건의 유무를 확인하기 위하여 그 지정한 직원으로 하여금 그 수송을 기탁하기 전에 이를 점검하게 하여야 한다.
③ 누구든지 무기 또는 제1항의 물건을 항공기내에 가지고 들어가서는 아니된다. 단, 교통부령의 정하는 바에 의하여 특정한 직무를 행하기 위한 때에는 예외로 한다.
④ 전항 단서규정에 의하여 무기를 휴대하려는 자는 탑승 전에 이를 당해항공기의 기장에게 보관시키고 목적지에 착륙한 후 이를 반환받아야 한다.
⑤ 비행장에 파견된 경찰관은 여객 중에 전항의 물건을 가지고 타는 여부를 확인하기 위하여 그 신체 또는 물건을 검색 또는 점검할 수 있다.

2. 항공기운항안전법 제정

1973.12. 3일 김창규의원 외 30명이 항공기에 대한 범죄 특히 운항중 납치사건이 빈번하게 발생함을 감안하여 국제적 노력의 결과에 따라 각국에서 국제협약을 받아들여 국내 입법하고 있는 추세에 비추어 우리나라에서도 이를 입법함으로써 각국의 입법경향에 비추어 항공기의 안전운항 기준과 대형화하는 항공기의 발달에 따른 범죄양태 구성요건과 형량을 규정할 수 있도록 하기 위해 도교협약[2)]을 기초로 '항공기납치방지법'으로 입법 발의되었으며, 입법과정에서 항공기운항안전법으로 법률제명

2) "항공기내에서 범한 범죄 및 기타행위에 관한 협약"은 기내에서 발생하는 형사법에 위반하는 범죄와 항공기와 승객의 안전을 위협하는 행위에 대하여 항공기 명령권자(기장)가 기내의 질서를 유지하며, 승객을 안전하게 목적지까지 운송하기 위한 필요한 조치를 취할 수 있는 권한을 부여하고 있으며, 1963년 162개국이 서명한 다국적 협약으로서 우리나라는 1971년에 비준한 국제법규로서 국내법과 동일한 효력을 가지고 있음.

이 수정되어 1974.12.26.일 제정 · 시행되었다.

제정된 항공기운항안전법은 제1조(목적), 제2조(정의), 제3조(적용범위), 제4조(금지사항), 제5조(기장의 권한), 제6조(범인의 인도 · 인수), 제7조(예비조사), 제8조(항공기 납치죄), 제9조(납치 · 치사상), 제10조(항공기납치 예비음모), 제11조(항공기운항저해죄), 제12조(항공기위험물건탑재죄)로 구성되었으며, 제정된 법률 주요내용은 다음 표와 같다.

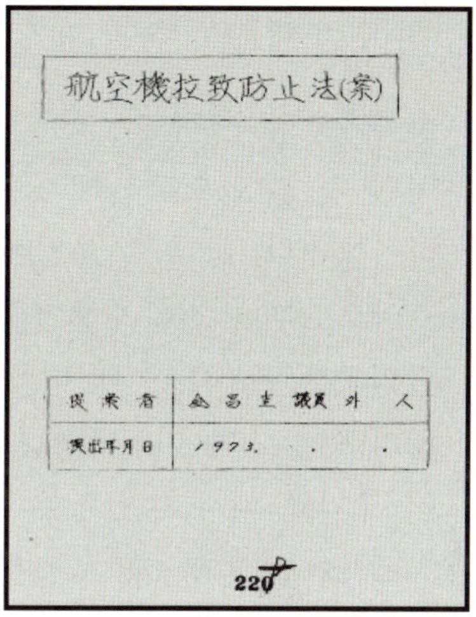
航空機拉致防止法(案)

提案者	議員 外 人
提出年月日	1973. . .

220

항공기 납치 방지법(안)

【항공기운항안전법】 주요 내용 (1974년 제정)

1. ‘항공기납치방지법’을 ‘항공기운항안전법’으로 변경함
2. 항공기에는 무기, 도검류, 폭발물, 독물, 연소성이 높은 물건을 휴대탑승하거나 탑재할 수 없도록 함(제4조 금지사항)
3. 운송업자는 항공기탑승 및 탑재전에 여객의 몸을 검색하거나 휴대품 및 화물을 개봉검색 할 수 있게 함(제5조 검문검색)
4. 기장은 운항중인 항공기의 안전과 인명재산의 보호를 위하여 법이 정하는 바에 따라 사법경찰관리의 직무를 수행할 수 있게 하며 항공공기내에서 기장의 요청이 있을 때에는 협조토록 함(제6조 기장의 권한)
5. 항공기 운항중 범죄를 범한 범인을 인도할 때에는 기장이 직접 또는 관계공무원을 통하여 경찰관에게 인도함(제7조 범인의 인도·인수)
6. 벌칙을 다음과 같이 규정함.
   가. 항공기 납치범…무기 또는 7년 이상 징역
   나. 항공기 납치 치사범…사형 또는 무기징역
   다. 항공기 납치 예비음모…5년 이상의 징역
   라. 항공기운항저해범…1년 이상 10년 이하의 징역
   마. 항공기 위험물건 탑재죄…2년 이상 5년 이하의 징역

3. 항공안전 및 보안에 관한 법률 전문개정

항공기운항안전법이 제정되고 27년이 지난 2001년 8월 23일에 조한천 의원 등 31인으로부터 1차개정안이 제출되어 2002. 1.26일에 개정되었다. 그러나 2002. 7.26일에 시행되기 전에 2002. 2.7일 조한천의원 등 31인으로부터 전문개정법률안이 발의되었다.

발의배경은 2001. 9.11 미국에서 발생한 항공기 테러사건 이후 국제민간항공기구(ICAO)와 미연방항공청(FAA)은 공항에서의 항공보안을 강화[3)]하기 위한 조치를 취하고 있으며, 특히 미국은 "항공 및 교통안전법"(Aviation and Transportation Security Act)을 2001.11.18일 제정하여 조종실 안전 및 검색업무 강화 등 항공보안을 강화하고 있고 2001.12.20.에 국회에서 비준된 '가소성폭약의탐지용식별에관한협약[4)]'을 비롯한 보안관련 국제협약을 개정법률안에 포함하기 위한 것이다.

우리나라의 경우에는 미국 연방항공청(FAA)의 외국공항 보안평가 프로그램(Foreign Airport Assessment Program)에 따라 미 국적기가 취항하고 있는 인천국제공항에 대한 항공보안감사가 미연방항공청에 의해 2001년에 실시될 예정으로 평가결과에 따라 국제기준에 미달할 경우 미국적 항공사의 국내공항 취항금지 등의 조치가 취해질 수도 있는 급박한 상황이었다.

이에 대비하여 항공보안 법령과 제도, 항공보안 실행체계 등 근본적인 개선이 시급한 실정임을 감안하고 향후 국제민간항공기구 및 미연방항

---

3) 국제민간항공기구(ICAO) 2001년 제33차 총회(01. 9.25~10. 5)에서 모든 체약국들은 '항공보안감사 프로그램'을 제정하여 보안점검을 실시할 것을 결의하였으며, 제12차 항공보안 패널회의(01.11. 5~9)에서 '보안감사 프로그램'을 제정하여 회원국에 대한 감사가 의무화되어야 한다는데 의견이 일치됨

4) 식별이 어려운 가소성 폭발물을 사용하거나 변형하는 것을 방지하기 위하여 제조시 폭발물 식별과 보안검색이 용이하도록 하여 가소성폭발물이 자국영토에 반입되거나 반출되지 않도록 폭발물의 소지 통제 및 이동 통제를 위한 대책 수립을 위한 협약

공청 등의 항공보안점검에 능동적으로 대응하고 취약하였던 항공안전 및 보안능력을 향상시키기 위하여 기존의 미비하였던 항공보안과 관련된 법령 및 제도를 전반적으로 재정비하고자 "항공기안전운항법"을 "항공안전 및 보안에 관한 법률"로 법률제명 및 전문이 2002.8.26.일 개정되어 2002.11.27일 시행되었다.

구 분	주요내용	개정일자	비고
항공기랍치방지법	입법 발의 (김창규의원외 30인)	1973. 12.3 발의	발의
항공기운항안전법	법률 제명을 수정	1974.12.26 제정시행	제정
	개정법률안 발의 (조한천의원 등 31인)	2002. 1.26 개정 (2002. 7.27 시행)	1차 개정
항공안전및보안에관한법률	개정법률안 발의 조한천의원 등 31인	2002. 8.26 개정 (2002.11.27 시행)	전부 개정
항공보안법	개정법률안 발의 (정부제출)	2013. 4. 5 개정 (2014. 4. 6 시행)	제명 변경

항공보안법 개정연혁

항공기운항안전법을 전문 개정하여 "항공안전 및 보안에 관한 법률"로 법률 제명을 변경하여 시행되었다.

1) 제안이유

항공기 안에서 발생하는 범죄행위에 대한 처벌 등 현행법의 관련 규정으로는 국제민간항공협약에서 정한 민간항공의 안전을 확보하는 데에 문제점이 있어, 보안검색에 대한 책임소재의 명확화, 항공보안계획 수립대상 기관 및 업체 지정, 항공보안계획수립 의무, 항공안전보안지시, 조사 및 점검 등의 법적 근거를 마련함으로써 법 적용의 실효성을 확보하고 민간항공의 안전성, 정시성 및 효율성을 유지하여 항공기와 탑승객의 안전한 운항과 여행을 도모하고자 함.

2) 주요골자

(1) 법률 제명을 "항공기운항안전법"에서 "항공안전및보안에관한법률"로 개정함.

(2) 법의 입법목적에 민간항공의 안전 및 보안에 관한 여러 국제협약을 포함하는 보안대책 규정을 추가하여 목적을 강화함(안 제1조).

(3) 이 법의 적용범위에 공항운영자, 항공운송사업자, 항공기취급업체, 공항상주업체, 화물터미널운영자, 공항이용자 및 여객터미널의 환승지역 내에서의 범죄와 대한민국으로 운항하는 외국적 항공기의 기내 범죄도 포함되도록 함(안 제3조).

(4) 건설교통부장관이 민간항공의 안전 및 보안에 관한 계획수립, 관계행정기관간 업무협조체제 유지, 공항운영자 등에 대한 보안계획 승인 및 실행점검 등을 수행토록 규정함(안 제5조).

(5) 항공안전 및 보안에 대한 정책협의를 위하여 항공안전위원회를 설치하고 공항내에서의 보안활동을 협의하기 위하여 공항안전운영협의회를 구성하여 운영할 수 있는 법적근거를 각각 마련함(안 제6조 및 제7조).

(6) 공항운영자 등에게 항공의 안전 및 보안에 관한 계획을 수립하여 건설교통부장관의 승인을 받도록 함(안 제8조).

(7) 공항운영자에게 공항시설의 보호책임을 정하고 공항시설의 보호구역을 지정하여 승인을 받도록 하였으며 보호구역 출입통제 등에 관한 법적근거를 명시하였음(안 제9조 내지 제11조).

(8) 항공기의 보안 및 승객의 안전에 대한 책임을 항공운송사업자에게 부여하고, 테러 등 항공안전에 위협이 되는 경우 항공보안요원으로

하여금 무기를 소지하거나 안전조치의무를 부과할 수 있도록 함(안 제12조).

(9) 승객 및 휴대물품에 대한 보안검색에 대한 책임은 공항운영자에게, 위탁수하물 및 화물에 대한 검색은 항공운송사업자에게 각각 책임을 부과하고 보안검색에 소요되는 비용을 충당하기 위한 법적 근거를 마련함(안 제13조).

(10) 통과 및 환승승객에 대해 보안검색 및 관리를 가능하도록 하기 위하여 휴대물품을 소지하여 항공기에서 내리도록 강제함(안 제15조).

(11) 접근통제 실패의 경우 건설교통부장관에게 통보하는 절차 및 관련 국가에 해당 사실을 통보하는 법적 근거를 마련함(안 제17조).

(12) 효율적인 화물검색을 위한 상용화주의 면허기준 및 검색절차를 건설교통부령으로 정하고, 면허기준을 위반하여 검색업무를 수행한 상용화주에 대하여는 그 면허를 취소하도록 함(안 제19조 및 제20조).

(13) 범죄자를 항공기로 호송하는 경우 상황별 적정기준을 수립하여 항공운송사업자에게 통보하고 항공운송사업자는 승객의 안전에 위험이 우려된다고 판단될 경우 범죄자 탑승을 거절할 수 있도록 함(안 제24조).

(14) 공항에 설치·운영되는 항공안전 보안장비는 건설교통부장관이 고시하는 장비를 사용하도록 하며 세부 사항은 건설교통부장관이 지정하도록 함(안 제27조).

(15) 검색업무를 감독하거나 수행하는 자는 건설교통부장관이 정한 교육기관에서 검색방법, 검색절차, 검색장비의 운용 및 기타 보안검색에 필요한 교육훈련을 이수하여야 함(안 제29조).

(16) 민간항공의 안전 및 보안에 관련된 관계기관 및 업체가 불법방해행위에 효율적으로 대처할 수 있도록 자체의 우발계획을 수립하고 승인을 받도록 규정함(안 제31조).

(17) 항공안전 및 보안을 위해 정기점검 및 현장실태조사를 하여 필요할 경우에 시정조치 통보 및 필요한 보호대책을 요구하도록 하고 항공보안감독관 운영에 대한 사항은 건설교통부령으로 정하도록 함(안 제33조).

3) 위원회 수정사항

보안검색과 관련하여 범죄수사 및 공공의 위험예방을 위해 필요한 경우 경찰이 보안검색에 대해 필요한 조치를 요구할 수 있도록 하고, 항공운송사업자가 형사소추대상자 등의 호송시 자의적 탑승을 거절하는 경우를 방지하기 위하여 호송공무원에게 적절한 안전조치를 요구할 수 있도록 하며, 국가는 보안검색에 관한 기본계획 및 실시계획을 수립하고 항공안전 및 기술 등에 관한 업무를 독립적으로 수행할 수 있도록 건설교통부에 항공안전조직을 설치할 수 있도록 하는 등 일부 미비된 사항을 보완하려 하는 것임

4) 위원회 수정 주요골자

(1) 국제공항으로 지정된 여객터미널의 환승지역내에서의 범죄와 대한민국으로 운항하는 외국적 항공기의 기내에서 발생하는 범죄행위에 대하여는 적용범위에서 삭제함(제3조제2항)

(2) 건설교통부장관은 이 법 또는 항공법에서 정한 항공안전 및기술 등에 관한 업무를 전담하는 항공안전조직을 대통령령이 정하는 바에 의하여 중앙행정기관의 조직과 달리 설치 · 운영할 수 있도록 함(제6조)

(3) 국가는 보안검색에 관한 기본계획 및 실시계획을 관계기관과 협의하여 수립하도록 하였으며, 항공안전위원회를 "항공안전협의회"로 수정함(제7조 내지 제10조)

(4) 보안검색과 관련하여 범죄수사 및 공공의 위험예방을 위해 필요한

경우 경찰이 보안검색에 대해 필요한 조치를 요구할 수 있고 공항운영자나 항공운송사업자는 정당한 이유없이 거절할 수 없도록 함(제15조제1항)

(5) 공항운영자 및 항공운송사업자는 경비업법 제4조제1항의 경비업을 영위하고자 하는 법인 중 공항운영자 및 항공운송사업자의 추천을 받아 건설교통부장관의 지정을 받은 업체에게 위탁할 수 있도록 함(제15조제2항)

(6) 항공운송업자가 형사소추대상자 등의 호송시 자의적인 판단으로 탑승을 거절할 경우를 해결하기 위하여 사법경찰관리등 호송공무원에게 적절한 안전조치를 요구할 수 있도록 함(제24조제3항)

4. 항공안전 및 보안에 관한 법률 개정연혁

1) 제3차 항공안전 및 보안에 관한 법률 개정

[시행 2004.4.1.] [법률 제7050호, 2003.12.31., 일부개정]

○ 제안이유 및 주요골자

미국 911 테러이후 항공보안문제에 대한 국가책임이 강화되는 추세 속에서 우리나라 또한 항공안전및보안에관한법률을 개정하여 항공안전본부를 신설하고 보안검색 등을 강화하였음.

항공안전및보안에관한법률 제15조제2항에서 공항운영자는 항공기에 탑승하는 자, 휴대물품 및 위탁수하물에 대한 보안 검색을 실시한다고 규정하고 있으나, 이 법 제17조에서는 통과 및 환승의 보안검색의 주체가 공항운영자이여야 함에도 불구하고 보안검색의 주체가 모호하여 현재 공항운송사업자가 보안검색을 하도록 시행규칙에 규정하고 있는바, 보안검색의 이원화로 인해 관리감독의 효율성 저하는 물론 책임소재의 불명확성을 초래하여 항공안전에 심각한 저해요인으로 작용하고 있는 실정임.

이에 따라 이 법 제17조 통과 또는 환승승객에 대한 보안검색의 주체를 공항운영자로 명확히 규정하고 벌칙규정을 개정하여 보안검색에 대한 주체와 책임을 일원화하고자 함(안 제17조, 제50조제1항제2호 및 제2항 제2호).

2) 제4차 항공안전 및 보안에 관한 법률 일부개정

[시행 2005.7.1.] [법률 제7472호, 2005.3.31., 일부개정]

○ 제안이유 및 주요골자

운항중인 항공기내에서 승객이 기내난동을 일으키는 사고가 지속적으로 발생함에 따라 승객의 안전한 여행뿐만 아니라 항공기의 안전한 운항에도 심각한 위해가 되고 있음.

그러나 승객이 안전유지 협조에 관하여 준수하여야 할 의무, 즉 소란·음주·흡연·추행 및 폭행 등의 금지사항을 위반한 경우 1백만원 이하의 벌금에 처하도록 하는 데에 불과하여 그 제재가 미흡한 실정이므로, 이를 5백만원 이하의 벌금에 처하도록 상향 조정함으로써 실효성있는 행정제재가 되도록 함과 아울러 승객의 안전의식을 강화하려는 것임.

운항중인 항공기 안에서 승객의 안전유지를 위한 준수사항을 위반한 자에 대한 벌금을 종전 1백만원 이하에서 5백만원 이하로 상향조정 함(안 제50조제2항).

3) 제5차 항공안전 및 보안에 관한 법률 일부개정

[시행 2006.6.25.] [법률 제7926호, 2006.3.24., 일부개정]

○ 제안이유

법률에 의거 국가기관이 합동으로 산하기관, 단체 및 업체 등을 대상으로 항공보안 현장점검을 실시하는 경우 점검일시 및 점검목적 등을 피조사자에게 일정기간 전에 통보하는 것을 의무화하여 항공보안 현장점검에 대한 투명성과 객관성을 확보하고자 하는 것임.

○ 주요골자

가. 행정의 투명성과 객관성 확보를 위하여 건설교통부장관이 필요시 실시하도록 한 관계 기관 합동현장점검을 건설교통부령에 구체적으로 정하여 시행하도록 함(제33조제2항).

나. 관계기관과 합동으로 보안현장점검을 실시하고자 하는 경우에는 점검일시, 이유 및 점검내용 등 점검계획을 7일 전까지 피조사자에게 통보하도록 함(제33조제3항 신설).

다. 관계기관과 합동으로 현장점검을 실시하는 공무원은 그 권한을 표시하는 증표를 관계인에게 제시하도록 함(제33조제4항 신설).

4) 제6차 항공안전 및 보안에 관한 법률 일부개정

[시행 2006.7.9.] [법률 제7691호, 2005.11.8., 타법개정]

○ 대안의 제안이유

최근 국제적인 항공안전의 강화추세에 맞추어 빈번하게 개정되고 있는 「국제민간항공조약」 및 동 부속서의 표준 및 권고사항에 신속하게 대처할 수 있도록 항공종사자 · 비행규칙 · 항공교통업무 등의 관련 규정을 정비하고, 그 동안 「항공법」의 적용을 받지 아니한 국가기관등항공기에 대하여 「항공법」의 적용을 받게 하여 전반적인 항공안전을 강화하는 한편, 현행제도의 운영상 나타난 일부 미비점을 개선·보완하려는 것임.

○ 대안의 주요내용

항공기로 운송되는 위험물의 취급기준 마련(안 제59조 내지 제61조)

가. 항공기로 위험물을 운송하는 경우 국제적 기준과 절차에 따라 위험물을 취급하도록 함으로써 항공기의 안전운항을 확보하려는 것임.

나. 항공기로 운송되는 위험물의 취급 절차 및 방법, 위험물 취급을 하는 자에 대한 교육, 위험물 포장용기에 대한 검사 등에 관한 사항을 정함.

5) 제7차 항공안전 및 보안에 관한 법률 일부개정

[시행 2007.3.29.] [법률 제8129호, 2006.12.28., 일부개정]

○ 제안이유

항공기 내에서 제공되는 알콜음료(주류) 소비량이 2003년도에 비해 30.4% 급증했고, 지난 4년간 기내 난동의 원인의 38.9%가 음주로 인한 것으로 나타났음.

이러한 음주와 관련하여 항공사는 탑승객이 음주로 인해 비행 안전방해, 고성방가, 타인 위협, 승무원 업무방해를 할 경우 주류 제공을 제한하고 있으나, 2004년도 기내난동으로 경찰인계·벌금 등 조치를 받은 경우를 보면 총 69건으로 폭언·고성방가가 15건, 음주로 인한 타인 위협 등이 22건, 그 밖에 폭행·협박 등이 32건으로 나타나 음주의 비중이 31.9%를 차지했고, 지난 4년간의 경우 음주비중은 38.9%를 차지하여 기내에서의 음주 또는 탑승 전 음주에 대한 적극적인 대책이 필요한 것으로 나타났음.

이에 따라 항공운송사업자의 알콜성 음료서비스에 대한 자발적 감소노력과 기내에서의 음주난동 가능성을 사전 예방하고자 함.

○ 주요내용

가. 항공운송사업자는 알콜성 음료서비스 제한 등 항공기 안전조치를 취해야 함(안 제14조제3항).

나. 항공운송사업자는 알콜성 음료서비스 제한에 따른 규제로 인하여 승객이 받는 불편이 감소되도록 필요한 방안을 강구해야 함(안 제23조제5항).

다. 항공운송사업자는 음주로 인하여 소란행위를 하거나 할 우려가 있는 자 등 항공기 안전운항을 해할 우려가 있는 자에 대하여 탑승을 거절할 수 있도록 함(안 제23조제7항).

○ 위원회 수정사항

항공운송사업자가 항공안전확보와 승객의 여행편의를 종합적으로 고려하여 알콜성 음료서비스를 자율적으로 운영하도록 하기 위하여 개정안의 알콜성 음료서비스 제한 규정을 삭제하고 현행대로 하기 위한 것임.

6) 제8차 항공안전 및 보안에 관한 법률 일부개정

[시행 2008.6.29.] [법률 제9074호, 2008.3.28., 일부개정]

○ 제안이유 및 주요내용

종전에는 항공기를 납치하거나 기내질서를 어지럽힌 자에 대한 처벌을 운항 중인 경우로 제한하였으나, 앞으로는 공항에 계류 중인 경우에도 처벌하도록 함으로써 항공기에 대한 안전을 강화하는 한편, 그 밖에 현행 제도의 운영상 나타난 일부 미비점을 개선·보완하려는 것임.

7) 제9차 항공안전 및 보안에 관한 법률 일부개정

[시행 2009.6.9.] [법률 제9779호, 2009.6.9., 일부개정]

○ 개정이유

현행법에 따르면 통과 또는 환승 승객에 대한 보안검색의 실시 주체는 공항운영자이나 이에 소요되는 비용은 공항운영자와 항공운송사업자가 분담하도록 하여 비용부담이 이원화되어 있으므로, 통과 또는 환승 승객에 대한 보안검색에 소요되는 비용을 공항운영자가 부담하게 함으로써 보안검색의 실시에 따른 비용부담의 주체를 일원화하고, 또한, 항공운송사업자가 항공안전 및 보안에 관한 업무를 담당하는 국내외 국가기관 또는 국제기구 등으로부터 항공기 안전운항을 해할 우려가 있어 탑승거절이 요청 또는 통보된 자에 대하여 탑승을 거절할 수 있는 사유를 법률에 직접 규정하여 항공기 승객의 안전과 항공기 안전사고를 예방하는데 기여하며, 아울러 경미한 법 위반에 대하여 종전에는 1천만원 이하의 벌금에 처하던 것을 1천만원 이하의 과태료 부과로 전환하여 처벌의 합리성을 높이려는 것임.

○ 주요내용

가. 통과 또는 환승 승객에 대한 보안검색에 소요되는 비용을 공항운영자가 부담함으로써 보안검색의 실시에 따른 비용부담의 주체를 일원화하고, 공항운영자가 보안검색에 소요되는 비용을 충당할 수 있는 근거를 마련함(제17조제3항부터 제5항까지).

나. 항공운송사업자는 항공안전 및 보안에 관한 업무를 담당하는 국내외 국가기관 또는 국제기구 등으로부터 항공기 안전운항을 해할 우려가 있어 탑승거절이 요청 또는 통보된 자에 대하여 탑승거절할 수 있도록 함(제23조제7항).

다. 경미한 법 위반에 대하여 종전에는 1천만원 이하의 벌금에 처하던 것을 1천만원 이하의 과태료 부과로 전환함(제50조, 안 제51조 신설).

8) 제10차 항공안전 및 보안에 관한 법률 일부개정

[시행 2010.9.23.] [법률 제10160호, 2010.3.22., 일부개정]

○ 제안이유

범죄인 호송업무 등 특정한 직무를 수행하는 경우 항공기 내 무기를 휴대할 수 있도록 하고, 항공운송사업자 등에게 화물터미널 출입자에 대한 보안검색 권한을 부여하여 보호구역에서의 보안검색 책임을 명확히 하며, 국제민간항공기구 항공보안평가(ICAO USAP)에 대비하기 위하여 국가항공보안계획 수립의 법적 근거를 마련하고, 그 밖에 현행 제도의 운영상 나타난 일부 미비점을 개선·보완하는 한편, 어려운 용어를 쉬운 용어로 바꾸며, 길고 복잡한 문장을 간결하게 하는 등 국민이 법 문장을 이해하기 쉽게 정비하려는 것임.

○ 주요내용

가. 국가항공보안계획의 수립(안 제10조)

국토해양부장관이 수립·시행하는 '국가항공보안계획'의 근거를 마련하고 그 계획에 따라 공항운영자 등이 자체 보안계획을 수립하도록 함으로써 국제민간항공협약의 표준 및 권고사항에 부합된 법체계를 마련하여 국제신인도 제고에 따른 항공운송사업의 국제경쟁력 확보에 기여할 것으로 기대됨.

나. 항공기 내 액체, 분무, 겔(gel)류 등 반입통제(안 제14조제5항 신설)

① 보안검색 장비 등의 기술적인 한계로 액체 등에 대한 검색이 어려운 점을 감안하여 액체 등의 항공기 내 반입을 규제하는 국제기준에 따라 이를 이행하기 위한 법적 근거를 마련할 필요가 있음.

② 공항운영자 및 항공운송사업자에 대하여 국토해양부장관이 정하여 고시하는 액체 등의 항공기 내 반입을 통제하도록 함.

다. 화물터미널 보안검색 책임주체(안 제16조제2항 신설)

① 항공운송사업자 또는 화물터미널운영자에게 보호구역으로 지정된 화물터미널로 들어가는 사람 및 물품에 대한 보안검색의 권한을 부여하여 보안관리 책임주체를 명확히 함.

② 보호구역인 화물터미널에서의 보안검색 책임주체를 명확히 함으로써 승객이 아닌 자에 대한 보안검색업무와 관련한 책임성 있는 업무수행이 이루어 질 것으로 기대됨.

라. 상용화주(상용화주)의 지정 및 지정 취소 기준 등(안 제17조의2 및 제17조의3 신설)

① 국토해양부장관이 항공화물 등에 대한 보안검색을 실시할 수 있는 자를 지정하는 상용화주제도의 근거 규정과 상용화주가 자체적으로 보안검색을 한 화물에 대해 공항에서 보안검색을 면제하기 위한 근거 규정이 필요함.

② 화물보안검색 절차가 간소화됨으로써 효율적인 검색업무가 가능해 원활한 항공화물 운송에 기여할 수 있을 것으로 기대됨.

마. 항공기내 무기반입(안 제21조제2항, 제4항 및 제5항 신설)

범죄인 호송업무 등 특정한 직무를 수행하기 위하여 필요한 경우 항공기 내에 무기 등을 반입할 수 있도록 함으로써 보다 효율적인 업무수행이 가능할 것으로 기대됨.

9) 제10차 항공안전 및 보안에 관한 법률 일부개정

[시행 2012.7.27.] [법률 제11244호, 2012.1.26., 타법개정]

○ 개정이유

환각물질 사용자의 항공업무 종사를 금지하고, 주류 등을 섭취·사용한 후 항공업무에 종사한 자에 대한 처벌을 강화하며, 항공종사자 및 객실승무원의 음주단속기준을 강화함으로써 항공기를 이용하는 승객의 안전과 재산을 보호하고, 항공종사자의 안전의식을 제고하고자 함.

○ 주요내용

가. 환각물질 사용자의 항공업무 종사 금지 및 주류등 사용에 대한 벌칙 강화(안 제47조, 안 제161조의3 신설)

① 현행법은 항공종사자 또는 객실승무원이 음주 또는 마약류를 사용한 상태에서 항공업무에 종사하는 행위만을 금지하고 있으며, 항공기 승객을 사고 위험으로부터 보호하기 위해서는 벌칙규정을 강화할 필요가 있음.

② 음주·마약류 외에 환각물질을 사용한 자도 항공업무에 종사하는 것을 금지하고, 이를 위반한 경우에 대한 벌칙규정을 강화함.

나. 항공종사자 및 객실승무원의 음주단속기준 강화(안 제47조제5항)

① 항공기를 이용하는 승객의 안전과 재산을 보호하고 항공종사자의 안전의식을 제고하기 위하여 음주의 영향으로 항공업무 또는 객실승무원의 업무를 정상적으로 수행할 수 없는 혈중알콜농도의 기준을 0.04퍼센트 이상에서 0.03퍼센트 이상으로 강화함.

5. 항공보안법 개정연혁

1) 항공보안법 일부개정

[시행 2014.4.6.] [법률 제11753호, 2013.4.5., 일부개정]

○ 개정이유

항공보안 업무에 관한 내용을 체계적으로 규율하기 위하여 이 법의 제명을 「항공보안법」으로 변경하고, 민간항공에 대한 불법방해행위에 신속하게 대응하기 위하여 국가항공보안 우발계획의 수립근거를 마련하며, 민간항공 보안업무의 효율적 추진을 위하여 항공보안 자율신고제도를 도입하고, 항공보안과 관련된 벌칙 및 과태료 규정을 합리적으로 정비하는 등 현행 제도의 운영상 나타난 일부 미비점을 개선·보완하려는 것임.

○ 주요내용

가. 법률의 제명 변경

항공안전 업무에 관한 사항은 「항공법」에 규정되어 있어 이 법에서 항공안전에 관한 사항을 별도로 규정할 실익이 없으므로, 이 법의 제명을 「항공보안법」으로 변경하고 항공안전에 관한 사항을 전반적으로 정비함.

나. 국가항공보안 우발계획 등의 수립근거 마련(제31조제1항 및 제2항)

국토해양부장관은 국가항공보안 우발계획을 수립·시행하도록 하고, 공항운영자 등은 국가항공보안 우발계획에 따라 자체 우발계획을 수립·시행하도록 함으로써 민간항공의 불법방해행위에 대하여 적정한 항공보안이 확보·유지될 수 있도록 함.

다. 항공보안 자율신고제도 도입(제33조의2 신설)

민간항공의 보안을 해치거나 해칠 우려가 있는 사실에 대한 항공보안 자율신고를 도입하고, 이러한 신고내용의 처리기준, 자율신고자에 대한 불이익조치의 금지, 자율신고 처리업무의 위탁근거 등을 마련함으로써 항공보안에 대한 사회적 관심과 참여를 유도하도록 함.

라. 벌칙 및 과태료의 합리적 정비(제45조, 제47조, 제48조, 제50조 및 제51조, 제50조의2 신설)

공항운영 방해죄 등에 대한 벌칙을 상향조정하고, 자체 보안계획의 미승인 행위 등에 대한 벌칙을 하향조정하며, 일부 벌칙에 대한 양벌규정을 별도로 신설하고, 국토해양부장관의 보안조치 불이행 행위 등에 대한 벌칙을 과태료로 전환하며, 항공기에 보안요원을 탑승시키지 아니한 행위 등에 대한 과태료를 신설하는 등 벌칙 및 과태료 규정을 합리적으로 정비 · 개선함.

2) 제1차 항공보안법 일부개정

[시행 2014.4.6.] [법률 제12257호, 2014.1.14., 일부개정]

○ 개정이유 및 주요내용

현행법에서 공항운영자(인천국제공항공사 등)는 공항을 통과 또는 환승하는 승객에 대해서는 항공운송사업자(대한항공 등)로부터 승객의 운송정보를 제공받아 본인 여부를 확인할 수 있도록 규정하고 있으나, 국내에서 출발하는 승객에 대해서는 운송정보 제공을 위한 법적 근거가 마련되지 않은 결과, 해당 승객이 제시한 여권 및 탑승권으로만 본인 여부를 확인하고 있어 위조 탑승권 사용 등 항공보안을 저해할 우려가 있음.

이에 따라 공항을 통과 또는 환승하거나 국내에서 출발하는 승객의 성명, 국적 및 여권번호 등 운송정보를 항공운송사업자가 공항운영자에게 제공하도록 법률에 구체적으로 규정함으로써 본인여부 확인에 만전을 기하여 항공보안체계를 강화하려는 것임(제15조제5항 신설 및 제17조제4항).

3) 제2차 항공보안법 일부개정

[시행 2014.4.6.] [법률 제11932호, 2013.7.16., 일부개정]

○ 개정이유 및 내용

항공기 내에서 승객이 난동을 부리며 승무원의 업무를 방해하더라도 이를 제재할 수단이 없어 기내 안전을 위한 승무원의 업무 수행에 어려움이 있음.
이에 승무원의 업무를 방해하는 행위에 대한 제재를 신설함으로써 항공안전을 확보하려는 것임(제23조제1항제7호 신설).

4) 제3차 항공보안법 일부개정

[시행 2016.1.19.] [법률 제13811호, 2016.1.19., 일부개정]

○ 개정이유

항공기내 각종 불법행위 방지를 위하여 사전에 안내방송을 하는 등 노력해 왔으나 항공안전을 저해하는 기내 소란행위가 근절되지 않아 이에 대한 대책마련이 요구되고 있음.
이에 따라 운항 중인 항공기 내에서의 소란행위에 대하여 처벌을 강화하고, 기장 등의 업무를 위계 또는 위력으로써 방해하는 행위에 대하여 처벌하는 조항을 신설하는 한편, 승객의 협조의무 위반에 대한 처벌의 전제요건이던 기장의 사전경고 관련 내용을 삭제하여 승객의 협조의무 위반에 대한 처벌의 실효성을 확보하고자 하는 것임.

○ 주요내용

가. 기장 등은 항공기 내에서 이 법에 따른 죄를 범한 범인을 해당 공항을 관할하는 국가경찰관서에 통보한 후 인도하여야 하고, 이를 위반하는 경우 1천만원 이하의 과태료를 부과함(제25조제1항 및 제51조제1항제12호)

나. 기장 등의 업무를 위계 또는 위력으로 방해한 사람은 벌칙을 상향하여 5년 이하의 징역 또는 5천만원 이하의 벌금에 처하도록 함(제49조제2항 신설).

다. 운항 중인 항공기 내에서 제23조제1항제1호 및 제3호에 따른 폭언 등 소란행위, 술을 마시거나 약물을 복용하고 다른 사람에게 위해를 주는 행위를 한 사람은 1천만원 이하의 벌금에 처함(제50조제1항제3호 신설).

라. 운항 중인 항공기 내에서 제23조제1항제1호, 제4호 및 제5호에 따른 흡연, 다른 사람에게 성적 수치심을 일으키는 행위, 전자기기를 사용하는 행위를 한 사람은 500만원 이하의 벌금에 처함(제50조제2항제3호).

마. 계류 중인 항공기 내에서 제23조제1항제1호부터 제5호까지에 따른 위반행위를 한 사람은 200만원 이하의 벌금에 처함(제50조제3항).

5) 제4차 항공보안법 일부개정

[시행 2017.3.21.] [법률 제14724호, 2017.3.21., 일부개정]

○ 개정이유

최근 많은 승객이 한정된 공간에 탑승하고 있는 항공기내에서 난동이나 승무원 폭행과 같은 항공기의 안전을 위협하는 일이 빈번하게 발생하고 있어 사회적인 문제로 대두되고 있으나, 처벌 규정이 미미하여 근본적인 예방 및 근절에 한계가 있다는 지적이 제기되고 있음.
또한 최근 벨기에 공항에서 발생한 폭탄 테러 등으로 인하여 공항 내에서 보안검색을 강화할 필요가 있다는 주장도 점차 강해지고 있음.
이에 기내폭행이나 기장 등의 업무를 방해하는 등 항공기에 위협을 가하는 행위에 대한 처벌을 강화하고, 항공기 탑승객 및 물품 등에 대한 보안검색 업무를 강화하여 항공기의 안전 운항 및 승객들의 안전을 제고하려는 것임.

○ 주요내용

가. 승객의 협조의무에 항공기내 폭행금지를 추가하고 이를 위반한 경우 5년 이하의 징역에 처하고, 항공기의 보안이나 운항을 저해하는 폭행 등의 경우에는 10년 이하의 징역에 처하도록 함(제23조 및 제46조).

나. 기장 등의 업무를 위계 등으로 방해한 경우에는 10년 이하의 징역 또는 1억원 이하의 벌금형으로, 조종실 출입을 기도하거나 기장 등의 지시에 따르지 아니하는 경우에는 3년 이하의 징역 또는 3천만원 이하의 벌금형으로 상향 조정함(제49조).

다. 보안검색요원의 업무를 방해하는 경우 등에는 5년 이하의 징역 또는 5천만원 이하의 벌금형으로, 운항 중인 항공기 내에서 소란행위를 하거나 술 또는 약물을 복용하고 다른 사람에게 위해를 주는 경우에는 3년 이하의 징역 또는 3천만원 이하의 징역으로 상향 조정하는 등 전반적인 벌칙을 강화함(제50조).

6) 제5차 항공보안법 일부개정

[시행 2017.3.30.] [법률 제14116호, 2016.3.29., 타법개정]
1961년 제정된 「항공법」은 항공사업, 항공안전, 공항시설 등 항공 관련

분야를 망라하고 있어 국제기준 변화에 신속히 대응하는데 미흡한 측면이 있고, 여러 차례의 개정으로 법체계가 복잡하여 국민이 이해하기 어려우므로, 항공 관련 법규의 체계와 내용을 알기 쉽도록 하기 위하여 「항공법」을 「항공사업법」, 「항공안전법」 및 「공항시설법」으로 분법하여 국제기준 변화에 탄력적으로 대응하고, 국민이 이해하기 쉽도록 하는 한편, 「항공사업법」에서는 항공운송사업 등 항공사업에 관한 분야와 「항공운송사업 진흥법」을 통합하고, 경량항공기서비스업을 도입하며, 각 항공사업별로 과징금의 상한을 합리적으로 조정하고, 항공요금을 유류할증료 등을 포함한 총액요금으로 표시하도록 하는 등 현행 제도의 운영상 나타난 일부 미비점을 개선·보완하려는 것임.

7) 제6차 항공보안법 일부개정

[시행 2018.2.10.] [법률 제14870호, 2017.8.9., 일부개정]

○ 개정이유 및 주요내용

상용화주의 화물은 예외적인 경우를 제외하고는 이중 보안검색 없이 항공기에 탑재하도록 함으로써 상용화주의 보안검색 책임을 명확히 하고, 항공보안정보화체계 구축·운영의 법적근거를 마련함.
또한 항공기의 이륙 전에 승객의 협조의무를 영상물 상영 또는 방송 등을 통하여 안내하도록 하고, 위해물품을 항공기에 휴대 또는 탑재하는 사람 등에 대한 형벌의 종류에 2년 이상 5년 이하의 징역형 외에 2천만원 이상 5천만원 이하의 벌금형을 추가하도록 함으로써 항공기 내에서의 불법행위를 방지하고 위반행위의 양태에 따른 적절한 처벌이 이루어질 수 있도록 하려는 것임.

8) 제7차 항공보안법 일부개정

[시행 2018.10.25.] [법률 제14954호, 2017.10.24., 일부개정]

○ 제안이유 및 주요내용

항공보안장비 성능 인증제를 도입하여 국가인증을 의무화하고, 항공보안장비의 종류·운영·유지관리 등에 관한 기준을 국토교통부장관이 고시토록 하며, 항공보안장비 인증기관과 시험기관을 분리 운영하되, 인증·시험기관을 국토교통부장관이 지도·감독할 수 있도록 하는 한편, 불법성에 상응하는 처벌이 되도록 법정형의 편차를 조정하기 위하여 항공기 운항과 관련된 항공시설을 파손하거나 조작을 방해함으로써 항공기의 안전운항을 해친 사람에 대한 법정형을 10년 이하의 징역으로 하되, 사람을 사상에 이르게 한 사람은 사형, 무기징역 또는 7년 이상의 징역으로 하려는 것임.

제2장 총 칙

1. 목적

> **제1조(목적)** 이 법은 「국제민간항공협약」 등 국제협약에 따라 공항시설, 항행안전시설 및 항공기 내에서의 불법행위를 방지하고 민간항공의 보안을 확보하기 위한 기준·절차 및 의무사항 등을 규정함을 목적으로 한다.

시행령 제1조(목적) 이 영 은 항공보안법에서 위임된 사항과 그 시행에 필요한 사항을 규정함을 목적으로 한다.

시행규칙 제1조(목적) 이 규칙은 항공보안법 및 시행령에서 위임된 사항과 그 시행에 필요한 사항을 규정함을 목적으로 한다.

2. 용어정의

> **제2조(정의)** 이 법에서 사용하는 용어의 뜻은 다음과 같다. 다만, 이 법에 특별한 규정이 있는 것을 제외하고는 「항공사업법」·「항공안전법」·「공항시설법」에서 정하는 바에 따른다.

1) "운항중"이란 승객이 탑승한 후 항공기의 모든 문이 닫힌 때부터 내리기 위하여 문을 열 때까지를 말한다.
2) "공항운영자"란 항공사업법 제2조 제34호에 따른 공항운영자를 말한다.
3.) "항공운송사업자"란 항공사업법 제7조에 따라 면허를 받은 국내항공

운송사업자 및 국제항공운송사업자, 같은 법 제10조에 따라 등록을 한 소형항공운송사업자 및 같은 법 제54조에 따라 허가를 받은 외국인 국제항공운송업자를 말한다.

4) "항공기취급업체"란 항공사업법 제44조에 따라 항공기취급업을 등록한 업체를 말한다.

5) "항공기정비업체"란 항공사업법 제42조에 따라 항공기정비업을 등록한 업체를 말한다.

6) "공항상주업체"란 공항에서 영업을 할 목적으로 공항운영자와 시설이용 계약을 맺은 개인 또는 법인을 말한다.

7) "항공기내보안요원"이란 항공기 내의 불법방해행위를 방지하는 직무를 담당하는 사법경찰관리 또는 그 직무를 위하여 항공운송사업자가 지명하는 사람을 말한다.

8) "불법방해행위"란 항공기의 안전운항을 저해할 우려가 있거나 운항을 불가능하게 하는 행위로서 다음 각 목의 행위를 말한다.

가. 지상에 있거나 운항중인 항공기를 납치하거나 납치를 시도하는 행위

나. 항공기 또는 공항에서 사람을 인질로 삼는 행위

다. 항공기, 공항 및 항행안전시설을 파괴하거나 손상시키는 행위

라. 항공기, 항행안전시설 및 제12조에 따른 보호구역에 무단 침입하거나 운영을 방해하는 행위

마. 범죄의 목적으로 항공기 또는 보호구역 내로 제21조에 따른 무기 등 위해물품을 반입하는 행위

바. 지상에 있거나 운항중인 항공기의 안전을 위협하는 거짓 정보를 제공하는 행위 또는 공항 및 공항시설 내에 있는 승객, 승무원, 지상근무자의 안전을 위협하는 거짓 정보를 제공하는 행위

사. 사람을 사상에 이르게 하거나 재산 또는 환경에 심각한 손상을

입힐 목적으로 항공기를 이용하는 행위

아. 그 밖에 이 법에 따라 처벌받는 행위

9) "보안검색"이란 불법방해행위를 하는 데에 사용될 수 있는 무기 또는 폭발물 등 위험성이 있는 물건들을 탐지 및 수색하기 위한 행위를 말한다.

10) "항공보안검색요원"이란 승객, 휴대물품, 위탁수하물, 항공화물 또는 보호구역에 출입하려고 하는 사람 등에 대하여 보안검색을 하는 사람을 말한다.

3. 국제협약

제3조(국제협약의 준수) ① 민간항공의 보안을 위하여 이 법에서 규정하는 사항 외에는 다음 각 호의 국제협약에 따른다.

1. 「항공기 내에서 범한 범죄 및 기타 행위에 관한 협약」
2. 「항공기의 불법납치 억제를 위한 협약」
3. 「민간항공의 안전에 대한 불법적 행위의 억제를 위한 협약」
4. 「민간항공의 안전에 대한 불법적 행위의 억제를 위한 협약을 보충하는 국제민간항공에 사용되는 공항에서의 불법적 폭력행위의 억제를 위한 의정서」
5. 「가소성 폭약의 탐지를 위한 식별조치에 관한 협약」

② 제1항에 따른 국제협약 외에 항공보안에 관련된 다른 국제협약이 있는 경우에는 그 협약에 따른다.

1) 「항공기 내에서 범한 범죄 및 기타 행위에 관한 협약(Convention on Offences and Certain Other Acts Committed on Board Aircraft)」

○ 주요일정

가. 1959년과 1962년까지 초안 작성(ICAO 법률위원회)
나. 1963.9.14 : ICAO 정부대표자 회의에서 협약안 채택
다. 1969.12.4 : 협약발효(전문 7장 26조 및 부칙)
라. 1971.5.20 : 우리나라 가입(조약 385호)

○ 주요내용

가. 협약의 적용범위

(1) 협약의 적용 범위는 다음과 같다.
  ① 형사법에 위반하는 범죄
  ② 범죄의 구성여부를 불문하고 항공기와 기내의 인명 및 재산의 안전을 위태롭게 할 수 있거나 하는 행위 또는 기내의 질서 및 규율을 위협하는 행위

(2) 체약국에 등록된 항공기가 비행중이거나 공해 수면상에 있거나 또는 어느 국가의 영토에도 속하지 않는 지역의 표면에 있을 때에 동 항공기에 탑승한 자가 범한 범죄 또는 행위에 관하여 적용된다.(제3장 규정은 제외)

(3) 본 협약의 적용상 항공기는 이륙의 목적을 위하여 시동이 된 순간부터 착륙 활주가 끝난 순간까지를 비행중인 것으로 간주한다.

(4) 본 협약은 군용, 세관용, 경찰용 업무에 사용되는 항공기에는 적용되지 아니한다.

나. 항공기와 기내의 인명 및 재산의 안전이 요청하는 경우를 제외하고는 본 협약의 어떠한 규정도 형사법에 위반하는 정치적 성격의 범죄나 또는 인종 및 종교적 차별에 기인하는 범죄에 관하여 어떠한 조치를 허용하거나 요구하는 것으로 해석되지 아니한다.

다. 재판관할권

(1) 항공기의 등록국은 동 항공기내에서 범하여진 범죄나 행위에 대한 재판관할권을 행사할 권한을 가진다.

(2) 각 체약국은 자국에 등록된 항공기내에서 범하여진 범죄에 대하여 등록국으로서의 재판관할권을 확립하기 위하여 필요한 조치를 취하여야 한다.

(3) 본 협약은 국내법에 따라 행사하는 어떠한 형사재판관할권도 배제하지 아니한다.

체약국으로서 등록국이 아닌 국가는 다음의 경우를 제외하고는 기내에서의 범죄에 관한 형사재판관할권의 행사를 위하여 비행중의 항공기에 간섭하지 아니하여야 한다.

① 범죄가 상기 국가의 영역에 영향을 미칠 경우

② 상기 국가의 국민이나 또는 영주자에 의하여 또는 이들에 대하여 범죄가 범하여진 경우

③ 범죄가 상기 국가의 안전에 반하는 경우

④ 상기 국가에서 효력을 발생하고 있는 비행 및 항공기의 조종에 관한 규칙이나 법규를 위반한 범죄가 범하여진 경우

⑤ 상기 국가가 다변적인 국제협정하에 부담하고 있는 의무의 이행을 보장함에 있어서 재판관할권의 행사가 요구되는 경우

라. 항공기 기장의 권한

(1) 최종 이륙지점이나 차기 착륙예정지점이 등록국이외의 국가에

위치하거나 또는 범인이 탑승한 채로 동 항공기가 등록국 이외 국가의 공역으로 계속적으로 비행하는 경우를 제외하고는 등록국의 공역이나 공해상공 또는 어느 국가의 영역에도 속하지 아니하는 지역 상공을 비행하는 중에 항공기에 탑승한 자가 범하였거나 범하려고 하는 범죄 및 행위에는 적용되지 아니한다.

(2) 항공기는 승객의 탑승이후 외부로 통하는 모든 문이 폐쇄된 순간부터 승객이 내리기 위하여 상기 문들이 개방되는 순간까지를 비행중인 것으로 간주한다. 불시착의 경우에는 본장의 규정은 당해국의 관계당국이 항공기 및 기내의 탑승자와 재산에 대한 책임을 인수할 때까지 기내에서 범하여진 범죄와 행위에 관하여 계속 적용된다.

(3) 항공기 기장은 항공기내에서 어떤 자가 제1조제1항에 규정된 범죄나 행위를 범하였거나 범하려고 한다는 것을 믿을만한 상당한 이유가 있는 경우에는 그 자에 대하여 다음을 위하여 요구되는 감금을 포함한 필요한 조치를 부과할 수 있다.

① 항공기와 기내의 인명 및 재산의 안전의 보호

② 기내의 질서와 규율의 유지

③ 본 장의 규정에 따라 상기 자를 관계당국에 인도하거나 또는 항공기에서 하기조치를 취할 수 있는 기장의 권한 확보

(4) 항공기 기장은 자기가 감금할 권한이 있는 자를 감금하기 위하여 다른 승무원의 원조를 요구하거나 권한을 부여할 수 있으며, 승객의 원조를 요청하거나 권한을 부여할 수 있으나 이를 요구할 수는 없다. 승무원이나 승객도 누구를 막론하고 항공기와 기내의 인명 및 재산의 안전을 보호하기 위하여 합리적인 예방조치가 필요하다고 믿을만한 상당한 이유가 있는 경우에는 기장의 권한부여가 없어도 즉각적으로 상기 조치를 취할 수 있다.

(5) 특정인에게 가하여진 감금조치는 다음 경우를 제외하고는 항공기가 착륙하는 지점을 넘어서까지 계속되어서는 아니된다.

① 착륙지점이 비체약국의 영토 내에 있으며, 동 국가의 당국이 상기특정인의 상륙을 불허하거나, 관계당국에 대한 동인의 인도를 가능하게 하기 위하여 이와 같은 조치가 취하여진 경우

② 항공기가 불시착하여 기장이 상기 특정인을 관계당국에 인도할 수 없는 경우

③ 동 특정인이 감금상태 하에서 계속 비행에 동의하는 경우

(6) 항공기 기장은 기내에 특정인을 감금한 채로 착륙하는 경우 가급적 조속히 그리고 가능하면 착륙이전에 기내에 특정인이 감금되어 있다는 사실과 그 사유를 당해국의 당국에 통보하여야 한다.

(7) 항공기 기장은 항공기와 기내의 인명 및 재산의 안전의 보호를 목적을 위하여 필요한 경우에는 기내에서 범죄의 구성여부를 불문하고 항공기와 기내의 인명 및 재산의 안전을 위태롭게 할 수 있거나 하는 행위 또는 기내의 질서 및 규율을 위협하는 행위를 범하였거나 범하려고 한다는 믿을만한 상당한 이유가 있는 자에 대하여 누구임을 막론하고 항공기가 착륙하는 국가의 영토에 그 자를 하기시킬 수 있다. 또한 항공기 기장은 본조에 따라서 특정인을 하기시킨 국가의 당국에 대하여 특정인을 하기시킨 사실과 그 사유를 통보하여야 한다.

(8) 항공기 기장은 자신의 판단에 따라 항공기의 등록국의 형사법에 규정된 중대한 범죄를 기내에서 범하였다고 믿을만한 상당한 이유가 있는 자에 대하여 누구임을 막론하고 항공기가 착륙하는 영토국인 체약국의 관계당국에 그 자를 인도할 수 있다.

항공기 기장은 전항의 규정에 따라 인도하려고 하는 자를 탑승시킨 채로 착륙하는 경우 가급적 조속히 그리고 가능하면 착륙

이전에 동 특정인을 인도하겠다는 의도와 그 사유를 동 체약국의 관계당국에 통보하여야 한다. 항공기 기장은 본조의 규정에 따라 범죄인 혐의자를 인수하는 당국에게 항공기등록국의 법률에 따라 기장이 합법적으로 소지하는 증거와 정보를 제공하여야 한다.

(9) 본 협약에 따라서 제기되는 소송에 있어서 항공기 기장이나 기타 승무원, 승객, 항공기의 소유자나 운항자는 물론 비행의 이용자는 피소된 자가 받은 처우로 인하여 어떠한 소송상의 책임도 부담하지 아니한다.

마. 항공기의 불법점유

(1) 기내에 탑승한 자가 폭행 또는 협박에 의하여 비행중인 항공기를 방해하거나 점유하는 행위 또는 기타 항공기의 조종을 부당하게 행사하는 행위를 불법적으로 범하였거나 또는 이와 같은 행위가 범하여지려고 하는 경우에는 체약국은 동 항공기가 합법적인 기장의 통제 하에 들어가고, 그가 항공기의 통제를 유지할 수 있도록 모든 적절한 조치를 취하여야 한다.

(2) 전항에 규정된 사태가 야기되는 경우 항공기가 착륙하는 체약국은 승객과 승무원이 가급적 조속히 여행을 계속하도록 허가하여야 하며, 또한 항공기와 화물 을 각각 합법적인 소유자에게 반환하여야 한다.

바. 체약국의 권한과 의무

(1) 체약국은 어느 국가를 막론하고 타 체약국에 등록된 항공기의 기장에게 특정인의 하기 조치를 인정하여야 한다.

(2) 체약국은 항공기 기장은 자신의 판단에 따라 항공기의 등록국의 형사법에 규정된 중대한 범죄를 기내에서 범하였다고 믿을만한

상당한 이유가 있는 자에 대하여 누구임을 막론하고 항공기가 착륙하는 영토국인 체약국의 관계당국에 그 자를 인도할 수 하여야 한다.

(3) 사정이 정당하다고 확신하는 경우에 체약국은 기내에 탑승한 자가 폭행 또는 협박에 의하여 비행중인 항공기를 방해하거나 점유하는 행위 또는 기타 항공기의 조종을 부당하게 행사하는 행위를 불법적으로 범하였거나 또는 이와 같은 행위가 범하여지려고 하는 경우에는 체약국은 동 항공기가 합법적인 기장의 통제하에 들어가고, 그가 항공기의 통제를 유지할 수 있도록 모든 적절한 조치를 취하여야 한다. 규정된 행위를 범한 피의자와 동국이 인수한 자의 신병을 확보하기 위하여 구금 또는 기타 조치를 취하여야 하며, 동 구금과 기타 조치는 동국의 법률이 규정한 바에 따라야 하나, 형사적 설차와 범죄인 인도에 따른 절자의 착수를 가능하게 하는 데에 합리적으로 필요한 시기까지에만 계속되어야 한다.

(4) 구금된 자는 동인의 국적국의 가장 가까이 소재하고 있는 적절한 대표와 즉시 연락을 취할 수 있도록 도움을 받아야 하며 항공기가 착륙하는 영토국인 체약국은 사실에 대한 예비조사를 즉각 취하여야 한다.

(5) 특정인을 구금한 국가는 항공기의 등록국 및 피구금자의 국적국과 타당하다고 사료할 경우에는 이해관계를 가진 기타 국가에 대하여 특정인이 구금되고 있으며 그의 구금을 정당화하는 상황등에 관한 사실을 즉시 통보하여야 하며, 예비조사를 취하는 국가는 조사의 결과와 재판권을 행사할 의사가 있는가의 여부에 대하여 상기 국가들에게 즉시 통보하여야 한다.

(6) 특정인이 하기조치를 당하였거나 또는 인도되었거나 항공기에서

하기조치를 당하였을 경우, 또한 동인이 여행을 계속할 수 없거나 계속할 의사가 없는 경우에 항공기가 착륙한 국가가 그의 입국을 허가하지 아니할 때에는 동인이 착륙국가의 국민이거나 영주자가 아니라면 착륙국가는 동인이 국적을 가졌거나 영주권을 가진 국가의 영토에 송환하거나 동인이 항공여행을 시작한 국가의 영토에 송환할 수 있다.

(7) 특정인의 상륙, 인도 및 구금 또는 기타 조치나 동인의 송환은 당해 체약국의 입국관리에 관한 법률의 적응에 따라 동국 영토에 입국이 허가된 것으로 간주되지 아니하며, 본 협약의 어떠한 규정도 자국 영토로부터의 추방을 규정한 법률에 영향을 미치지 아니한다.

(8) 항공기에서 하기조치를 당하였거나, 인도되었거나, 항공기에서 내린 자가 여행을 계속할 것을 원하는 경우에는 범죄인 인도나 형사적 절차를 위하여 착륙국의 법률이 그의 신병확보를 요구하지 않는 한 그가 선택하는 목적지로 향발할 수 있도록 가급적 조속히 자유롭게 행동할 수 있게 하여야 한다.

(9) 입국관리와 자국 영토로부터의 추방 및 범죄인 인도에 관한 법률에도 불구하고, 특정인이 하기조치를 당하였거나 인도되었거나 항공기에서 내린 경우에는 체약국은 동인의 보호와 안전에 있어 동국이 유사한 상황하에서 자국민에게 부여하는 대우보다 불리하지 않는 대우를 부여하여야 한다.

사. 기타 규정

(1) 체약국에서 등록된 항공기내에서 범하여진 범행은 범죄인 인도에 있어서는 범죄가 실제로 발생한 장소에서 뿐만 아니라 항공기 등록국의 영토에서 발생한 것과 같이 취급되어야 한다.

(2) 항공기내에서 범하여진 범죄와 관련하여 수사 또는 체포 조치를

취하거나 재판권을 행사함에 있어서 체약국은 비행의 안전과 이에 관련된 기타 권익에 대하여 상당한 배려를 하여야 하며 항공기, 승객, 승무원 및 화물의 불필요한 지연을 피하도록 노력하여야 한다.

(3) 여러 체약국 중에 어느 한 국가에도 등록되지 아니한 항공기를 운항하는 공동 항공운송 운영기구나 국제적인 운영기구를 설치할 경우에는 이들 체약국은 그때의 상황에 따라서 본 협약의 적용상 등록국으로 간주될 국가를 그들 중에서 지정하여야 하며, 이 사실을 국제민간항공기구에 통보하여 본 협약의 모든 당사국에게 통보하도록 하여야 한다.

2) 「항공기의 불법납치 억제를 위한 협약 (Convention for the Suppression of Unlawful Seizure of Aircraft)」

○ 주요일정

가. 1970.12.16 : ICAO 주최 항공법 외교회의(헤이그)에서 채택(협약 구성 : 전문 14조 및 부칙

나. 1971.12.31 : 협약 발효(비준서 기탁후 30일)

다. 1973.2.17 : 우리나라 가입(조약 제460호)

○ 주요내용

가. 협약의 적용범위

(1) 운항중인 항공기 탑승자, 폭력 또는 그 위협에 의하여 또는 그 밖의 어떠한 다른 형태의 협박에 의하여 불법적으로 항공기를 납치 또는 점거하거나 또는 그와 같은 행위를 하고자 시도하는 경우, 또는 이와 같은 행위를 하거나 하고자 시도하는 자의 공범

자인 경우에는 범죄를 범한 것으로 한다.

(2) 체약국은 범죄를 엄중한 형벌로 처벌할 수 있도록 할 의무를 진다.

(3) 협약 목적을 위하여 항공기는 탑승 후 모든 외부의 문이 닫힌 순간으로부터 하기를 위하여 그와 같은 문이 열려지는 순간까지의 어떠한 시간에도 비행중에 있는 것으로 본다. 강제착륙의 경우, 비행은 관계당국이 항공기와 기상의 인원 및 재산에 대한 책임을 인수할 때까지 계속하는 것으로 본다.

(4) 본 협약은 군사, 세관 또는 경찰업무에 사용되는 항공기에는 적용하지 아니한다.

(5) 항공기내에서 범죄가 행하여지고 있는 항공기 이륙장소 또는 실제 착륙장소가 그 항공기의 등록국가의 영토외에 위치한 경우에만 적용되며, 그 항공기가 국제 혹은 국내 항행에 종사하는지 여부는 가리지 아니한다.

나. 조치사항

(1) 범죄 및 범죄와 관련하여 승객 또는 승무원에 대하여 범죄혐의자가 행한 기타 폭력행위에 관하여 다음과 같은 경우에 있어서 관할권을 확립하기 위하여 필요한 제반 조치를 취하여야 한다.

① 범죄가 당해국에 등록된 항공기내에서 행하여진 경우

② 항공기 내에서 범죄가 행하여진 항공기가 아직 기내 있는 범죄혐의자를 싣고 그 영토 내에 착륙한 경우

③ 범죄가 주된 사업장소 또는 그와 같은 사업장소를 가지지 않은 경우에는 주소를 그 국가에 가진 임차인에게 승무원 없이 임대된 항공기 기상에서 행하여진 경우

(2) 범죄혐의자가 그 영토 내에 존재하고 있으며, 어떠한 국가에도 그를 인도하지 않는 경우에 있어서 범죄에 관한 관할권을 확립하기 위하여 필요한 제반조치를 취하여야 한다.

(3) 국내법에 의거하여 행사되는 어떠한 형사 관할권도 배제하지 아니한다.

(4) 공동 또는 국제등록에 따라 항공기를 운영하는 공동 항공운수 운영기구 또는 국제운영기관을 설치한 체약국들은 적절한 방법에 따라 각 항공기에 대하여 관할권을 행사하고 본 협약이 목적을 위하여 등록국가의 자격을 가지는 국가를 당해국 중에서 지명하여야 하며, 또한 국제민간항공기구에 그에 관한 통고를 하여야 하며, 동 기구는 본 협약의 전 체약국에 동 통고를 전달하여야 한다.

(5) 사정상 허용을 인정한 경우, 범인 및 범죄혐의자가 그 영토 내에 존재하고 있는 체약국은 그를 구치하거나 그의 신병확보를 위한 기타 조치를 취하여야 한다. 동 구치 및 기타 조치는 그 국가의 국내법에 규정된 바에 따라야 하나, 형사 또는 인도절차를 취함에 필요한 시간 동안만 계속될 수 있으며, 그러한 국가는 사실에 대한 예비조사를 즉시 행하여야 한다.

(6) 구치 중에 있는 어떠한 자도 가장 가까운 거리에 있는 본국의 대표와 즉시 연락을 취하는데 도움을 받아야 한다.

(7) 체약국이 구치하였을 때 그 국가는 항공기의 등록국가, 피구치자가 국적을 가진 국가 및 타당하다고 생각할 경우 기타 관계국가에 대하여 그와 같은 자가 구치되어 있다는 사실과 그의 구치를 정당화하는 사정을 즉시 통고하여야 한다. 예비조사를 행한 국가는 전기 국가에 대하여 그 조사결과를 즉시 보고하여야 하며 그 관할권을 행사할 의도가 있는지 여부를 명시하여야 한다.

(8) 그 영토내에서 범죄혐의자가 발견된 체약국은 만약 동인을 인도하지 않을 경우에는, 그 영토내에서 범죄가 행하여진 것인지 여부를 불문하고 예외없이 소추를 하기 위하여 권한있는 당국에

동 사건을 회부하여야 한다. 그러한 당국은 그 국가의 법률상 중대한 성질의 일반적인 범죄의 경우에 있어서와 같은 방법으로 결정을 내려야 한다.

다. 범죄인 등 인도

(1) 범죄는 체약국들간에 현존하는 인도조약상의 인도범죄에 포함되는 것으로 간주된다. 체약국들은 범죄를 그들 사이에 체결될 모든 인도조약에 인도범죄로서 포함할 의무를 진다.

(2) 인도에 관하여 조약의 존재를 조건으로 하는 체약국이 상호 인도조약을 체결하지 않은 타 체약국으로부터 인도 요청을 받은 경우에는, 그 선택에 따라 본 협약을 범죄에 관한 인도를 위한 법적인 근거로서 간주할 수 있다. 인도는 피요청국의 법률에 규정된 기타 제조건에 따라야 한다.

(3) 인도에 관하여 조약의 존재를 조건으로 하지 않는 체약국들은 피요청국의 법률에 규정된 조건에 따를 것을 조건으로 범죄를 동 국가들 간의 인도범죄로 인정하여야 한다.

(4) 범죄는 체약국간의 인도목적을 위하여 그것이 발생한 장소에서뿐만 아니라 관할권을 확립하도록 되어 있는 국가들의 영토내에서 행하여진 것과 같이 다루어진다.

(5) 항공기에 대한 통제를 적법한 기장에게 회복시키거나 또는 그의 항공기에 대한 통제를 보전시키기 위하여 적절한 모든 조치를 취하여야 한다.

(6) 항공기, 승객, 승무원이 자국 내에 소재하고 있는 어떠한 체약국도 실행이 가능한 한 조속히 승객 및 승무원의 여행의 계속을 용이하게 하여야 하며, 항공기 및 그 화물을 정당한 점유권자에게 지체없이 반환하여야 한다.

라. 협조 및 정보제공

(1) 체약국은 범죄 및 기타 행위와 관련하여 제기된 형사소송절차에 관하여 상호간 최대의 협조를 제공하여야 한다. 피요청국의 법률은 모든 경우에 있어서 적용된다.

(2) 형사문제에 있어서 전반적 또는 부분적인 상호협조를 규정하거나 또는 규정할 그 밖의 어떠한 양자 또는 다자조약상의 의무에도 영향을 미치지 아니한다.

(3) 체약국은 국내법에 의거하여 국제민간항공기구이사회에 그 국가가 소유하고 있는 다음에 관한 어떠한 관계 정보도 가능한 한 조속히 보고하여야 한다.

① 범죄의 상황

② 취하여진 조치사항

③ 범인 또는 범죄혐의자에 대하여 취하여진 조치, 또한 특히 인도절차 또는 기타 법적절차의 결과.

마. 중재

(1) 협상을 통하여 해결될 수 없는 본 협약의 해석 또는 적용에 관한 2개국 또는 그 이상의 체약국들 간의 어떠한 분쟁도 그들 중 일 국가의 요청에 의하여 중재에 회부된다. 중재 요청일로부터 6개월 이내에 체약국들이 중재 구성에 합의하지 못할 경우에는, 그들 당사국중의 어느 일국가가 국제사법재판소에 동 재판소규정에 따라 분쟁을 부탁할 수 있다.

(2) 체약국은 본 협약의 서명 또는 비준, 또는 가입시에 자국이 전항규정에 구속되지 아니하는 것으로 본다는 것을 선언할 수 있다. 타방체약국들은 그러한 유보를 행한 체약국에 관하여 전항규정에 의한 구속을 받지 아니한다.

(3) 유보를 행한 어떠한 체약국도 기탁 정부에 대한 통고로써 동 유보를 언제든지 철회할 수 있다.

3) 「민간항공의 안전에 대한 불법적 행위의 억제를 위한 협약 (Convention for the Suppression of Unlawful Acts Against the Safety of Civil Aviation)」

○ 주요일정

가. 1971. 9.23 : ICAO 항공법에 관한 국제회의(몬트리올) 협약안 채택 (전문 16조 및 부칙)

나. 1971.10.10 : 서명을 위해 개방(기탁일로부터 30일 이후 효력 발생)

다. 1973. 9.1 : 우리나라 가입(조약 제484호)

○ 주요내용

가. 협약의 적용범위

(1) 어느 누구도 불법적이고 고의적으로 다음과 같이 할 경우에는 범죄를 범한 것으로 본다.

① 비행중인 항공기에 탑승한자에 대하여 폭력 행위를 행하고 그 행위가 그 항공기의 안전에 위해를 가할 가능성이 있는 경우

② 운항중인 항공기를 파괴하는 경우 또는 그러한 비행기를 훼손하여 비행을 불가능하게 하거나 또는 비행의 안전에 위해를 줄 가능성이 있는 경우

③ 어떤 방법으로도 운항중인 항공기상에 그 항공기를 파괴할 가능성이 있거나 또는 그 항공기를 훼손하여 비행을 불가능하게 할 가능성이 있거나 또는 그 항공기를 훼손하여 비행의 안전에 위해를 줄 가능성이 있는 장치나 물질을 설치하거나 또는

설치되도록 하는 경우

④ 항공시설을 파괴 혹은 손상하거나 또는 그 운용을 방해하고 그러한 행위가 비행중인 항공기의 안전에 위해를 줄 가능성이 있는 경우

⑤ 허위정보를 제공하여 비행중인 항공기의 안전에 위해를 주는 경우

(2) 어떠한 자도 범죄를 범하려고 시도한 경우, 범죄를 범하거나 또는 범하려고 시도하는 자의 공범자인 경우에도 범죄를 범한 것으로 한다.

(3) 협약의 목적을 위하여 항공기는 탑승 후 모든 외부의 문이 닫힌 순간으로부터 하기를 위하여 그러한 문이 열려지는 순간까지의 어떠한 시간에도 비행 중에 있는 것으로 본다. 강제착륙의 경우, 비행은 관계당국이 항공기와 기상의 인원 및 재산에 대한 책임을 인수할 때까지 계속하는 것으로 본다.

(4) 항공기는 일정 비행을 위하여 지상직원 혹은 승무원에 의하여 항공기의 비행전 준비가 시작된 때부터 착륙 후 24시간까지 운항 중에 있는 것으로 본다.

(5) 체약국은 상기의 범죄를 엄중한 형벌로 처벌할 수 있도록 할 의무를 지며 군사, 세관 또는 경찰 업무에 사용되는 항공기에는 적용되지 아니한다.

나. 조치의무

(1) 체약국은 다음과 같은 경우에 있어서 범죄에 대한 관할권을 확립하기 위하여 필요한 제반 조치를 취하여야 한다.

① 범죄가 그 국가의 영토 내에서 범하여진 경우.

② 범죄가 그 국가에 등록된 항공기에 대하여 또는 기상에서 범하여진 경우.

③ 범죄가 기상에서 범하여지고 있는 항공기가 아직 기상에 있는 범죄 혐의자와 함께 그 영토 내에 착륙한 경우.

④ 범죄가 주된 사업장소 또는 그러한 사업장소를 가지지 않은 경우에는 영구 주소를 그 국가 내에 가진 임차인에게 승무원 없이 임대된 항공기에 대하여 또는 기상에서 범하여진 경우.

(2) 체약국은 범죄 혐의자가 그 영토 내에 소재하고 있으며, 그를 다른 국가에도 인도하지 않는 경우에 있어서 범죄에 관하여 또한 제1조 2항에 언급된 범죄에 관하여 범죄에 효력을 미치는 한 그 관할권을 확립하기 위하여 필요한 제반조치를 또한 취하여야 하며 국내법에 따라 행사되는 어떠한 형사 관할권도 배제하지 아니한다.

다. 범죄인 조사

(1) 범인 및 범죄혐의자가 그 영토 내에 소재하고 있는 체약국은 그를 구치하거나 그의 신병확보를 위한 기타 조치를 취하여야 한다. 구치 또는 기타 조치는 해당국가의 국내법에 규정된 바에 따라야 하나, 형사 또는 인도 절차를 취함에 필요한 시간 동안만 계속될 수 있으며 해당 국가는 사실에 대한 예비 조사를 즉시 행하여야 한다.

(2) 구치 중에 있는 어떠한 자도 가장 가까운 거리에 있는 본국의 대표와 즉시 연락을 취하는데 도움을 받아야 한다.

(3) 체약국이 어떠한 자를 구치하였을 때 피 구치자가 국적을 가진 국가 및 관계국가에 대하여 구치사실과 그의 구치를 정당화하는 사정을 즉시 통고하여야 한다. 예비조사를 행한 국가는 조사결과를 즉시 보고 하여야 하며, 그 관할권을 행사할 의도가 있는지의 여부를 명시하여야 한다.

(4) 영토 내에서 범죄 혐의자가 발견된 체약국은 만약 동인을 인도

하지 않은 경우, 예외없이 그 영토 내에서 범죄가 범하여진 것인지 여부를 불문하고 소추를 하기 위하여 권한있는 당국에 동 사건을 회부하여야 한다. 그러한 당국은 그 국가의 법률상 중대한 성질의 일반 범죄의 경우에 있어서와 같은 방법으로 그 결정을 내려야 한다.

라. 범죄인 인도 및 정보제공

(1) 범죄는 체약국간에 현존하는 인도 조약상의 인도 범죄에 포함되는 것으로 간주된다. 체약국은 범죄를 그들 사이에 체결되는 모든 인도조약에 포함할 의무를 진다.

(2) 인도에 관하여 조약의 존재를 조건으로 하는 체약국이 상호 인도조약을 체결하지 않은 타 체약국으로부터 인도 요청을 받은 경우에는 본 협약을 범죄에 관한 인도를 위한 법적인 근거로서 간주할 수 있다. 인도는 피 요청국의 법률에 규정된 기타 제 조건에 따라야 한다.

(3) 인도에 관하여 조약의 존재를 조건으로 하지 않는 체약국들은 피 요청국의 법률에 규정된 조건에 따를 것을 조건으로 범죄를 동 국가들 간의 인도범죄로 인정하여야 한다.

(4) 범죄는 체약국간의 인도 목적을 위하여 발생한 장소에서뿐만 아니라 제관할권을 확립하도록 되어 있는 국가의 영토 내에서 범하여진 것처럼 취급된다.

(5) 공동 또는 국제 등록에 따라 항공기를 운영하는 공동 항공운수 운영기구 또는 국제운영기관을 설치한 체약국들은 적절한 방법에 따라 각 항공기에 대하여 관할권을 행사하고 본 협약의 목적을 위하여 등록국가의 자격을 가지는 국가는 당해국 중에서 지명하여야 하며 또한 국제민간항공기구에 그에 관한 통고를 하여야 하며, 동 기구는 본 협약의 전 체약국에 동 통고를 전달하여

야 한다.

(6) 체약국은 국제법 및 국내법에 따라 범죄를 방지하기 위한 모든 실행 가능한 조치를 취하도록 노력하여야 한다.

(7) 범죄로 인하여 비행이 지연 또는 중단된 경우, 항공기, 승객 또는 승무원이 자국 내에 소재하고 있는 어떠한 체약국도 실행이 가능한 한 조속히 승객 및 승무원의 여행의 계속을 용이하게 하여야 하며, 항공기 및 그 화물을 정당한 점유권자에게 지체없이 반환하여야 한다.

마. 협조 및 보고

(1) 체약국은 범죄와 관련하여 제기된 형사 소송절차에 관하여 상호간 최대의 협조를 제공하여야 하며 피요청국의 법률은 모든 경우에 적용된다.

(2) 형사문제에 있어서 전반적 또는 부분적인 상호 협조를 규정하거나 또는 규정할 그 밖의 어떠한 양자 또는 다자조약상의 의무에 영향을 미치지 아니한다.

(3) 체약국은 국내법에 따라 국제민간항공기구 이사회에 그 국가가 소유하고 있는 다음에 관한 어떠한 관계 정보도 가능한 한 조속히 보고하여야 한다.

① 범죄의 상황

② 취하여진 조치사항

③ 범인 또는 범죄혐의자에 대하여 취하여진 조치, 또한 특히 인도절차 또는 기타 법적절차의 결과

바. 중재

(1) 협상을 통하여 해결될 수 없는 본 협약의 해석 또는 적용에 관한 2개국 또는 그 이상의 체약국들 간의 어떠한 분쟁도 그들 중

1개국가 요청에 의하여 중재에 회부된다. 중재 요청일로부터 6개월 이내에 체약국들이 중재구성에 합의하지 못할 경우에는, 그들 당사국 중의 어느 일국가가 국제사법재판소에 동 재판소 규정에 따라 분쟁을 부탁할 수 있다.

(2) 각 체약국은 본 협약의 서명, 비준, 또는 가입 시에 자국이 전항 규정에 구속되지 아니한 것으로 본다는 것을 선언할 수 있다. 타방 체약국들은 그러한 유보를 행한 체약국에 관하여 전항 규정에 의한 구속을 받지 아니한다.

(3) 유보를 행한 어떠한 체약국도 수탁정부에 대한 통고로써 동 유보를 언제든지 철회할 수 있다.

4) 「민간항공의 안전에 대한 불법적 행위의 억제를 위한 협약을 보충하는 국제민간항공에 사용되는 공항에서의 불법적 폭력행위의 억제를 위한 의정서 (Protocol for the Suppression of Unlawful Acts of Violence at Airports Serving International Civil Aviation)」

○ 주요일정

가. 1988.2.24 : 항공법에 관한 국제회의(몬트리올)에서 채택(전문 9조 및 부칙)

나. 1989.2.24 : 협약안 작성 시행(협약 효력)

다. 1999.7.27 : 우리나라 가입(조약 1012호)

○ 주요내용

이 의정서는 1971년 9월 23일 몬트리올에서 채택된 민간항공의 안전에 대한 불법적 행위억제를 위한 협약을 보충하고, 당사국간에는 협약과 함께 단일문서로 취급되고 해석된다.

○ 주요내용

가. 협약의 적용범위

(1) 어떠한 자도 불법적 또는 고의적으로 다음과 같은 경우에는 범죄를 범한 것으로 한다.

① 비행중인 항공기에 탑승한자에 대하여 폭력 행위를 행하고 그 행위가 그 항공기의 안전에 위해를 가할 가능성이 있는 경우

② 운항중인 항공기를 파괴하는 경우 또는 그러한 비행기를 훼손하여 비행을 불가능하게 하거나 또는 비행의 안전에 위해를 줄 가능성이 있는 경우

③ 어떠한 방법으로도 운항중인 항공기상에 그 항공기를 파괴할 가능성이 있거나 또는 그 항공기를 훼손하여 비행을 불가능하게 할 가능성이 있거나 또는 그 항공기를 훼손하여 비행의 안전에 위해를 줄 가능성이 있는 장치나 물질을 설치하거나 또는 설치되도록 하는 경우

④ 항공시설을 파괴 혹은 손상하거나 또는 그 운용을 방해하고 그러한 행위가 비행중인 항공기의 안전에 위해를 줄 가능성이 있는 경우

⑤ 허위 정보를 제공하여 비행중인 항공기의 안전에 위해를 주는 경우

(2) 어떠한 자도 범죄를 범하려고 시도한 경우, 범죄를 범하거나 또는 범하려고 시도하는 자의 공범자인 경우에도 범죄를 범한 것으로 한다.

(3) 협약의 목적을 위하여 항공기는 탑승 후 모든 외부의 문이 닫힌 순간으로부터 하기를 위하여 그러한 문이 열려지는 순간까지의 어떠한 시간에도 비행 중에 있는 것으로 본다. 강제착륙의 경우,

비행은 관계당국이 항공기와 기상의 인원 및 재산에 대한 책임을 인수할 때까지 계속하는 것으로 본다.

(4) 항공기는 일정 비행을 위하여 지상직원 혹은 승무원에 의하여 항공기의 비행전 준비가 시작된 때부터 착륙 후 24시간까지 운항 중에 있는 것으로 본다.

(5) 체약국은 범죄를 엄중한 형벌로 처벌할 수 있도록 할 의무를 지며 본 협약은 군사, 세관 또는 경찰 업무에 사용되는 항공기에는 적용되지 아니한다.

나. 조치의무

(1) 체약국은 다음과 같은 경우에 있어서 범죄에 대한 관할권을 확립하기 위하여 필요한 제반 조치를 취하여야 한다.

① 범죄가 그 국가의 영토 내에서 범하여진 경우

② 범죄가 그 국가에 등록된 항공기에 대하여 또는 기상에서 범하여진 경우

③ 범죄가 기상에서 범하여지고 있는 항공기가 아직 기상에 있는 범죄 협의자와 함께 그 영토 내에 착륙한 경우

④ 범죄가 주된 사업장소 또는 그러한 사업장소를 가지지 않은 경우에는 영구 주소를 그 국가 내에 가진 임차인에게 승무원 없이 임대된 항공기에 대하여 또는 기상에서 범하여진 경우

다. 범죄인 조사

(1) 범인 및 범죄 협의자가 그 영토 내에 소재하고 있는 체약국은 그를 구치하거나 그의 신병확보를 위한 기타 조치를 취하여야 한다. 구치 또는 기타 조치는 그 국가의 국내법에 규정된 바에 따라야 하나, 형사 또는 인도 절차를 취함에 필요한 시간 동안만 계속될 수 있으며 예비 조사를 즉시 행하여야 한다.

(2) 구치 중에 있는 어떠한 자도 가장 가까운 거리에 있는 본국의 대표와 즉시 연락을 취하는데 도움을 받아야 한다.

(3) 체약국이 어떠한 자를 구치하였을 때 피 구치자가 국적을 가진 국가 및 관계국가에 대하여 구치사실과 그의 구치를 정당화하는 사정을 즉시 통고하여야 한다. 예비조사를 행한 국가는 조사결과를 즉시 보고 하여야 하며, 그 관할권을 행사할 의도가 있는지의 여부를 명시하여야 한다.

(4) 인도에 관하여 조약의 존재를 조건으로 하지 않는 체약국들은 피 요청국의 법률에 규정된 조건에 따를 것을 조건으로 범죄를 동 국가들 간의 인도범죄로 인정하여야 한다.

라. 범죄인 인도 및 정보제공

(1) 공동 또는 국제 등록에 따라 항공기를 운영하는 공동 항공운수 운영기구 또는 국제운영기관을 설치한 체약국들은 적절한 방법에 따라 각 항공기에 대하여 관할권을 행사하고 본 협약의 목적을 위하여 등록국가의 자격을 가지는 국가는 당해국 중에서 지명하여야 하며 또한 국제민간항공기구에 그에 관한 통고를 하여야 하며, 동 기구는 본 협약의 전 체약국에 동 통고를 전달하여야 한다.

(2) 체약국은 국제법 및 국내법에 따라 범죄를 방지하기 위한 모든 실행 가능한 조치를 취하도록 노력하여야 한다.

(3) 범죄로 인하여 비행이 지연되거나 또는 중단된 경우, 항공기, 승객 또는 승무원이 자국 내에 소재하고 있는 어떠한 체약국도 실행이 가능한 한 조속히 승객 및 승무원의 여행의 계속을 용이하게 하여야 하며, 항공기 및 그 화물을 정당한 점유권자에게 지체 없이 반환하여야 한다.

마. 협조 및 보고

(1) 체약국은 범죄와 관련하여 제기된 형사 소송절차에 관하여 상호 간 최대의 협조를 제공하여야 하며 피요청국의 법률은 모든 경우에 적용된다.

(2) 형사문제에 있어서 전반적 또는 부분적인 상호 협조를 규정하거나 또는 규정할 그 밖의 어떠한 양자 또는 다자조약상의 의무에 영향을 미치지 아니한다.

(3) 체약국은 국내법에 따라 국제민간항공기구 이사회에 그 국가가 소유하고 있는 다음에 관한 어떠한 관계 정보도 가능한 한 조속히 보고하여야 한다.

① 범죄의 상황

② 취하여진 조치사항

③ 범인 또는 범죄혐의자에 대하여 취하여진 조치, 또한 특히 인도절차 또는 기타 법적절차의 결과

바. 중재

(1) 협상을 통하여 해결될 수 없는 본 협약의 해석 또는 적용에 관한 2개국 또는 그 이상의 체약국들 간의 어떠한 분쟁도 그들 중 1개국가 요청에 의하여 중재에 회부된다. 중재 요청일로부터 6개월 이내에 체약국들이 중재구성에 합의하지 못할 경우에는, 그들 당사국 중의 어느 일국가가 국제사법재판소에 동 재판소 규정에 따라 분쟁을 부탁할 수 있다.

(2) 각 체약국은 본 협약의 서명, 비준, 또는 가입 시에 자국이 전항 규정에 구속되지 아니한 것으로 본다는 것을 선언할 수 있다. 타방 체약국들은 그러한 유보를 행한 체약국에 관하여 전항 규정에 의한 구속을 받지 아니한다.

(3) 유보를 행한 어떠한 체약국도 수탁정부에 대한 통고로써 동 유보를 언제든지 철회할 수 있다.

5) 「가소성 폭약의 탐지를 위한 식별조치에 관한 협약 (Convention on the Marking of Plastic Explosives for the Purpose of Detection)」

○ 주요일정

가. 1991.3. 1 : ICAO 항공법에 관한 국제회의(몬트리올)에서 채택

나. 1998.6.21 : 발효(전문 15조 기술부속서(2부))

다. 2002.3.3 : 우리나라 가입(조약 제1584호)

라. 대한민국은 이 협약 제11조 제1항의 귀속을 받지 않는다. 폭약생산국임을 선언한다. 가소성 폭약에 의한 불법적 행위를 억제하기 위하여 가소성폭약에 적정하게 식별조치하는 것을 보장하기 위한 적절한 조치를 채택하도록 각국에 의무를 부과

○ 주요내용

가. 용어정의

(1) "폭약"이라 함은 이 협약의 기술부속서에 규정된 바와 같이 유연하거나 탄력적인 박판형의 폭약을 포함하여 일반적으로 "가소성 폭약"으로 알려진 폭발성 제품을 말한다.

(2) "탐지제"라 함은 이 협약의 기술부속서에 규정된 바와 같이 폭약에 첨가되어 그 폭약이 탐지될 수 있도록 하는 물질을 말한다.

(3) "식별조치"라 함은 이 협약의 기술부속서에 따라 폭약에 탐지제를 첨가하는 것을 말한다.

(4) "제조"라 함은 재처리과정을 포함하여 폭약을 제조하는 모든 과

정을 말한다.

(5) "정당하게 허가받은 군수품"은 관련 당사국의 법령에 따라 군사용 · 치안용 목적으로만 제조된 포탄 · 폭탄 · 탄환 · 지뢰 · 미사일 · 로켓 · 성형작약 · 수류탄 및 천공기를 의미하나, 이들에 국한되지 아니한다.

(6) "생산국"이라 함은 자국 내에서 폭약이 제조되는 국가를 말한다.

나. 조치의무

(1) 체약국은 비식별조치 폭약이 자국 내에서 제조되는 것을 금지 · 방지하기 위하여 필요한 효과적인 조치를 하여야 한다.

(2) 체약국은 비식별조치 폭약이 자국내 또는 국외로 이동되는 것을 금지 · 방지하기 위하여 필요한 효과적인 조치를 하여야 한다.

(3) 군사적 · 치안적 임무를 수행하는 정부가 통제하에 있는 비식별조치 폭약을 이동하는 경우에는 협약의 목적에 위배되지 아니하는 한 이를 적용하지 아니한다.

(4) 체약국은 이 협약에 위배되는 목적으로 폭약이 전환 · 이용되는 것을 방지하기 위하여 이 협약이 자국에서 발효하기 이전에 자국 영토안에서 제조되거나 자국 내로 반입된 비식별조치 폭약의 소유 및 그 이전에 대하여 엄격하고 효과적인 통제를 시행하기 위하여 필요한 조치를 하여야 한다.

(5) 체약국은 군사적 · 치안을 목적이 아닌 폭약에 대해여는 이 협약이 자국에 대하여 발효한 후 3년 이내에 당해 폭약의 모든 재고가 폐기되거나 이 협약에 위배되지 아니하는 목적으로 소비되거나 식별조치되거나 영구히 무력화되도록 보장하기 위하여 필요한 조치를 하여야 한다.

(6) 체약국은 군사적 · 치안을 목적으로 하는 폭약은 보유하되, 정당하게 허가받은 군수품이 아닌 폭약에 대해서는 이 협약이 자국

에 대하여 발효한 후 15년 이내에 당해 폭약을 폐기되거나 이 협약에 위배되지 아니하는 목적으로 소비되거나 식별조치되거나 영구히 무력화되도록 보장하기 위하여 필요한 조치를 하여야 한다.

(7) 체약국은 자국의 군사적·치안을 목적으로 하는 군수품이 아닌 비식별조치 폭약을 제외한 폭약으로서, 자국 내에서 발견되는 비식별조치 폭약에 대해는 가능한 신속히 자국 내서 폐기되도록 필요한 조치를 하여야 한다.

(8) 체약국 이 협약에 위배되는 목적으로 비식별조치 폭약이 전환·이용되는 것을 방지하기 위하여 폭약의 소유나 그 이전을 엄격하고 효과적으로 통제하기 위하여 필요한 조치를 하여야 한다.

(9) 체약국은 협약이 자국에서 발효한 이후에 제조된 폭약으로서 비식별조치 폭약에 대해서는 가능한 신속히 자국의 내에서 폐기되도록 필요한 조치를 하여야 한다.

나. 위원회 구성

(1) 체약국이 지명한 인사 중에서 국제민간항공기구 이사회가 15인 이상 19인 이하의 위원으로 구성되는 국제폭약기술위원회를 설립한다.

(2) 위원회의 위원은 폭약의 제조·탐지 또는 연구와 관련된 문제에 직접적이고 실질적인 경험을 가진 전문가이어야 하며 임기는 3년으로 하되 중임할 수 있다.

(3) 회의는 국제민간항공기구 본부에서 적어도 1년에 한 번 이상 소집되며, 그 외에 이사회가 지시·승인하는 시간과 장소에서 소집된다.

다. 보고 및 개정

(1) 위원회는 폭약의 제조·식별조치 및 탐지에 관련된 기술발전에 대해 평가하며 이사회를 통하여 그 평가결과를 당사국 및 관련 국제기구에 보고한다.

(2) 위원회는 필요한 경우 이사회에 대하여 이 협약 기술부속서의 개정을 권고하고 총의를 통한 결정을 위하여 노력한다. 다만, 총회 의결을 얻지 못한 경우에는 3분의 2의 다수결에 의하여 결정을 한다.

(3) 이사회는 위원회의 권고에 따라 당사국에 대하여 이 협약 기술부속서의 개정을 제안할 수 있다.

(4) 체약국은 기술부속서 개정안이 통보된 날부터 90일 이내에 자국의 의견을 이사회에 제출할 수 있으며 심의를 위하여 신속히 위원회에 송부한다. 이사회는 개정안에 대하여 의견을 제출하거나 반대한 당사국에 대하여 위원회와 협의하도록 요청한다.

라. 이행조치

(1) 이사회는 체약국 및 관련 국제기구와 협력하에 기술지원의 제공과 폭약의 식별조치·탐지분야에서의 기술발전에 관한 정보교환을 위한 조치를 포함하여 이 협약의 이행을 용이하게 하는 적절한 조치를 하여야 한다.

(2) 협상을 통하여 해결될 수 없는 본 협약의 해석 또는 적용에 관한 2개국 또는 그 이상의 체약국들 간의 어떠한 분쟁도 그들 중 1개국가 요청에 의하여 중재에 회부된다. 중재 요청일로부터 6개월 이내에 체약국들이 중재구성에 합의하지 못할 경우에는, 그들 당사국 중의 어느 일국가가 국제사법재판소에 동 재판소 규정에 따라 분쟁을 부탁할 수 있다.

(3) 각 체약국은 본 협약의 서명, 비준, 또는 가입 시에 자국이 전항 규정에 구속되지 아니한 것으로 본다는 것을 선언할 수 있다. 타방 체약국들은 그러한 유보를 행한 체약국에 관하여 전항 규정에 의한 구속을 받지 아니한다.

(4) 유보를 행한 어떠한 체약국도 수탁정부에 대한 통고로써 동 유보를 언제든지 철회할 수 있다.

6) 「외교관계에 관한 비엔나 협약(Vienna Convention on Diplomatic Relations)」

가. 협약 체결 : 1961. 4. 18.

나. 협약 발효 : 1964. 4.24

다. 모든 국가의 국민이 외교관의 신분을 인정하였음을 상기하고, 국가의 주권평등, 국제평화와 안전의 유지 및 국가간의 우호관계의 증진에 관한 국제연합헌장의 목적과 원칙을 명심하고, 외교교섭, 특권 및 면제에 관한 국제협약의 여러 국가의 상이한 헌법체계와 사회제도에도 불구하고, 국가간의 우호관계의 발전에 기여할 것임을 확신하고, 이러한 특권과 면제의 목적이 개인의 이익을 위함이 아니라 국가를 대표하는 외교공관직무의 효율적 수행을 보장하기 위한 것임을 인식하고, 본 협약의 규정에 명시적으로 규제되지 아니한 문제에는 국제관습법의 규칙이 계속 지배하여야 함을 확인한다.

○ 항공보안관련 주요내용

가. 제27조

(1) 체약국은 공용을 위한 공관의 자유로운 통신을 허용하며 보호하여야 한다. 공관은 자국 정부 및 소재여하를 불문한 기타의 자국 공관이나 영사관과 통신을 함에 있어서, 외교신서사 및 암호 또

는 부호로 된 통신문을 포함한 모든 적절한 방법을 사용할 수 있다. 다만, 공관은 접수국의 동의를 얻어야만 무선송신기를 설치하고 사용할 수 있다.

(2) 공관의 공용 통신문은 불가침이다. 공용 통신문이라 함은 공관 및 그 직무에 관련된 모든 통신문을 의미한다.

(3) 외교행낭은 개봉되거나 유치되지 아니한다.

(4) 외교행낭을 구성하는 포장물은 그 특성을 외부에서 식별할 수 있는 표지를 달아야 하며 공용을 목적으로 한 외교문서나 물품만을 넣을 수 있다.

(5) 외교신서사는 그의 신분 및 외교행낭을 구성하는 포장물의 수를 표시하는 공문서를 소지하여야 하며, 그의 직무를 수행함에 있어서 접수국의 보호를 받는다. 외교신서사는 신체의 불가침을 향유하며 어떠한 형태의 체포나 구금도 당하지 아니한다.

(6) 파견국 또는 공관은 임시 외교신서사를 지정할 수 있다. 다만, 동신서사가 자신의 책임하에 있는 외교행낭을 수취인에게 인도하였을 때에는 규정된 면제가 적용되지 아니한다.

(7) 외교행낭은 공인된 입국항에 착륙하게 되어 있는 상업용 항공기의 기장에게 위탁할 수 있다. 동 기장은 행낭을 구성하는 포장물의 수를 표시하는 공문서를 소지하여야 하나 외교신서사로 간주되지는 아니한다. 공관은 항공기 기장으로부터 직접으로 또는 자유롭게 외교행낭을 수령하기 위하여 공관직원을 파견할 수 있다.

4. 국가책무

> **제4조(국가의 책무)** 국토교통부장관은 민간항공의 보안에 관한 계획 수립, 관계 행정기관 간 업무 협조체제 유지, 공항운영자 · 항공운송사업자 · 항공기취급업체 · 항공기정비업체 · 공항상주업체 및 항공여객 · 화물터미널운영자 등의 자체 보안계획에 대한 승인 및 실행점검, 항공보안 교육훈련계획의 개발 등의 업무를 수행한다.

국제민간항공기구(ICAO)의 권고사항에 따라 민간항공의 안전 및 보안에 대한 계획수립 및 시행의 책임기관을 명확히 하기 위해 민간항공보안 업무에 대한 책임기관을 '국토교통부장관'으로 지정하고 하고 있다.

이는 항공보안을 담당하고 있는 관련기관(국토교통부, 국가정보원, 경찰청, 관세청, 법무부, 국방부, 공항운영자 및 항공운송사업자)간 업무 분장의 불명확성을 해결하고, 민간항공보안에 대한 책임소재를 명확히 한 것이다.

ICAO ANNEX 17(SECURITY) 제3장 3.1 국가조직에서 정한 각 체약국의 책무는 다음과 같다.

1) 항공기 안전성, 정시성 및 효율성을 고려한 규정, 관례, 절차를 통하여 불법행위로부터 민간항공을 보호하기 위한 문서로 된 국가항공보안프로그램을 수립, 시행하여야 한다.
2) 자국 국가민간항공 보안계획의 수립, 시행, 유지할 책임이 있는 적정기관을 지정하여 ICAO에 통보하여야 한다.
3) 해당기관의 위협분석에 근거하여 자국내의 민간항공에 대한 위협수준을 항시 점검해야하며, 국가민간항공보안프로그램[5]을 적용할 정책과 절차를 마련하고 적용하여야 한다.

---

5) 국가민간항공프로그램을 국토교통부에서는 항공보안법 제10조 따라서 "국가항공보안계획"을 세부적으로 수립하여 시행하고 있음

4) 해당기관이 국가민간항공보안프로그램의 여러 가지 요소의 이행을 책임지거나 관련된 부서, 기관 및 국가내 다른 조직, 공항 및 항공기 운영자, 항공교통서비스 제공자 및 기타 조직 간 업무를 정의, 배분 및 조정하도록 규정[6]해야 한다.

5) 국가민간항공보안프로그램의 여러 가지 요소의 이행을 책임지거나 관련된 부서, 기관 및 국가내 다른 조직, 공항 및 항공기 운영자 , 항공교통서비스 제공자 및 기타 조직 간 보안활동을 조정하기 위한 국가항공보안위원회[7] 또는 이와 유사한 조직을 수립해야 한다.

6) 관계기관으로 하여금 국가항공교육프로그램을 작성하여 적용토록 하여야 한다. 이 프로그램은 효율성을 보장하도록 수립되어야 하며, 국가 민간항공교육훈련프로그램[8]을 적용받는 모든 주체를 대상으로 포함시켜야 한다.

7) 2013년 7월 1일부터 국가민간항공보안프로그램에 따라 강사인증시스템 및 교육훈련프로그램의 개발과 이행을 보장해야 한다.

8) 민간항공서비스를 제공하는 공항에 해당책임 기관으로 하여금 공항보안 업무 수행 조직이 필요로 하는 자원 및 시설을 설치, 확보하도록 하여야 한다.

9) 자국 영토내의 공항 및 항공기 운영자, 항공교통서비스 제공자가 국가항공보안프로그램의 요건을 준수하도록 문서로 된 국가항공보안프로그램, 관련 정보 또는 지침의 해당 부분을 그들이 이용할 수 있도록 해야 한다.

---

6) 국가항공보안계획 제4장에서 항공보안관련기관 및 업체의 책무를 명시하고 있음
7) 항공보안법 제7조에 따라 "항공보안협의회"을 구성하여 운영하고 있음
8) 항공보안법 제28조에 따라 "(국토교통부 예규) 국가민간항공보안 교육훈련지침"을 수립하여 시행하고 있음

5. 협조의무

> **제5조(공항운영자 등의 협조의무)** 공항운영자, 항공운송사업자, 항공기취급업체, 항공기정비업체, 공항상주업체, 항공여객·화물터미널운영자, 공항이용자, 그 밖에 국토교통부령으로 정하는 자는 항공보안을 위한 국가의 시책에 협조하여야 한다.

항공보안법 제10조 및 시행규칙 제3조의2에 따라 국토교통부에서는 민간항공에 대한 불법방해행위로부터 승객·승무원·항공기 및 공항시설 등을 보호하기 위한 대책을 수립함으로써 대한민국 안에서 민간항공의 안전성·정시성 및 효율성을 확보하는 등 항공보안을 유지하기 위하여 국가항공보안계획을 수립하여 시행하고 있다.

공항운영자, 항공운송사업자, 항공기취급업체, 항공기정비업체, 공항상주업체(보호구역내 업체에 한함), 항공여객터미널운영자, 항공화물터미널운영자, 도심공항터미널경영자 등은 국가항공보안계획에 따라 자체보안계획을 수립하여 국토교통부장관의 승인을 받도록 하고 있으며, 만약 승인된 자체보안계획을 불이행할 경우에는 1천만원이하의 과태료 처분을 받도록 규정하고 있다.

제3장 >>> 항공보안협의회

1. 항공보안협의회

> **제7조(항공보안협의회)** ① 항공보안에 관련되는 다음 각 호의 사항을 협의하기 위하여 국토교통부에 항공보안협의회를 둔다.
> 1. 항공보안에 관한 계획의 협의
> 2. 관계 행정기관 간 업무 협조
> 3. 제10조제2항에 따른 자체 보안계획의 승인을 위한 협의
> 4. 그 밖에 항공보안을 위하여 항공보안협의회의 장이 필요하다고 인정하는 사항. 다만, 「국가정보원법」 제3조에 따른 대테러에 관한 사항은 제외한다.
>
> ② 항공보안협의회의 구성, 운영 및 자체 보안계획 승인의 대상 등에 관하여 필요한 사항은 대통령령으로 정한다.

시행령 제2조 법 제7조제1항에 따른 항공보안협의회는 위원장 1명을 포함한 20명 이내의 위원으로 구성한다.

보안협의회의 위원장은 국토교통부 항공정책실장이 되고, 위원은 다음 각 호의 사람으로 한다.

(1) 외교부 · 법무부 · 국방부 · 문화체육관광부 · 농림축산식품부 · 보건복지부 · 국토교통부 · 국가정보원 · 관세청 · 경찰청 및 해양경찰청의 고위공무원단 또는 이에 상당하는 직급의 공무원 중 소속 기관의 장이 지명하는 사람 각 1명

(2) 항공보안에 관한 학식과 경험이 풍부한 사람 · 공항운영자 또는 항공

운송사업자를 대표하는 사람 중 국토교통부장관이 위촉하는 사람 (위촉위원의 임기는 2년으로 한다)

위원장은 협의회를 대표하며 그 업무를 총괄하고 협의회의 위원장이 부득이한 사유로 그 직무를 수행할 수 없을 경우에는 위원장이 지명한 위원이 그 직무를 대행한다. 위원장은 협의회의 회의를 소집하고, 그 의장이 된다.

협의회의 사무를 처리하기 위하여 간사를 두며, 국토교통부장관이 소속 공무원 중에서 임명한다.

1) 보안협의회 위원의 제척 · 기피 · 회피

협의회 위원이 다음 각 호의 어느 하나에 해당하는 경우에는 보안협의회의 협의에서 제척되며, 위원이 제척사유에 해당하는 경우에는 스스로 해당 안건의 협의에서 회피하여야 한다.

(1) 위원 또는 그 배우자나 배우자이었던 사람이 해당 안건의 당사자가 되거나 그 안건의 당사자와 공동권리자 또는 공동의무자인 경우

(2) 위원이 해당 안건의 당사자와 친족이거나 친족이었던 경우

(3) 위원이 해당 안건에 대하여 증언, 진술, 자문, 연구, 용역 또는 감정을 한 경우

(4) 위원이나 위원이 속한 법인이 해당 안건 당사자의 대리인이거나 대리인이었던 경우

당사자는 위원에게 공정한 협의를 기대하기 어려운 사정이 있는 경우에는 보안협의회에 기피 신청을 할 수 있고, 보안협의회는 의결로 이를 결정한다. 이 경우 기피 신청의 대상인 위원은 그 의결에 참여하지 못한다.

2) 보안협의회 위원의 해촉 등

위원을 지명한 자는 위원이 다음 각 호의 어느 하나에 해당하는 경우에는 그 지명을 철회할 수 있다.

(1) 심신장애로 인하여 직무를 수행할 수 없게 된 경우

(2) 직무와 관련된 비위사실이 있는 경우

(3) 직무태만, 품위손상이나 그 밖의 사유로 인하여 위원으로 적합하지 아니하다고 인정되는 경우

(4) 위원이 제척사유에 해당하는 경우에는 불구하고 회피하지 아니한 경우

(5) 위원 스스로 직무를 수행하는 것이 곤란하다고 의사를 밝히는 경우

국토교통부장관은 위원이 해촉 사유에 해당하는 경우에는 해당 위원을 해촉할 수 있다.

3) 보안협의회 협의대상

협의회의 협의대상은 항공보안에 관한 계획의 협의, 관계행정기관 간 업무 협조, 제10조제2항에 따른 자체 보안계획의 승인을 위한 협의(공항운영자 및 항공운송사업자(국내항공운송사업자 및 국제항공운송사업자만 해당) 자체 보안계획의 수립 및 변경), 그 밖에 항공보안을 위하여 항공보안협의회의 장이 필요하다고 인정하는 사항(단, 국가정보원법 제3조에 따른 대테러에 관한 사항은 제외)은 협의회의 의결을 거쳐 위원장이 정한다.

(국토교통부 예규) 항공보안협의회 운영규정

(1) 목적

이 규정은 항공보안법 제7조 제2항 및 같은 법 시행령 제2조 제9항에 따른 항공보안협의회의 운영 등에 관하여 필요한 세부사항을 규정함을 목적으로 한다.

(2) 구성

협의회의 당연직인 위원은 항공보안법 시행령 제2조 제2항 제1호에 해당하는 사람이 되며 협의회의 위촉위원은 시행령 제2조 제2항 제2호에 해당하는 사람이 된다.

위촉직 위원의 임기는 2년으로 하되 연임할 수 있다. 다만, 위원의 사임 등으로 인하여 새로 위촉된 위원의 임기는 전임 위원의 잔여기간으로 하며 협의회의 간사는 국토교통부 항공보안과장으로 한다.

(3) 회의

협의회의 회의는 재적위원 1/3이상이 요구하거나 위원장이 필요하다고 인정하는 때에 위원장이 소집하고, 위원장이 그 의장이 된다.

협의회의 회의는 재적위원 과반수의 참석으로 개의하고 참석위원 과반수의 찬성으로 의결하며, 가부동수인 경우에는 부결된 것으로 본다. 이 경우 당연직인 위원은 소속 기관의 공무원을 대리 출석하게 할 수 있으며, 대리 출석한 공무원은 의결권을 가진다.

협의회의 간사는 다음 각 호의 사항을 기록한 회의록을 작성하여 위원장에게 보고한 후 보존하여야 한다.

1. 회의일시 및 장소
2. 회의안건 및 내용
3. 참석위원 서명(다만, 서면협의는 서명생략)
4. 그 밖의 토의사항

(4) 서면협의

위원장은 긴급하거나 부득이한 사유가 있거나 내용이 경미하다고 인정되는 협의안건에 대하여는 협의회의 회의에 갈음하여 위원별로 서면 의견서를 제출하게 할 수 있다.

위원장은 서면협의를 하려면 5일 이상의 기간을 정하여 안건을 각 위원에게 송부하여야 하며 안건을 받은 위원은 정해진 기간에 의견을 회신하여야 한다. 기한이 종료된 날에 협의회의 회의를 개최한 것으로 본다.

(5) 의견청취

위원장은 필요하다고 인정되면 당연직인 위원이 소속된 기관의 관계공무원 또는 항공보안 분야에 관한 학식과 경험이 풍부한 전문가 등을 협의회에 참석하게 하여 의견을 청취하거나 관계 기관 및 단체 등에 항공보안 관련 자료를 요청하는 등 필요한 협조를 요청할 수 있다.

(6) 대외누설금지

협의회의 위원은 협의회의 회의 등에서 알게 된 정보, 그 밖의 직무수행 과정에서 알게 된 사항 등을 다른 사람에게 누설하거나 자신의 이익을 위하여 이용하여서는 아니 되며 공무원이 아닌 위원이 위원으로 위촉된 때에는 별지 서약서를 제출하여야 한다.

2. 지방항공보안협의회

제8조(지방항공보안협의회) ① 지방항공청장은 관할 공항별로 항공보안에 관한 사항을 협의하기 위하여 지방항공보안협의회를 둔다.
② 지방항공보안협의회의 구성·임무 및 운영 등에 관하여 필요한 사항은 대통령령으로 정한다.

시행령 제3조 법 제8조제1항에 따른 지방항공보안협의회는 위원장 1명을 포함한 20명 이내의 위원으로 구성하며 지방보안협의회의 위원은 다음 각 호의 사람으로 한다.

(1) 해당 공항에 상주하는 정부기관의 소속 직원 각 1명
(2) 해당 공항운영자가 추천하는 소속 직원 1명
(3) 해당 공항에 상주하는 항공운송사업자가 추천하는 소속 직원 각 1명
(4) 위에서 규정한 사람 외에 항공보안을 위하여 위원장이 위촉하는 사람(위촉위원의 임기는 2년으로 한다)

위원장은 해당 공항을 관할하는 지방항공청장 또는 지방항공청장이 소속 공무원 중에서 지명하는 사람이 된다.
위원장은 지방보안협의회를 대표하며 그 업무를 총괄한다. 위원장은 협의회의 회의를 소집하고, 그 의장이 된다. 협의회의 사무를 처리하기 위하여 간사를 두며, 지방항공청장이 소속 공무원 중에서 임명한다. 협의회의 운영에 필요한 세부사항은 지방보안협의회의 의결을 거쳐 위원장이 정한다.

1) 지방보안협의회 위원의 제척 · 기피 · 회피

지방보안협의회 위원의 제척 · 기피 · 회피에 관하여는 항공보안협의회 위원의 제척 · 기피 · 회피를 준용한다.

2) 지방보안협의회 위원의 해촉 등

위원이 다음 각 호의 어느 하나에 해당하는 경우에는 그 추천을 철회할 수 있다.

(1) 심신장애로 인하여 직무를 수행할 수 없게 된 경우
(2) 직무와 관련된 비위사실이 있는 경우
(3) 직무태만, 품위손상이나 그 밖의 사유로 인하여 위원으로 적합하지 아니하다고 인정되는 경우
(4) 위원이 제척사유에 해당하는 경우에는 불구하고 회피하지 아니한 경우
(5) 위원 스스로 직무를 수행하는 것이 곤란하다고 의사를 밝히는 경우

지방보안협의회 위원장은 해촉 사유에 해당하는 경우에는 해당 위원을 해촉할 수 있다.

3) 지방보안협의회의 임무 등

지방보안협의회의 협의대상은 법 제10조제2항에 따른 자체 보안계획의 수립 및 변경에 관한 사항, 공항시설의 보안에 관한 사항, 항공기의 보안에 관한 사항, 법 제31조제2항에 따른 자체 우발계획의 수립·시행에 관한 사항, 기타 공항 및 항공기의 보안에 관한 사항이며 위원장은 협의사항에 대해 국토교통부장관에게 보고하여야 한다.

3. 항공보안 기본계획

> **제9조(항공보안 기본계획)** ① 국토교통부장관은 항공보안에 관한 기본계획을 5년마다 수립하고, 그 내용을 공항운영자, 항공운송사업자, 항공기취급업체, 항공기정비업체, 공항상주업체, 항공여객·화물터미널운영자, 그 밖에 국토교통부령으로 정하는 자(이하 "공항운영자등"이라 한다)에게 통보하여야 한다.
>
> ② 기본계획에는 항공보안에 관한 종합적·장기적인 추진방향 등 대통령령으로 정하는 사항이 포함되어야 한다.
>
> ③ 국토교통부장관은 기본계획에 따라 항공보안 업무를 수행하기 위하여 매년 항공보안에 관한 시행계획(이하 "시행계획"이라 한다)을 수립·시행하여야 한다.
>
> ④ 국토교통부장관은 기본계획을 수립하거나 변경하고자 하는 때에는 관계 행정기관과 미리 협의하여야 한다.
>
> ⑤ 국토교통부장관은 기본계획 및 시행계획의 수립을 위하여 필요하다고 인정하는 경우에는 관계 기관, 단체 또는 전문가로부터 의견을 듣거나 필요한 자료의 제출을 요청할 수 있다.
>
> ⑥ 그 밖에 기본계획 및 시행계획의 수립·변경·시행 등에 필요한 사항은 대통령령으로 정한다.

시행령 제5조 법 제9조제1항에 따른 항공보안에 관한 기본계획(기본계획)에는 다음 각 호의 내용이 포함되어야 하며 국토교통부장관은 기본계획을 수립하거나 변경하는 경우에는 보안협의회의 협의를 거쳐야 한다.

(1) 국내외 항공보안 환경의 변화 및 전망

(2) 국내 항공보안 현황 및 경쟁력 강화에 관한 사항

(3) 국가 항공보안정책의 목표, 추진방향 및 단계별 추진계획

(4) 항공보안 전문인력의 양성 및 항공보안 기술의 개발에 관한 사항

(5) 그 밖에 항공보안 발전을 위하여 필요한 사항

국토교통부장관은 기본계획을 수립하거나 변경한 경우에는 그 내용을

공항운영자 등에게 통보하여야 한다.

시행령 제5조의2에 따라 국토교통부장관은 기본계획에 포함된 제5조제1항제3호에 따른 단계별 추진계획에 따라 매년 항공보안에 관한 시행계획(시행계획)을 수립하여야 한다.

국토교통부장관은 시행계획을 수립하거나 변경하는 경우에는 보안협의회의 협의를 거쳐야 하며 그 내용을 공항운영자 등에게 통보하여야 한다.

항공보안 기본계획 (2017~2022)

(1) 항공보안 비전

글로벌 항공보안을 선도하고 미래를 준비하는 국가 항공보안체계 확립을 위해 '미래지향적 글로벌 항공보안체계 확립'을 비전으로 설정

(2) 항공보안 목표

○ 선진형 항공보안 인프라 확대
○ 스마트 항공보안체계 기반 조성
○ 무결점 항공보안 달성
○ 글로벌 항공보안 선진국 위상 제고

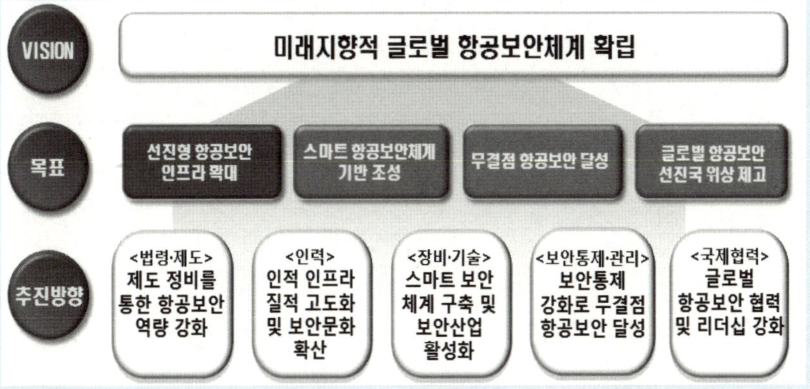

(3) 항공보안 추진과제

국내외 여건변화와 전망, 현황 및 문제점을 바탕으로 5가지 부문으로 나누고, 부문별 추진방향(16개) 및 추진과제(45개)를 도출

추진방향	추진과제
1. (법령·제도) 제도 정비를 통한 항공보안 역량 강화	
1-1. 항공보안 조직 역량 제고	① '항공보안 자문단' 도입 추진 ② 항공테러대응 전담조직 및 감독인력 확충 ③ 보안인력 운영조직 개편 방안 검토 ④ 항공분야 특별사법경찰권 도입 검토
1-2. 법·규정 정비 및 협의체 운영	⑤ 보안환경변화에 부합하는 법·규정의 내실화 ⑥ 법·규정의 지속적 정비를 위한 협의체 운영
1-3. 우편물 및 상용화주 화물 보안 체계 제도 개선	⑦ 우편물 보안통제지침 마련 및 보안검색 주체 명확화 ⑧ 상용화주 항공화물 보안체계 정비
1-4. 기내식 보안관리 강화 제도개선	⑨ 표준화된 기내식 보안관리 지침 마련 ⑩ 기내식 제조업체 보안관리 강화 대책 마련
2. (인력) 인적 인프라 질적 고도화 및 보안문화 확산	
2-1. 보안인력 전문성 제고	⑪ 보안검색요원 평가 방식 재정립 ⑫ 항공보안검색요원 자격제도 도입 ⑬ 행동탐지요원(BDO) 제도화 ⑭ 보안검색요원 인적관리 개선 방안 마련 ⑮ 항공보안감독관 "전임제" 및 분야별 "전담제" 활성화
2-2. 교육훈련체계 개선 및 질적 향상	⑯ 항공보안 표준교재 개발 및 교육과정 개편 ⑰ 항공보안교관 교육과정별 자격조건 세분화 ⑱ 항공보안 민간 교육기관 활성화
2-3. 대국민 보안의식 제고 및 보안문화 확산	⑲ 보안의식 개선 캠페인 실시 ⑳ 공항 보안시설 현장체험(견학) 프로그램 운영

3. (장비 · 기술) 스마트 보안체계 구축 및 보안산업 활성화	
3-1. 위험기반 보안 체계 확립	㉑ 항공보안 위험 매트릭스(Risk matrix) 구축 ㉒ 원스톱 보안(One-stop security) 확대 시행
3-2. 보안장비 첨단화 및 선진기술 확보	㉓ 위탁수하물 셀프태깅(Self-tagging) 도입 ㉔ 생체인식 기반 보안통제 인프라 확충 ㉕ 미래형 보안검색장비 공항배치 로드맵 수립 ㉖ 첨단기술을 활용한 항공보안검색장비 R&D 추진 ㉗ 폭발물탐지견 등 신 검색수단 도입 검토
3-3. 성능인증제 도입을 통한 보안장비 산업 육성	㉘ 국가 보안장비 성능인증제도 도입 ㉙ 국가 간 보안장비 상호인증제도 추진 ㉚ 국산장비 활용 및 해외수출 채널 확대
4. (보안통제 · 관리) 보안통제강화로 무결점 항공보안 달성	
4-1. 항공테러 대응 역량 강화	㉛ 테러대비태세 확립 ㉜ 공항 핵심업무 공사 직영 추진 ㉝ 대테러 장비·인력 확충
4-2. 보호구역 효율적 보안통제 강화	㉞ 보호구역 및 일반지역 보안통제체계 재정비 ㉟ 내부 상주직원 보안관리 강화방안 도입 검토
4-3. 항공기내 보안통제 강화	㊱ 국내선 액체류 보안통제 강화 ㊲ 기내 불법방해행위에 대한 행정질서벌 도입 검토
4-4. 항공보안 정보공유 및 관계기관 간 협업 활성화	㊳ 정보공유를 통한 협업 활성화 ㊴ 항공보안자율신고제도 활성화 추진 ㊵ 항공보안정보화시스템 정보수집 및 공유기능 강화
5. (국제협력) 글로벌 항공보안 협력 및 리더십 강화	
5-1. 항공보안 국제협력체계 강화	㊶ 국가 간 항공보안협력체계 점진적 확대 ㊷ ICAO 글로벌 항공보안계획에 따른 국내 시행계획 마련 ㊸ 무인비행장치, 일반항공 등 보안지침 국제동향 검토
5-2. 개도국 역량 강화 지원 활동 추진	㊹ 아태지역 회원국 협력활동 강화 ㊺ 보안취약국가에 대한 역량강화 지원 확대

4. 국가 항공보안계획

> **제10조(국가항공보안계획 등의 수립)** ① 국토교통부장관은 항공보안 업무를 수행하기 위하여 국가항공보안계획을 수립·시행하여야 한다.
>
> ② 공항운영자등은 제1항의 국가항공보안계획에 따라 자체 보안계획을 수립하거나 수립된 자체 보안계획을 변경하려는 경우에는 국토교통부장관의 승인을 받아야 한다. 다만, 국토교통부령으로 정하는 경미한 사항의 변경은 그러하지 아니하다.
>
> ③ 제1항 및 제2항에 따라 수립하는 국가항공보안계획, 자체 보안계획의 세부 내용 및 수립절차 등에 관하여 필요한 사항은 국토교통부령으로 정한다.

시행규칙 제3조의2 제10조제1항에 따른 국가항공보안계획에는 다음 각 호의 내용이 포함되어야 하며 국토교통부장관은 국가항공보안계획을 수립하는 경우에는 법 제7조제1항에 따른 항공보안협의회의 협의를 거쳐야 한다.

(1) 법 제9조제1항에 따른 공항운영자 등의 항공보안에 대한 임무

(2) 법 제27조제1항에 따른 항공보안장비의 관리

(3) 법 제28조제2항에 따른 교육훈련

(4) 법 제31조제1항에 따른 국가항공보안 우발계획

(5) 법 제33조제1항에 따른 점검업무 등

(6) 항공보안에 관한 국제협력

(7) 그 밖에 항공보안에 관하여 필요한 사항

1) 자체보안계획의 승인

시행규칙 제3조의3 국토교통부장관 또는 지방항공청장은 법 제10조제2항에 따라 자체 보안계획을 승인하려 할 때에는 다음 각 호의 사항을

검토하여야 한다.

(1) 국가항공보안계획과의 적합성

(2) 법 제3조에 따른 국제협약 및 「국제민간항공협약」 부속서 17 등과의 적합성

2) 공항운영자의 자체보안계획

시행규칙 제3조의4 법 제10조제2항에 따라 공항운영자가 수립하는 자체보안계획에는 다음 각 호의 사항이 포함되어야 하며, 공항운영자는 자체 보안계획을 승인 받은 경우 관련기관, 항공운송사업자 등에게 관련사항을 통보하여야 한다.

(1) 항공보안업무 담당 조직의 구성·세부업무 및 보안책임자의 지정

(2) 항공보안에 관한 교육훈련

(3) 항공보안에 관한 정보의 전달 및 보고 절차

(4) 공항시설의 경비대책

(5) 보호구역 지정 및 출입통제

(6) 승객·휴대물품 및 위탁수하물에 대한 보안검색

(7) 통과 승객·환승 승객 및 그 휴대물품·위탁수하물에 대한 보안검색

(8) 승객의 일치여부 확인 절차

(9) 항공보안검색요원의 운영계획

(10) 법 제12조에 따른 보호구역 밖에 있는 공항상주업체의 항공보안관리 대책

(11) 항공보안장비의 관리 및 운용

(12) 법 제19조제1항에 따른 보안검색 실패 등에 대한 대책 및 보고·전달체계

(13) 법 제29조에 따른 보안검색 기록의 작성·유지

(14) 공항별 특성에 따른 세부 보안기준

3) 항공운송사업자의 자체보안계획

시행규칙 제3조의5 법 제10조제2항에 따라 항공운송사업자가 수립하는 자체 보안계획에는 다음 각 호의 사항이 포함되어야 하며, 외국국적 항공운송사업자가 수립하는 자체 보안계획은 영문 및 국문으로 작성되어야 한다.

(1) 항공보안업무 담당 조직의 구성 · 세부업무 및 보안책임자의 지정

(2) 항공보안에 관한 교육훈련

(3) 항공보안에 관한 정보의 전달 및 보고 절차

(4) 항공기 정비시설 등 항공운송사업자가 관리 · 운영하는 시설에 대한 보안대책

(5) 항공기 보안에 관한 다음 각 목의 사항

① 항공기에 대한 경비대책

② 비행 전 · 후 항공기에 대한 보안점검

③ 계류항공기에 대한 탑승계단, 탑승교, 출입문, 경비요원 배치에 관한 보안 및 통제 절차

④ 항공기 운항중 보안대책

⑤ 법 제23조에 따른 승객의 협조의무를 위반한 사람에 대한 처리절차

⑥ 법 제24조에 따른 수감 중인 사람 등의 호송 절차

⑦ 법 제25조에 따른 범인의 인도 · 인수 절차

⑧ 항공기내보안요원의 운영 및 무기운용 절차

⑨ 국외취항 항공기에 대한 보안대책

⑩ 항공기에 대한 위협 증가 시 항공보안대책

⑪ 조종실 출입절차 및 조종실 출입문 보안강화대책

⑫ 기장의 권한 및 그 권한의 위임절차

⑬ 기내 보안장비 운용절차

(6) 기내식 및 저장품에 대한 보안대책

(7) 항공보안검색요원 운영계획
(8) 법 제19조제1항에 따른 보안검색 실패 대책보고
(9) 항공화물 보안검색 방법
(10) 법 제29조에 따른 보안검색기록의 작성 · 유지
(11) 항공보안장비의 관리 및 운용
(12) 화물터미널 보안대책(화물터미널을 관리 운영하는 항공운송사업자만 해당)
(13) 법 제17조제3항에 따른 운송정보의 제공 절차
(14) 위해물품 탑재 및 운송절차
(15) 보안검색이 완료된 위탁수하물에 대한 항공기에 탑재되기 전까지의 보호조치 절차
(16) 승객 및 위탁수하물에 대한 일치여부 확인 절차
(17) 승객 일치 확인을 위해 공항운영자에게 승객 정보제공
(18) 법 제23조제7항에 따른 항공기 탑승 거절절차
(19) 항공기이륙 전 항공기에서 내리는 탑승객 발생 시 처리절차
(20) 비행서류의 보안관리 대책
(21) 보호구역 출입증 관리대책
(22) 그 밖에 항공보안에 관하여 필요한 사항

4) 항공기취급업체 등의 자체보안계획

시행규칙 제3조의6 법 제10조제2항에 따라 항공기취급업체 · 항공기정비업체 · 공항상주업체(보호구역 안에 있는 업체만 해당), 항공여객 · 화물터미널 운영자, 도심공항터미널을 경영하는 자가 수립하는 자체 보안계획에는 다음 각 호의 사항이 포함되어야 한다.

(1) 항공보안업무 담당 조직의 구성 · 세부업무 및 보안책임자의 지정
(2) 항공보안에 관한 교육훈련

(3) 항공보안에 관한 정보의 전달 및 보고 절차
(4) 보호구역 출입증 관리 대책
(5) 해당 시설 경비보안 및 보안검색 대책
(6) 항공보안장비 관리 및 운용
(7) 그 밖에 항공보안에 관한 사항

5) 자체보안계획의 변경 등

시행규칙 제3조의7 법 제10조제2항 단서에서 "국토교통부령으로 정하는 경미한 사항"이란 다음 각 호의 사항을 말하며, 공항운영자 등은 자체 보안계획을 변경한 경우에는 국토교통부장관 또는 지방항공청장에게 그 사실을 즉시 통보하여야 한다.
(1) 기관 운영에 관한 일반현황의 변경
(2) 기관 및 부서의 명칭 변경
(3) 항공보안에 관한 법령, 고시 및 지침 등의 변경사항 반영

국가 항공보안계획

1) 목적

국가항공보안계획은 항공보안법 제10조 및 시행규칙 제3조의2에 따라 민간항공에 대한 불법방해행위로 부터 승객·승무원·항공기 및 공항시설 등을 보호하기 위한 대책을 수립함으로써, 대한민국 안에서 민간항공의 안전성·정시성 및 효율성을 확보하는 등 항공보안을 유지하는데 그 목적이 있다.

2) 일반원칙

(1) 국가항공보안계획은 국제협약 등 국제법에 따라 민간항공을 불법방해행위로 부터 보호하기 위하여 타 체약국과 상호 협력할 사항을 정한다.

(2) 국가항공보안계획은 체약국이 항공기 안전, 승객·승무원 안전, 공항·항행안전시설 보호, 공항 근무직원·방문자 보호 및 위협에 대한 대응 등 민간항공의 불법방해행위 방지를 위한 지원을 요청할 경우 이에 관한 사항을 정한다.

(3) 국가항공보안계획은 항공운송사업자들에게 항공기가 상대국의 영토에서 도착·출발·체류할 동안 상대국의 항공보안 요건을 준수하도록 하고, 효율적인 항공보안을 위하여 탑승전 항공기 보호 및 승객·승무원·휴대물품·위탁수하물·화물·기내물품 등에 대한 검색방법을 정한다.

(4) 국가항공보안계획은 항공기·승객·승무원·공항 또는 항행안전시설에 대한 불법방해행위 또는 불법적인 사건이 발생하였을 경우 이를 신속히 종결시킬 수 있는 대책 및 통신지원 방안을 정한다.

(5) 국가항공보안계획은 국제민간항공협약 부속서 및 지침서 상의 보안 관련 규정을 준수하며, 인천비행정보구역내의 공항운영자·항공운송사업자·항공기취급업체·항공기정비업체·공항상주업체·항공여객(화물)터미널운영자, 그 밖에 국토교통부장관이 정하는 자(공항운영자 등)는 국가항공보안계획을 준수하여야 한다.

(6) 국가항공보안계획에 따라 공항운영자등이 수립하는 자체 보안계획은 운영 또는 운항 개시 전에 승인을 받아야 한다.

(7) 국가항공보안계획에 따라 공항운영자등이 수립하는 자체 보안계획은 국제민간항공기구의 해당 보안프로그램 모델을 참고하여야 한다.

(8) 공항운영자등은 자체 보안계획이 항공보안 관련 법령 및 국가항공보안계획 등에 부합하는지 매년 자체 점검하여야 하며, 자체 보안계획 승인기관은 이를 확인하여야 한다.

3) 항공보안 관련기관 및 업체 책임

(1) 국토교통부는 국가항공보안계획의 수립 및 실행에 관한 사항을 담당하며 다음의 사항을 포함한다.

① 국가항공보안계획의 제정 및 개정

② 국가항공보안계획의 내용 개발·조정 및 시행

③ 국가항공보안계획에 따른 공항운영자등의 자체 보안계획 검토 및 승인

④ 불법방해행위 발생시 국가항공보안계획 재검토 및 재발방지대책 강구

⑤ 항공보안을 위한 국제공항 시설에 대한 국제기준의 적용 확인

(2) 공항운영자는 공항의 불법방해행위를 방지하는 보안조치의 수립 및 실행에 관한 사항을 담당하며 다음의 사항을 포함한다.

① 국가항공보안계획의 요구사항과 공항의 독립적인 보안조치를 구체적으로 명시한 자체 보안계획의 수립 및 시행

② 자체 보안계획 시행을 총괄하는 공항보안책임자 임명

③ 공항보안에 필요한 사항을 공항시설의 개조와 새로운 시설의 설계 및 공사에 반영

(3) 항공운송사업자는 불법방해행위로 부터 승객·승무원·지상직원·항공기 및 시설이 보호될 수 있도록 자체 보안계획을 수립·시행하여야 하며 다음 사항을 포함한다.

① 자체 보안계획 실행을 총괄하는 항공사보안책임자 임명

② 불법방해행위로 부터 승객·휴대물품·위탁수하물·기내식 및 항공화물 등에 대한 보호대책 수립 및 시행

③ 항공기의 비행전 보안점검

④ 재판 및 행정절차의 대상인 승객에 대한 처리

⑤ 조종석 및 항공기 화물칸으로 운송되는 무기에 대한 보안대책

⑥ 주기되어 있는 항공기 보안 및 통제절차
⑦ 타 국가로 운항할 경우 해당 국가의 항공보안요건 준수
⑧ 공중납치 · 폭탄테러 위협 및 위험지대 비행 등에 대한 보안조치 및 절차 등 우발사고 계획

(4) 국가정보원은 불법방해행위 등 항공보안에 관한 국내외 정보를 수집 · 작성하여 배포하고 항공분야 대테러 업무를 기획 · 조정하며, 공항과 항공기 등에 대해 테러사건이 발생하거나 발생할 우려가 현저한 때에는 관계기관 합동으로 조사반을 편성 · 운영한다.
(5) 외교부는 민간항공에 대한 대테러 협력을 위한 국제조약 체결 및 국제기구 가입에 관한 업무를 지원한다.
(6) 법무부는 위 · 변조 여권에 대한 식별기법과 불법방해행위와 연계된 혐의자의 출 · 입국 관리에 대한 업무를 지원한다.
(7) 국방부는 공항 외곽(해안선 포함)의 경계 및 방호 업무를 담당하고, 공항에서 군 폭발물이 발견되거나 생화학 테러가 발생한 경우 군 폭발물 처리반이나 생화학 부대를 지원 및 협조한다.
(8) 농림축산부는 수출입 동 · 식물 검역 장소의 지정 및 관리와 검역정보를 제공한다.
(9) 보건복지부는 항공기 · 승객 · 승무원 및 화물에 대한 검역 사항과 세균학적 검사 업무를 지원한다.
(10) 관세청은 출 · 입국자 및 화물에 대한 통관심사와 총기류 · 폭발물 등 위해물품의 반입 저지에 대한 업무를 지원한다.
(11) 경찰청은 민간항공을 위협하는 범죄를 예방하며, 항공기의 납치 · 파괴 행위와 폭탄테러, 그 밖의 위협 등 불법방해행위가 발생한 경우 이를 진압하고 사법 처리한다.
(12) 해양경찰청은 공항 인접 해상에서의 항공기에 대한 불법방해행위를 예방 · 진압하고 사법 처리한다.

(13) 항공교통관제기관은 비행정보구역의 항공기 관제와 항공로의 비행정보제공 등에 관한 업무를 지원한다.
(14) 항공기취급업체 · 항공기정비업체 · 공항상주업체 · 항공여객(화물)터미널운영자 등은 국가항공보안계획에 따라 자체 보안계획을 수립 · 시행하여야 하며, 공항운영자의 자체 보안계획을 준수하여 자체 시설에 대한 출입 및 보안 통제에 책임을 가진다.

4) 언론홍보

(1) 국토교통부 항공보안과장은 항공보안 관련 언론홍보 업무를 담당한다. 다만, 항공기 테러와 관련된 홍보는 항공테러 위기대응 실무매뉴얼에 의한다.
(2) 공항운영자 및 항공운송사업자는 항공보안 관련 언론홍보 담당을 지정 · 운영하여야 하며, 공항 또는 항공사의 보안관련 내용을 홍보할 경우 사전에 국토교통부와 협의하여야 한다.

5) 국제민간항공기구와의 협력

(1) 국토교통부장관은 대한민국의 항공보안 관련 책임기관을 국제민간항공기구에 통보하여야 한다. 만약 책임기관이 변경될 경우 신속하게 그 사실을 국제민간항공기구에 통보하여야 한다.
(2) 국토교통부 장관은 국제민간항공협약 체약국의 요청으로 항공보안평가 결과 및 조치사항을 체약국에 제공할 경우 국제민간항공기구에 통보하여야 한다.

6) 타 국가와의 협력

(1) 국토교통부장관은 체약국으로부터 국가항공보안계획의 제공을 문서로 요청받은 경우 이를 제공할 수 있다.

(2) 국토교통부장관은 국제 항공보안을 향상시키고, 항공보안 관련 국가간의 유대관계를 지속적으로 유지하여야 하며, 국가항공보안계획을 적용함에 있어 체약국과 협조하여야 한다.

(3) 국토교통부장관은 체약국으로부터 특정 항공편에 대해 특별한 보안대책을 문서로 요구받은 경우 공항운영자등에게 다음 사항을 협조하도록 지시할 수 있다.

① 항공기 경비 강화

② 위험성이 높을 경우 다른 항공기와 격리하여 주기

③ 위협분석에 따라 승객·수하물에 대한 정밀 보안점검 실시

④ 위험성이 높은 승객이 있는 경우 별도 출입지역으로 통과

(4) 국토교통부장관은 체약국이 특별 보안대책을 요구한 사항에 대하여 조치 가능 여부와 조치내용 등을 관련 체약국에 통보하여야 한다.

(5) 공항운영자등은 특별한 보안대책 실행에 따라 추가 발생한 비용을 관련 체약국에 요청할 수 있다.

(6) 국토교통부장관은 민간항공의 위협정보를 수집·분석하는 과정에서 체약국의 위협정보를 수집하였을 경우 관련 체약국에 그 내용을 제공하여야 한다.

(7) 국토교통부장관은 체약국 등으로부터 수집한 위협정보를 공항운영자등에게 통보하여야 하며, 공항운영자등과 협의하여 대책을 수립하여야 한다.

(8) 국토교통부장관은 체약국과 보안정보를 교환하는 경우 「보안업무규정」에 따른 조치를 하여야 한다.

(9) 국토교통부장관은 체약국에 보안정보를 제공하기 전에 체약국의 보안관리에 대한 대책을 파악하여 적절한 경우 해당 보안자료를 제공한다.

(10) 국토교통부장관은 체약국으로부터 민간항공 위협정보를 제공받은 경우 정보를 제공한 체약국에서 요구하는 수준으로 보호하여야 한다.

(11) 국토교통부장관은 국가항공보안 프로그램, 수준관리 프로그램 및 교육훈련 프로그램을 개발하거나 관련 정보를 공유할 필요가 있는 경우 체약국과 협력하여야 한다.
(12) 국토교통부장관은 체약국으로부터 국제민간항공기구의 항공보안평가 결과 및 조치사항 제공을 문서로 요청받은 경우 적절한 수준에서 제공할 수 있다.
(13) 국토교통부장관은 체약국과 항공운송 양해각서를 체결할 경우 항공보안에 관한 사항을 포함하여야 한다. 이 경우 국제민간항공기구의 기준을 참고하여야 한다.

(국토교통부 예규) 공항에서의 폭발물 등에 관한 처리기준

1) 목적

이 기준은 항공보안법 제10조 제1항에 따른 국가항공보안계획 11.2.10에 따라 공항의 안전을 유지하기 위하여 공항에서의 폭발물 등 처리에 필요한 사항을 정함을 목적으로 한다.

2) 용어정의

(1) "폭발물"이란 화약, 폭약, 화공품, 그 밖에 인화성 물질로 만든 폭발성이 있는 일체의 물질을 말한다.
(2) "생화학 물질"이란 미생물 등에 의한 병원성 세균 및 화학가스·유독가스를 말한다.
(3) "폭발물처리요원"이란 폭발물, 생화학 물질, 그 밖에 폭발의 위험이 있거나 의심되는 물질(폭발물 등)을 발견하거나 신고를 접수한 경우 초동 조치를 하는 등 폭발물 등의 처리를 위하여 공항운영자가 임명한 사람을 말한다.

(4) "폭발물 처리장비"란 폭발물 등을 탐지 · 확인하여 이동, 해체 및 제거하는데 사용되는 장비를 말한다.

(5) "합동조사반"이란 공항 내 국가정보원, 국방부, 경찰청 등 항공보안 관계기관으로 구성된 폭발물등에 대한 합동조사기구를 말한다.

3) 공항운영자의 임무

(1) 공항운영자는 공항 내에서 폭발물등에 의한 폭발사고 피해를 최소화하기 위하여 공항별로 폭발물처리요원을 배치하여야 한다.

(2) 공항운영자는 폭발물처리요원의 임용 · 배치 · 교육훈련, 폭발물등의 처리장비 · 처리절차 · 정보전파 및 출동대비태세 등에 관한 세부 운영기준을 수립 · 시행하여야 한다.

4) 항공운송사업자의 임무

(1) 항공운송사업자는 항공기, 공항 화물터미널 등에서 폭발물등을 발견한 경우 공항운영자 및 군 공항 당국 등 관계기관에 지체 없이 전파하고, 폭발물처리요원에게 지원을 요청하여야 한다.

(2) 항공운송사업자는 폭발물등을 발견한 경우 폭발물처리요원 외의 사람이 현장에 접근하지 못하도록 조치하여야 하며, 폭발사고 등에 대비하여 피해방지 조치를 하여야 한다.

(3) 항공운송사업자는 공항운영자 및 관계기관이 폭발물등을 처리할 때 적극 협조하여야 한다.

(4) 항공운송사업자는 폭발물처리요원에 대한 지원 요청절차, 폭발사고 피해방지 조치 등에 관한 세부 운영기준을 수립 · 시행하여야 한다.

5) 폭발물처리요원 임용기준

공항운영자는 폭발물 또는 생화학 물질 처리업무를 3년 이상 직접 수행한 경험이 있는 사람을 폭발물처리요원으로 임용하여야 한다. 다만, 다음 각 호의 어느 하나에 해당하는 사람을 임용하여서는 아니 된다.

(1) 20세 미만인 사람

(2) 심신상실자, 마약·대마·향정신성 의약품 또는 알코올 중독자, 그 밖에 이에 준하는 정신 장애가 있는 사람

(3) 항공보안법 또는 다른 법률에 따라 벌금 이상의 형을 선고받고 그 집행이 종료되거나 집행을 받지 아니하기로 확정된 후 3년이 지나지 아니한 사람

6) 폭발물처리요원의 임무

(1) 폭발물처리요원은 폭발물등의 신고를 접수한 경우 최대한 빠른 시간 내에 현장에 도착할 수 있도록 항상 출동 가능한 상태를 유지하여야 한다.

(2) 폭발물처리요원은 현장상황을 종합상황실 등에 초동보고하고, 폭발물등에 대한 분석결과를 합동조사반에 지체 없이 보고한 후 합동조사반의 결정에 따른다.

(3) 폭발물처리요원은 여객터미널·화물터미널 등에서 폭발물등이 발견된 경우 현장에서 폭발사고 등이 발생하지 않도록 조치하고, 폭발사고 등에 대비하여 공항이용객 또는 화물의 피해를 최소화할 수 있도록 안전조치를 하여야 한다.

(4) 폭발물처리요원은 제3항에 따른 안전조치를 하기위해 필요한 경우 관계기관·항공운송사업자 등에게 업무협조와 출입통제를 요청할 수 있으며, 폭발물처리요원의 요청을 받은 관계기관·항공운송사업자 등은 이에 협조하여야 한다.

7) 책임의 구분

(1) 폭발물처리요원은 여객터미널·화물터미널 등에서 폭발물등을 발견한 경우 여객터미널·화물터미널 이외의 안전한 장소로 운반하여 군 등 관계기관의 폭발물처리요원 등에게 인계함으로써 책임을 다한 것으로 본다. 다만, 합동조사반의 결정으로 폭파·제거 등의 별도 요청이 있는 경우에는 요청 사항을 완료함으로써 책임을 다한 것으로 본다.

(2) 공항운영자나 항공운송사업자가 관할구역에서 폭발물등을 발견한 경우 폭발물등의 폭파·이동·지원 등 처리에 대한 책임은 공항운영자에게 있다. 다만, 항공운송사업자는 항공운송사업자의 관할 구역에서 폭발물등을 발견한 경우에는 공항운영자의 지원 요청에 따라 필요한 지원을 하여야 한다.

8) 폭발물 처리장비의 종류

공항운영자가 갖추어야 할 폭발물 처리장비는 다음 각 호와 같고 공항의 특성에 따라 폭발물 처리장비의 종류 및 수량을 공항별로 달리 정할 수 있다.

(1) 검색경, 탐침(봉), 금속탐지기, 휴대용 폭약탐지기 등 폭발물 탐지장비

(2) 엑스레이 촬영기 및 현상기, 관측내시경, 청진기 등 폭발물 확인장비

(3) 방폭담요, 방폭가방, 방폭복, 원격이동장비 등 폭발물 취급장비

(4) 폭발물분쇄기, 수처리 공구 세트 등 폭발물 분쇄장비

(5) 폭발물운반트레일러, 출동차량 등 폭발물 운반장비

(6) 세균·가스 불침투보호 세트, 제독기, 탐지킷 및 수집 세트 등 생화학 물질 처리장비

공항운영자는 제8조에 따른 폭발물 처리장비를 공항별로 배치하하여야 하며 군 공항 당국과 상호지원협정을 체결한 공항에 대하여는 폭발물 처리장비의 종류 및 수량을 공항 실정에 맞게 조정할 수 있다.

9) 폭발물 등 처리기준

(1) 공항운영자는 폭발물등을 발견한 경우 다음 각 호의 순위를 고려하여 처리하여야 하며 다수의 폭발물등을 동시에 발견한 경우 공공의 안전과 공항의 기능을 저해할 우려가 있는 폭발물 등을 우선적으로 처리하여야 한다.

① 공항이용객 등 공공의 안전 확보
② 폭발물 처리자의 안전 확보
③ 공항 재산 등 보호
④ 증거품 확보 및 현장 보존

(2) 보안검색요원 및 항공경비요원 등은 폭발물등을 발견한 경우 보안검색감독자나 보안상황실 등에 신속하게 보고하고, 공항이용객이나 승객 등의 혼란을 방지하기 위하여 현장 상황 보고 및 현장 통제 시 관련 내용이 누출되지 않도록 보안에 유의하여야 한다.

(3) 보안검색요원 및 항공경비요원은 폭발물등을 발견한 경우 현장으로부터 안전거리를 확보한 곳에 공항이용객 등이 접근하지 못하도록 출입통제선과 접근금지 안내문을 설치하는 등의 안전조치를 하여야 하며, 폭발물처리요원이 도착할 때까지 현장을 안전하게 보존하여야 한다.

(4) 폭발물처리요원은 보안상황실 등으로부터 폭발물등의 발견신고를 접수한 즉시 출동하여 현장을 확보하여야 하며, 폭발물등의 성능을 고려하여 공항이용객 등에게 피해가 발생하지 않도록 안전거리 확보·현장통제 등에 관한 사항을 현장에 배치된 안전요원 등에게 요청할 수 있다.

(5) 안전요원은 공항이용객 등의 안전을 확보하기 위하여 안전거리 확보·현장 통제 등에 필요한 조치를 하여야 한다.

(6) 폭발물처리요원은 폭발물등을 조사하기 전에 현장에 방화시설의 설치 또는 방화조치 여부 등을 확인하여야 하며, 폭발물등의 폭발 등에 대비하여 의료진 등을 인근지역에서 대기할 수 있도록 하여야 한다.

(7) 폭발물처리요원은 폭발물처리장비를 이용하여 폭발물등을 판독·분석한 결과를 공항운영자 및 합동조사반 등에게 보고한 후 그 결정에 따라 조치하여야 한다. 다만, 긴급한 경우에는 필요한 조치를 한 후에 보고할 수 있다.

10) 폭발물 운반

(1) 폭발물처리요원은 여객터미널·화물터미널 내에서 발견한 폭발물등을 공항 내에 지정된 안전지역으로 운반하는 경우 폭발 등에 따른 피해를 최소화하기위해 최대한 안전하고 신속하게 이동하여야 한다.

(2) 안전지역으로 이동이 불가한 폭발물등은 공항 이용객 및 공항시설에 대한 피해를 최소화하기 위해 안전조치를 한 후에 현장에서 처리하여야 한다.

(3) 공항운영자나 항공운송사업자는 폭발물 등을 인전하게 운반하기 위하여 모든 보안검색장에 폭발물 등의 이동경로를 정하여야 한다.

(4) 공항운영자나 항공운송사업자는 폭발물등을 발견한 장소에서 폭발물처리장이나 보호구역 외의 지역으로 운반하는 경우 폭발물 등을 탑재한 폭발물운반장비가 출입할 경비초소와 최단거리로 이동할 수 있는 안전한 수송로를 사전에 확보하여야 한다.

(5) 폭발물 등을 운반하는 경우 폭발물처리장비를 이용하여 폭발등에 대비한 조치를 하여야 한다.

(6) 폭발물 등을 폭발물처리장이나 보호구역 외의 지역으로 운반하는 경우 폭발물운반트레일러 등 특수차량을 사용하여 운반하여야 한다.

(7) 폭발물처리요원은 폭발물 등을 처리하거나 운반하는 경우 폭발 및 생화학 등으로 인한 피해를 방지하기 위하여 방폭복이나 방호복 등을 착용하여야 한다.

(8) 공항운영자는 폭발물 등을 계류장 등 보호구역에서 안전지역으로 운반하는 경우 폭발에 의한 항공기의 피해 등을 방지하기 위하여 사전에 항공교통관제기관 및 합동조사반과 이동경로 등에 대하여 충분히 협의하여야 한다.

(9) 공항운영자는 계류장 등 보호구역에 있는 폭발물등을 폭발물 처리장이나 보호구역 외의 지역으로 운반하는 경우 항공교통관제기관의 지시에 따라야 하며, 공항 이동지역 통제규정 등 관련 규정을 준수하여야 한다.

(10) 공항운영자는 폭발물등을 안전하게 이동시키기 위하여 군·경찰 등 관계기관과 업무 협조체제를 유지하여야 한다.

11) 폭발물 처리

(1) 공항운영자는 폭발물 등을 처리하기 위하여 공항의 특정 장소를 폭발물 처리지역으로 지정하여야 한다. 다만, 군 공항 당국에서 폭발물 처리지역을 별도로 지정한 공항의 경우에는 그러하지 아니한다.

(2) 공항운영자는 폭발물 등의 폭파 등으로 인한 항공기와 인근 지역 주민 등에게 피해가 발생하지 않는 장소를 폭발물 처리지역으로 지정하여야 한다.

(3) 공항운영자는 폭발물 등의 성능 및 인근지역 주민의 피해 등을 고려하여, 군·경찰 등 관계기관과 협의하여 신속하게 폭발물 처리장소·처리방법 등을 결정하여야 한다.

(4) 폭발물처리요원은 폭발물 처리지역에서 폭발물등을 처리하는 경우 모든 인원 및 안전시설 등이 폭발물 처리지역으로부터 최소한 100미터 이상 떨어져 있는지를 확인한 후에 폭파·제거하여야 하며, 피해 예상반경이 큰 폭발물등의 경우에는 피해 예상반경을 고려하여 이격거리를 충분히 확보하여야 한다.

(5) 폭발물처리요원은 폭발물 처리지역에서 처리가 불가하다고 판단되는 경우에는 군·경찰 등 관계기관에 의뢰하여 처리하여야 한다.

(6) 폭발물처리요원은 폭발물 처리지역에서 폭발물등을 폭파하거나 제거한 후 현장 및 주변에 대한 안전점검 등을 실시하여 안전을 확보하여야 하며, 그 점검결과를 점검대장 등에 기록·관리하여야 한다.

12) 교육훈련

(1) 공항운영자는 폭발물처리요원에 대하여 국가민간항공보안 교육훈련지침 제25조 제1항에 따른 직무교육을 이수한 후에 폭발물 처리업무를 수행하도록 하여야 한다.
(2) 폭발물처리요원은 국가민간항공보안 교육훈련지침제25조 제2항에 따른 정기교육을 이수하여야 한다.
(3) 공항운영자는 공항별 폭발물처리요원 중 1명 이상은 생화학물질 처리에 대한 교육과정을 이수한 자를 배치하여야 한다.
(4) 폭발물 및 생화학 물질 처리업무의 교육을 담당하는 교육기관은 다음 각 호와 같다.
① 국가정보원, 국방부 및 경찰청 소속 교육기관
② 국제민간항공기구 등에서 폭발물 및 생화학 처리 교육기관으로 지정하거나 인정한 교육기관
③ 국가정보원, 국방부 및 경찰청이 폭발물 및 생화학 처리 교육기관으로 지정하거나 인정한 교육기관

제4장 공항 · 항공기 등의 보안

1. 공항시설 보안대책

> **제11조(공항시설 등의 보안)** ① 공항운영자는 공항시설과 항행안전시설에 대하여 보안에 필요한 조치를 하여야 한다.
> ② 공항운영자는 보안검색이 완료된 승객과 완료되지 못한 승객 간의 접촉을 방지하기 위한 대책을 수립·시행하여야 한다.
> ③ 공항운영자는 보안검색을 거부하거나 무기·폭발물 또는 그 밖에 항공보안에 위협이 되는 물건을 휴대한 승객 등이 보안검색이 완료된 구역으로 진입하는 것을 방지하기 위한 대책을 수립·시행하여야 한다.
> ④ 공항을 건설하거나 유지·보수를 하는 경우에 불법방해행위로부터 사람 및 시설 등을 보호하기 위하여 준수하여야 할 세부 기준은 국토교통부장관이 정한다.

공항시설과 항행안전시설에 대한 보안조치 및 보안검색이 완료된 승객과 완료되지 못한 승객 간의 접촉을 장비하기 위해서는 공항을 건설하거나 유지 · 보수할 때 대책을 마련하여야 한다. 기내반입금지물품 등 무기, 폭발물, 그 밖에 항공보안에 위협이 되는 물건을 휴대한 승객 등이 보안검색이 완료된 구역으로 진입하는 것을 방지하기 위해서 기준을 정해야 하며 국토교통부 예규"공항건설 및 유지 · 보수에 관한 보안지침"을 수립하여 시행하고 있다. 이 지침은 공항 건설 및 유지 · 보수 책임이 있는 공항운영자나 공항 이외의 지역에서 항공기 승객 탑승수속 시설을 설계하거나 운영하는 자에게 적용한다.

(국토교통부 예규) 공항건설 및 유지 · 보수에 관한 보안지침

1) 목적

이 지침은 항공보안법 제11조 제4항에 따라 공항을 건설하거나 유지 · 보수할 때 불법방해행위로부터 사람 및 시설 등을 보호하기 위하여 준수하여야 할 기준을 정함을 목적으로 한다.

2) 항공기 이동지역 접근 통제

(1) 공항건설자 또는 공항운영자(공항운영자 등)는 항공기 이동지역을 설계할 때 울타리(Fence), 접근금지 표지 및 센서가 설치된 장벽, 조명, 경보장치, 경비초소 등 이동지역을 보호하기 위한 시설을 반영하여야 한다.

(2) 지하 공동구 배관, 홍수 배수로, 하수구 및 터널 등 이동지역이나 보호구역으로 통할 수 있는 구조물의 경우 쇠창살 등으로 출입을 통제할 수 있도록 하여야 하며, 이동지역이나 보호구역의 출입문에는 출입통제에 필요한 시설을 갖추어야 한다.

(3) 활주로, 유도로 및 항공기 주기장 지역을 일반지역과 분리되도록 하여야 하며 특별한 보안시설을 필요로 하는 화물시설, 정비시설 및 급유시설 등을 이동지역 밖에 설치할 수 있다.

(4) 여객청사의 일반 개방구역에서 이동지역으로 통하는 출입문과 보안요원의 감시가 어려운 출입문에는 잠금장치나 경보장치를 설치하여야 한다.

(5) 여객청사에서 이동지역으로 통하는 모든 비상출구에는 다음 각 호의 요건을 충족하는 출입통제 장치나 경보장치를 설치하여야 한다.

① 공항보안통제센터 및 종합상황실 등에서 감시가 가능할 것

② 비상시에 작동되는 비상 출입문 동작 스위치나 개폐손잡이에 비닐 커버를 씌우거나 깨질 수 있는 덮개를 장착하여 일반인들이 잘못 사용하는 것을 방지할 것

③ 최적의 보안시스템을 도입하기 위해 방화 관련 담당자와 협의할 것

(6) 이동지역의 도로에는 공항운영자에게 인가를 받은 사람과 차량만 통행하도록 하여야 하며 이동지역 울타리 바로 안쪽의 순찰도로에 경비, 순찰 및 유지 보수를 위한 차량이 이용하도록 하여야 한다.

(7) 공항운영자등은 보호구역에서 일반구역으로 또는 일반구역에서 공항 보호구역으로 무단으로 진출입 하는 것을 방지하기 위하여 울타리 및 출입통제 장비를 설치하는 경우 다음 각 호를 고려하여야 한다.

① 건물이나 다른 고정구조물로 출입을 통제하는 경우에는 이를 울타리의 일부로 인정할 것
② 울타리를 가능한 한 직선으로 설치하되 여객청사와 다른 건물의 보안 경계선과 일직선을 유지할 것
③ 울타리는 충분히 높고 견고해야 하고, 철조망 등 오름방지 장치를 울타리 위쪽에 설치할 것
④ 울타리의 일부구간이 보호구역의 안전과 운영 편의를 위해 보안요건이 충족되지 않을 경우 감시 장비를 설치할 것
⑤ 울타리와 항공기 주기장 사이에는 충분한 거리를 유지할 것
⑥ 울타리의 밑쪽 끝 부분을 땅에 고정할 것
⑦ 울타리에 동일한 보안수준의 출입문을 설치할 것
⑧ 출입문은 밑으로 침입하는 것을 방지할 수 있도록 설계할 것
⑨ 이동지역으로 출입문 자동개폐기를 설치할 경우에는 일반지역으로부터 물체가 들어올 수 없는 장소에 설치할 것
⑩ 시계가 확보되지 않을 경우에는 출입문 양쪽 및 지상이나 울타리의 특정구간에 조명시설을 설치할 것
⑪ 이동지역으로 진입하는 사람 또는 차량의 출입을 통제하기 위한 통제소 및 차단기를 설치할 것
⑫ 보안요원이 배치된 출입문에는 차광시설을 설치할 것
⑬ 출입문 통제소와 공항보안통제 부서에는 통신수단 및 경보장치를 설치할 것

3) 격리주기장

공항운영자등은 불법방해행위 대상 항공기나 불법방해행위를 받을 것으로 예상되는 항공기를 격리하여 주기하는데 필요한 격리 주기장을 설계할 때 다음 각 호를 고려하여야 한다.

(1) 다른 항공기의 주기장, 건물, 공공지역 및 공항 울타리로부터 100미터 이상이 떨어지도록 할 것
(2) 항공기 급유관, 상수도관, 전선 및 통신선의 지하 공동시설 위에 설치하지 말 것
(3) 폭발물 위협 상황에서 항공기로부터 제거된 화물, 우편물 및 비품에 대한 검색을 고려하여 선정할 것
(4) 보안 당국으로부터 격리 주기장의 적절한 위치에 대한 정보를 수집할 것

4) 출발장 보안검색대

(1) 공항운영자등은 공항 보호구역에 진입하기 전에 모든 사람을 검색할 수 있는 검색대를 설치하여야 한다.
(2) 공항운영자등은 보안검색대를 설치할 경우 다음 각 호를 고려하여야 한다.
  ① 보안검색요원(필요시 법 집행관을 포함한다), 보안장비 검색테이블 및 수검색 등에 필요한 공간을 확보할 것
  ② 검색대에는 문형금속탐지기 및 X-ray 장비를 각 1대 이상 확보할 것
  ③ 재검색 및 몸 수색에 필요한 공간이나 보안검색 활동에 지장이 없을 정도의 공간을 확보할 것
  ④ 검색대의 넓이는 1회에 1명이 통과 가능할 것
  ⑤ 필요한 경우 검색대를 신속하게 확장할 수 있을 것
  ⑥ 문형금속탐지기는 장비의 성능을 저해할 수 있는 X-ray나 금속성 물체로부터 해당 장비 제작사의 설치지침서에 따른 거리를 유지할 것

⑦ 보안검색대를 무단으로 침입할 때 보안검색 완료지역이나 탑승구를 신속하게 봉쇄할 수 있을 것

(3) 보안검색대의 형태와 위치는 다음 각 호를 고려하여야 한다.

① 승객들의 동선을 단순화하고 최소한의 보안요원으로 보안검색이 가능하도록 보안검색대의 형태, 위치 및 설치 대수를 충분히 검토한 후 설치할 것

② 보안검색대를 설치할 때 보안검색을 완료한 승객과 완료하지 않은 승객의 분리가 용이하도록 할 것

③ 담당자가 없을 때 보안검색장비 등이 파손되지 않도록 보호조치를 할 것

④ 금속탐지기는 다음 각 목의 장소가 아닌 곳에 설치할 것

㉮ 전기장을 발생시킬 수 있는 장소

㉯ 천장, 벽 및 바닥 등에 전자 회로가 설치된 장소

㉰ 철문 또는 승강기로부터 3미터 이내의 장소

㉱ 스피커로부터 1.2미터 이내의 장소

㉲ 수하물 카트, 지하철 및 중형 트럭 등에 의해 진동이 발생하는 장소

⑤ X-ray 장비는 다음 각 목을 고려하여 설치할 것

㉮ 건물의 전기시스템

㉯ 장비가 타 전원에 의하여도 작동되는지 여부

㉰ 기존의 전기 회로나 콘센트가 사용될 수 있는지 여부

㉱ 온도 조절 가능 여부

(4) 공항운영자등은 보안검색대 인근에 개별 검색, 수검색, 그 밖의 특별 검색을 위한 별도의 검색실이 확보되도록 설계하여야 한다.

(5) 공항운영자등은 보안장비를 설치할 때에는 보안요원이 원활하게 업무를 수행할 수 있는 공간을 확보하여야 한다.

5) 보안검색 완료지역

(1) 공항운영자등은 보안검색 완료지역으로 진입할 수 있는 모든 지점에 시건 장치를 설치하거나 출입을 통제할 수 있도록 하여야 한다.

(2) 공항운영자등은 일반지역에서 보안검색 완료지역으로 검색이 완료되지 않은 물품이 반입되지 않도록 하여야 한다.

(3) 공항운영자등은 공항시설을 설계하거나 보수할 때 탑승지역에서 검색을 완료한 사람과 검색을 완료하지 않은 사람이 접촉할 수 없도록 하여야 한다.

(4) 공항운영자등은 보안검색 완료지역과 인접한 일반지역의 복도 및 발코니를 이용하여 위험물품이 보안검색 완료지역으로 반입되지 않도록 하여야 한다.

(5) 공항운영자등은 보안검색 완료지역으로 연결되는 지역에 수동 회전문이나 자동 회전문을 설치할 경우 소방관련 법을 준수하여 설치하여야 한다.

(6) 공항운영자등은 보안검색 완료지역에 출발승객과 도착승객이 섞이지 않도록 하여야 한다.

6) 여객청사 설계 및 유지 · 보수

(1) 공항운영자등이 여객청사를 설계하거나 유지 · 보수하는 경우 다음 각 호를 고려하여야 한다.

① 승객과 수하물의 동선을 간단하고 명확하게 할 것

② 국내선 및 국제선, 환승 및 통과여객, 화물동선을 물리적으로 구분되도록 할 것

③ 승객 및 수하물의 동선이 모이는 곳에 보안검색대를 집중적으로 배치하여 보안검색대의 설치를 최소화할 것

④ 보호구역으로 출입이 가능한 출입초소를 최소화할 것

⑤ 항공기와 보안검색대 사이에 있는 모든 승객 출발지역을 반드시 보호구역으로 지정할 것

(2) 공항운영자등은 여객청사를 설계할 때 비인가자의 접근을 방지하기 위하여 보호지역과 일반지역으로 구분하여야 한다.

(3) 공항운영자등은 여객청사를 설계할 때 폭발물, 인화성 물질, 무기 등이 은닉되지 않도록 하여야 하며 공항운영자등은 폭발 피해의 최소화 방법에 대하여 건축 및 폭발물 전문가의 의견을 들어야 한다.

7) 발권구역 및 전망대

(1) 공항운영자등은 항공운송사업자의 발권구역에 최소한의 좌석을 설치하여야 한다.

(2) 공항운영자등은 탑승권 발급 전 항공운송사업자의 승객 인터뷰, 수하물에 대한 X-Ray 검사 및 수색에 필요한 공간을 확보하여야 한다.

(3) 여객청사 전망대를 운영하는 공항운영자는 승인받지 않은 사람이 전망대에서 이동지역으로 불법적으로 접근하는 것을 방지하여야 하며, 위험물품이 항공기 주기장이나 보안검색 완료지역으로 투척될 수 없도록 하여야 한다.

(4) 공항운영자등이 야외 전망대를 설치할 경우 야외 전망대에서 이동지역으로 위험물품이 반입되지 않도록 하여야 하며 전망대로의 접근을 통제할 수 있는 출입통제장치를 설치하여야 한다.

8) 여객청사 주차시설

(1) 공항운영자등은 여객청사의 일반 승객용 주차장을 설계할 경우 폭발로 인한 사상 및 손실을 최소화하기 위하여 비인가 차량이 여객청사 지역으로부터 최소한 50미터 이상 떨어진 곳에 주차하도록 하여야 하며 보안 순찰 차량의 순찰에 필요한 공간을 확보하여야 한다.

(2) 공항운영자등은 여객청사 앞 도로(커브사이드)에 승객이 하차하는 동안만 정차할 수 있다는 표지판을 설치하고, 일반 차량의 주차 지역이 버스나 택시의 주차지역과 구분되도록 하여야 한다.

(3) 공항운영자등은 버스나 택시의 주차 위치가 커브사이드를 따라 승객의 탑승이나 하차 지역으로부터 멀리 떨어지도록 하여야 한다.

(4) 공항운영자는 고도의 위협 시 승객의 탑승지역을 볼 수 있는 옥상 주차장이나 지하주차장에 대한 특별 보안대책을 수립하여야 한다.

9) 여객의 이동

(1) 공항운영자등은 보안검색대에서 항공기 출입문까지 다음 각 호를 고려하여 승객의 이동 선을 설계하여야 한다.

① 출발 탑승동지역으로 연결되는 여러 지역의 모든 출입문은 보안문으로 설치되어야 하며, 보안문을 사용하지 않을 경우 출입을 통제할 수 있는 장치를 갖출 것

② 자동 출입통제시스템을 사용하는 경우 다음 각 목의 출입문과 출입구로 출입을 통제할 수 있을 것

㉮ 일반지역 출발탑승동 및 에어사이드 출입문

㉯ 출발대기실 출입문

㉰ 여객탑승교 출입문과 출구

③ 보호구역으로 통하는 비상출입문으로 출입을 통제할 수 있을 것

④ 출발대기실 칸막이를 천장에 닿게 하여 그 위로 물건을 넘길 수 없도록 할 것. 다만, 환기 목적 등으로 천장에 닿게 하지 못하는 경우에는 보호망을 설치할 것

⑤ 식당과 휴게실 지역에 고정된 튼튼한 창이 없는 경우 항공기 주기장을 볼 수 있는 공간을 설치하지 말 것

(2) 공항운영자등은 국내선 및 국제선 승객의 동선을 분리하여야 하며, 국제선 출발대기실을 출입국관리지역이나 세관지역 뒤쪽에 위치하도록 하여야 한다.

10) 여객청사 외의 지역에서 탑승수속

(1) 여객청사 외의 지역에서 탑승수속 시설을 운영하는 자나 탑승수속 시설을 설계하는 자는 수하물 및 꼬리표를 안전하게 관리할 수 있도록 하여야 한다.
(2) 여객청사 외의 지역에서 탑승수속 시설을 운영하는 자는 수하물 접수시설을 외부와 연계시켜 사용하는 경우 보안경비 등 적절한 조치를 취하여야 한다.
(3) 여객청사 외의 지역에서 탑승수속 시설을 운영하는 자나 탑승수속 시설을 설계하는 자는 많은 사람들을 수용할 수 있도록 시설을 갖추어야 한다.

11) 화물 및 우편처리 시설

(1) 공항운영자등은 화물 및 우편물 처리 시설이 일반지역과 이동지역 경계에 일부분으로 포함되어 있을 경우 화물청사를 통한 이동지역으로의 불법적인 접근을 통제할 수 있도록 하여야 한다.
(2) 공항운영자등은 화물 시설지역의 출입문을 사용하지 않을 경우 출입을 통제할 수 있는 장치를 하여야 하며 보안통제를 할 수 있는 장소에 직원들이 사용하는 출입문과 화물청사로 연결되는 출입문을 설치하여야 한다.

12) 보안 지원 시설

(1) 공항운영자등은 항공보안감독관 등의 사무실이 여객청사와 근접한 곳에 위치하도록 하여야 하며, 사무실에는 업무용 전화, 무선통신기, 그 밖에 보안활동에 필요한 사무장비를 갖추도록 하여야 한다.

(2) 공항운영자등은 항공보안감독관 등의 사무실이 주차장을 통하여 접근이 용이한 곳에 위치하도록 하여야 한다.
(3) 공항운영자등은 보안 요원이 외곽 초소에서 근무할 경우 보안업무 수행에 지장이 없도록 여러 자연 현상으로부터 보호될 수 있도록 하여야 한다.
(4) 공항운영자등은 폭발물탐지반의 지원을 받는 공항의 경우 폭발물탐지반이 원활하게 활동할 수 있는 시설 및 공간이 확보될 수 있도록 하여야 한다.

13) 보안운영센터

(1) 공항운영자등은 보안운영센터를 설계할 때 비상운영센터와 불법방해행위 진압 부서 인근에 위치하도록 하여야 하며 공항보안시스템에 장치된 감지 장치에서 경보가 발생할 경우 보안운영센터에 통보되도록 하여야 한다.
(2) 공항운영자등은 보안운영센터에 다중 컨솔 비디오 디스플레이, 모니터, 통제장치, 전화 · 인터콤 · 무선통신장비 등 통신망 등을 설치하여야 한다.
(3) 공항운영자등은 보안운영센터에 보안 지역 정의, 감지장비의 사양, 공항배치도 등 업무 수행에 필요한 자료 등을 구비하여야 하며 보안운영센터에 다음 각 호의 통신기능을 통합할 수 있다.
① 공공 안내 방송 및 호출 시스템
② 공항 경찰 및 보안 관련 사무실
③ 화재경보 감시
④ 일반지역 및 터미널 운영센터
⑤ 화물 등 접수소
⑥ 출입증 발급소
⑦ 유지보수 부서
⑧ 비상운영센터
⑨ 비행정보실

⑩ 관제탑, 항공사, 공항의무실과의 직통 전화
⑪ 비상사태 대응을 위한 자동 비상연락 가동시스템
⑫ 언론 기자 회견실(상업 방송자료 시청시설 포함)

14) 공항 비상운영센터

(1) 공항운영자등은 공항을 설계할 때 가능한 공항비상운영센터를 설치하여야 하며 특정한 상황에 대한 지휘, 통제지점의 중앙에 위치하며, 항공기 피랍, 인질대치나 항공기 재난 등의 위기 상황 발생 시 공항 위기 관리팀을 지원하여야 한다.

(2) 공항운영자는 비상운영센터를 설치할 수 없는 경우 비상운영센터의 업무수행 장소를 따로 지정하여야 하며 비상운영센터의 위치를 정하는 경우 다음 각 호를 고려하여야 한다.

① 통신 능력, 편리성, 보안, 설치시설, 접근용이성
② 이전이 필요할 경우 그 위치
③ 접근을 통제할 수 있고, 외부의 지원 요원 및 장비의 접근이 가능할 것
④ 위기관리팀이 불필요하게 방해를 받지 않을 것
⑤ 이동지역 관찰이 가능하고, 폐쇄회로 텔레비전(CCTV)을 사용하기 용이할 것

(3) 공항운영자등은 비상운영센터에 주요 결정권자 및 협상자 등의 지원에 필요한 공간을 확보하여야 하며 비상운영센터를 설계할 때 다음 각 호를 고려하여야 한다.

① 무중단 전원 공급
② 비상운영센터로 사람 및 장비 운송이 가능하도록 차량 접근을 허용할 것
③ 지원차량 및 운영 요원용 주차시설을 갖출 것
④ 방음 시설을 갖출 것

15) 귀빈실, 관제탑, 변전소, 연료저장소 등 주요 시설

(1) 공항운영자등은 귀빈실을 설계할 때 보안통제가 용이한 지역에 위치하도록 하며, 이동지역이나 그 밖의 보호구역으로 불법적인 접근이 방지되도록 하여야 한다.

(2) 공항운영자등은 관제탑, 변전소, 연료저장소 등 주요 시설의 경우 출입문을 설치하여 출입을 통제할 수 있도록 하여야 한다.

(3) 공항운영자등은 주요시설로 통하는 창문에는 보강철이나 고정물을 설치하여야 하며 주요시설에 불법적인 접근이 방지되도록 설계하여야 한다.

(4) 공항운영자등은 전화통신실 및 장비실에 대한 보안사항을 고려하여 설계하여야 하며 경비가 없는 주요시설을 수시로 순찰하여야 하며, 창문 및 출입구에는 침입자 감지시스템을 설치하여야 한다.

(5) 공항운영자등은 여객청사 설계 시 유리제품 등을 사용할 경우 가능한 용도에 적합한 재료를 사용하여야 하며 보안조치가 필요한 구역에는 접근을 통제할 수 있는 시설을 설치하여야 한다.

16) 전원 및 보안등

(1) 공항운영자등은 전력 공급이 중단되거나 방해될 경우 보안 및 비상 출입구 시스템의 안전성을 확보할 수 있도록 설계하여야 하고, 항공안전보안장비 인근에 고압 전력이 흐르는 경우 장비 앞에 전류조정기를 설치하며, 항공안전보안장비와 보안통제시스템이 설치된 장소에는 습도 및 온도조절이 가능한 장비를 설치하여야 한다.

(2) 공항운영자등이 공항 등에 보안등을 설치하는 경우 다음 각 호의 기준에 따른다.

① 침입자가 목표물에 도달하기 전에 경비요원이 발견할 수 있을 것

② 침입자로부터 경비요원을 은폐할 수 있을 것
③ 침입자 저지 또는 그들의 목적수행을 저지할 수 있을 것
④ 보안등 인근에 CCTV를 설치하는 경우 보안요원에게 깨끗한 화면을 제공할 수 있을 정도로 조명이 밝을 것

17) CCTV

(1) 공항운영자등은 외곽울타리 경보 감시, 장비 감시 또는 출입구역 감시와 같은 특정지점 정밀감시 등을 위하여 CCTV을 설치할 수 있다.
(2) 공항운영자등은 제1항에 따른 CCTV를 24시간 상시 녹화하여야 하며, 보안사고 등이 발생한 경우 사고조사가 완료될 때까지 해당 녹화자료를 사고조사가 완료될 때까지 녹화영상을 보관하여야 한다.

2. 공항시설 보호구역 지정

제12조(공항시설 보호구역의 지정) ① 공항운영자는 보안검색이 완료된 구역, 활주로, 계류장 등 공항시설의 보호를 위하여 필요한 구역을 국토교통부장관의 승인을 받아 보호구역으로 지정하여야 한다.
② 공항운영자는 필요한 경우 국토교통부장관의 승인을 받아 임시로 보호구역을 지정할 수 있다.
③ 제1항과 제2항에 따른 보호구역의 지정기준 및 지정취소에 관하여 필요한 사항은 국토교통부령으로 정한다.

시행규칙 제4조 법 제12조제1항에 따른 보호구역에는 다음 각 호의 지역을 포함하여야 한다.

(1) 보안검색이 완료된 구역
(2) 출입국심사장

(3) 세관검사장
(4) 관제탑 등 관제시설
(5) 활주로 및 계류장
(6) 항행안전시설 설치지역
(7) 화물청사
(8) 제4호부터 제7호까지의 규정에 따른 지역의 부대지역

시행규칙 제5조 법 제12조에 따라 보호구역 또는 임시보호구역의 지정 승인을 받으려는 경우에는 다음 각 호의 서류를 첨부하여 지방항공청장에게 제출하여야 한다.
(1) 보호구역등의 지정목적
(2) 보호구역등의 도면
(3) 보호구역등의 출입동세 내책
(4) 지정기간(임시보호구역을 지정하는 경우만 해당한다)

공항운영자는 지정된 보호구역을 변경승인을 받으려는 경우에는 다음 각 호의 서류를 첨부하여 지방항공청장에게 제출하여야 한다.
(1) 보호구역등의 변경사유
(2) 변경하려는 해당 보호구역등의 도면
(3) 변경하려는 해당 보호구역등의 출입통제 대책

공항운영자는 보호구역을 일반지역으로부터 분리하여야 하며, 보호구역에 대한 보안통제대책을 수립하여야 하며 일반지역과 보호구역 간의 경계가 구분될 수 있도록 보안울타리 또는 장벽을 설치하여야 하며, 보호구역 안의 보안울타리 또는 장벽을 정상적인 상태로 유지하여야 한다.
공항운영자는 보호구역 안으로 진입할 수 있는 출입구를 설치하여야 하며, 출입구에는 물리적 방어 기능을 갖춘 장벽 또는 이와 유사한 시설

물을 설치하여야 하고 출입구에 관계자 외에는 출입을 제한 한다는 출입통제 표지판을 설치하여야 한다.

보호구역 출입통로 지역은 경비원을 배치할 수 있는 초소·출입통제 시스템 또는 시건장치 등으로 보호하고 순찰업무와 불순분자의 침입 방지를 위해 장벽 양쪽의 개방지역 및 공항내부 울타리 지역에 순찰로를 설치하여야 한다. 또한, 공항 내부로의 침입 또는 외부로의 도주 방지를 위하여 보안 시설물을 설치·관리하여야 하고, 울타리 인접 지역의 월담 보조물을 정비하여야 한다.

보호구역 내의 계류장·외곽 울타리·활주로·유도로 근처를 시간·경로·절차 등을 변경하여 지속적으로 순찰하여야 하며 탑승교의 모든 출입문에 잠금장치를 설치하여야 하며, 항공기가 탑승교에 주기되어 있지 않을 때에는 비인가자가 탑승교 안으로 진입할 수 없도록 대책을 수립하여야 한다.

공항운영자 또는 공항 외부에 위치한 민간항공 운영 필수시설 운영자는 비인가자의 고의적·계획적인 출입을 방지하기 위해 보호구역과 유사한 보안통제대책을 수립하여야 한다.

항공기 주기장 및 공항 외곽의 취약지역에 조명시설을 설치하여야 하며, 야간에 항공기가 주기된 장소에는 조명시설을 점등하여야 하며, 공항운영자 이외의 다른 조직이 해당 시설을 운영할 경우 공항 보호구역 출입통제 시스템과 유사한 보호대책을 마련하도록 해당 기관 또는 업체의 장에게 요구할 수 있으며, 요구를 받은 기관 또는 업체는 적극 협조하여야 한다.

3. 보호구역 출입허가

제13조(보호구역에의 출입허가) ① 다음 각 호의 어느 하나에 해당하는 사람은 공항운영자의 허가를 받아 보호구역에 출입할 수 있다.

1. 보호구역의 공항시설 등에서 상시적으로 업무를 수행하는 사람
2. 공항 건설이나 공항시설의 유지·보수 등을 위하여 보호구역에서 업무를 수행할 필요가 있는 사람
3. 그 밖에 업무수행을 위하여 보호구역에 출입이 필요하다고 인정되는 사람

② 제1항에 따른 출입허가의 절차 등에 관하여 필요한 사항은 국토교통부령으로 정한다.

시행규칙 제6조 법 제13조에 따라 보호구역을 출입하려는 사람은 공항운영자가 정하는 출입허가신청서를 공항운영자에게 제출하여야 한다. 이 경우 차량을 운행하여 출입하려는 사람은 그 차량에 대하여 따로 차량출입허가신청서를 제출하여야 한다.

공항운영자는 보호구역에 출입허가를 하려면 「보안업무규정」 제31조에 따른 신원조사를 조사기관의 장에게 의뢰하여야 한다. 보호구역 출입허가를 한 경우에는 신청인에게 공항운영자가 정하는 출입증 또는 차량출입증을 발급하여야 한다. 이 경우 공항운영자가 관할하지 않는 지역의 출입허가를 하려면 관할 행정기관의 장과 미리 협의하여야 한다.

- 관제탑지역 : 지방항공청장, 수하물수취지역 : 관할 세관장

출입허가를 받은 사람이 보호구역으로 출입하는 경우에는 출입증을 달아야 하며, 차량을 운행하여 출입하는 경우에는 해당 차량의 운전석 앞 유리창에도 차량출입증을 붙여야 한다.

공항운영자 및 화물터미널운영자는 보호구역을 출입하는 사람 또는 차량에 대하여 기록하고 이를 작성한 날로부터 1년 이상 보존하여야 하며 출입허가를 갱신하는 경우에 관하여는 상기 조항을 규정을 준용하여야

한다.

이 규칙에 규정된 사항 외에 보호구역 출입허가 및 기록의 작성·보존 등에 필요한 세부사항은 공항운영자 및 화물터미널운영자가 정한다.

- 인천국제공항공사는 "인천국제공항 보호구역 출입증규정"을, 한국공항공사는 "보호구역 출입증규정"을 수립하여 운영중임

1) 보호구역 출입통제

공항운영자는 자체 보안계획에 따라 보호구역으로 출입하려는 사람·차량·장비·물품에 대해 출입통제, 신원확인 및 보안검색 등을 실시하여야 하며 보안검색을 거부하는 사람 또는 휴대물품에 대해 보호구역 출입을 금지시켜야 한다.

공항운영자는 다음의 사람에 대해 지정된 보호구역 출입을 허가하여야 한다.

(1) 국가기관 등에서 발행한 사진이 부착된 신분증 및 장애인복지카드·국가유공자증 등 증명서 또는 여권 등 해당 국가에서 신분을 보증하는 문서·외국인카드·선원신분증명서·국제연합(UN) 통행허가증 등 적법한 여행서류와 항공사에서 발행한 탑승객 이름이 기록된 탑승권을 소지한 승객(전자 탑승권 포함)

(2) 항공기 운항을 목적으로 해당 항공사 제복을 착용하고 신분증(사원증 또는 승무원 등록증)을 패용한 항공사 승무원. 다만, 신분증 분실 등의 경우에는 재직증명서와 국가에서 발행한 신분증을 함께 제시

(3) 공항운영자가 발행한 보호구역 출입증을 소지한 사람. 다만, 항공기 사고·테러·인명구조 등 긴급 상황시 사전 출입조치에 따라 한시적으로 출입증을 소지하지 않은 사람과 차량을 출입시킬 수 있음

(4) 항공기 운항 중 수행하는 항공보안 노선점검과 조종실 관찰 좌석에서의 항공안전감독 또는 운항자격심사 목적에 한하여 해당분야 감

독관 · 심사관증을 소지하고, 국토교통부장관이 발행한 항공기 출입 요구서를 소지한 공무원

(5) 보호자와 동행하지 않는 만12세 이하의 소아로서 항공사에서 발행한 탑승객 이름이 기재된 탑승권과 항공운송사업자가 인솔하는 승객

(6) 만13세에서 17세 미만까지 청소년으로서 국가기관 등에서 발행하는 건강보험증, 청소년증, 국가자격증 등 신분증 또는 증명서와 항공사에서 발행한 탑승객 이름이 기재된 탑승권을 소지한 승객

2) 보호구역 출입증규정

공항운영자가 발급하는 출입증의 종류는 정규 출입증(사람 · 차량), 임시 출입증(사람 · 차량), 방문증(또는 순찰증)으로 한다.

공항운영자는 다음 사항을 포함한 출입증 제작 · 발급 및 관리에 관한 자체 규정을 수립 · 시행하여야 한다.

(1) 출입증 발급 · 회수 절차

(2) 출입증 유효기간

(3) 출입증 위 · 변조 방지대책

(4) 출입증 분실 · 도난시 조치사항

(5) 출입증 분실자 및 출입절차 위반자에 대한 제재 조치

(6) 보호구역 출입자의 준수사항

(7) 출입증 반납 요건

(8) 특이자에 대한 보호구역 출입증 발급 방법

(9) 출입증 관리기록에 관한 사항 등

공항운영자는 공항 상주기관 및 상주업체 직원에 한하여 출입증을 발급하여야 하며, 비상주직원 등에게 출입증을 발급하는 경우에는 출입 사유가 합당한지를 충분히 검토한 후 발급하여야 한다. 다만, 공항 안에 민자유치 시설이 있는 경우 민자시설주와 사용계약을 체결한 업체에 대

하여도 출입증을 발급할 수 있다.

공항운영자는 출입증을 발급하기 전에 출입증 소지자의 책임 등에 대한 교육을 실시하여야 한다. 다만, 출입증에 대한 교육을 관련 업체에 일부 위탁할 수 있다.

3) 사람에 대한 출입통제

공항운영자는 자체 보안계획에 규정된 보호구역 출입 절차에 따라 직원들의 보호구역 출입을 허용하여야 한다.

공항운영자는 보호구역을 세부 구역으로 구분하여야 하며, 구역별로 출입이 필요한 직원에 한하여 자체 보안계획에 규정된 보호구역 출입절차에 따라 이를 허용하여야 한다.

정규 출입증(사람)에 다음 사항을 표시하여야 한다. 다만, 1)에서 6) 까지의 사항은 출입증 전면에 기재하여야 한다.

(1) 본인임을 확인할 수 있는 사진

(2) 유효기간

(3) 출입 허가지역

(4) 소지자 성명

(5) 공항명 또는 공항 로고

(6) 소속 기관명

(7) 발행 일련번호

(8) 출입증 소지자 준수사항

공항운영자는 출입증 유효기간이 2년을 초과하지 않도록 하여야 하며, 출입증이 플라스틱 재질의 전자칩 또는 생체인식시스템(지문인식시스템, 안면인식시스템 등)을 활용한 출입통제 시스템이 설치된 경우 공항의 특성에 맞도록 유효기간을 정하되 5년을 초과하지 않도록 하여야 한다. 다만, 발급된 출입증 중에 5%이상 분실 또는 훼손되었을 경우 지체 없이 출입증 일제 갱신 또는 비표 부착 등의 조치를 하여야 한다. 인천국제공항과 김포국제공항 등 모든 지방공항은 5년마다 출입증을 갱신하고 있다.

4) 보호구역 출입증발급기준

정규 출입증 발급은 기관의 장 또는 업체의 장(기관 또는 업체의 장이 지정하는 출입증 관리책임자를 포함한다)이 공항운영자에게 신청하여야 하며, 출입증 발급 신청시 보호구역 출입 목적·구역 등을 포함하여야 한다.

공항운영자는 정규 출입증 발급 및 갱신 신청을 받은 경우 신청자에 대한 신원조사를 반드시 의뢰하여 그 결과를 확인하여야 한다. 다만, 국가공무원 및 외교관은 예외로 할 수 있다.

신원조사 결과 다음 사항에 해당하는 사람에게는 출입증을 발급하여서는 아니 된다. 다만, 출입증 발급에 관한 위원회 또는 협의회에서 심사를 거쳐 발급기준을 따로 정한 경우에는 그에 따른다.

(1) 항공보안법, 관세법, 출입국관리법을 위반하여 금고 이상의 형을 선고받고 그 집행이 종료되거나 집행을 받지 아니하기로 확정된 후 2년을 경과하지 아니한 사람

(2) 항공보안법, 관세법, 출입국관리법을 위반하여 금고이상의 형을 선고유예받은 경우 그 선고유예기간 중에 있는 사람

(3) 사상특이자

공항운영자는 출입증 소지자가 보호구역으로 진입하거나 보호구역 안에 있는 경우 항상 의복 외부의 잘 보이는 곳에 출입증을 패용하도록 하는 사항을 출입증 제작·발급 및 관리에 관한 자체 규정에 포함하여야 한다.

5) 차량에 대한 출입통제

공항운영자는 공항시설 보호와 보안 유지를 위하여 보호구역으로 진입하는 차량에 대한 출입 허가증 발급을 최소화 하여야 한다.

정규·임시출입 허가차량 허가증에는 다음 사항을 표시하여야 한다.

(1) 차량 등록번호

(2) 차량 소유주 및 소속회사 명칭

(3) 출입허가 지역

(4) 유효기간

(5) 발행 일련번호

(6) 공항명 또는 공항 로고

공항운영자는 허가 차량의 출입허가 유효기간이 1년을 초과하지 않도록 하여야 한다. 다만, 전자칩을 활용한 차량 출입통제 시스템이 설치된 경우 공항의 특성에 맞도록 유효기간을 정하되 3년을 초과하지 않도록 하여야 한다.

보호구역내 출입을 신청하고자 하는 기관의 장 또는 업체의 장이 공항운영자에게 차량 출입 허가를 신청하여야 하며, 출입증 신청 시에는 출입목적·구역 등을 포함하여야 한다.

차량 운전자는 차량 출입증을 항상 식별이 용이한 차량 전면에 부착하여야 하며, 공항 운영자가 실시하는 차량 검색에 적극 협조하여야 한다.

공항운영자는 운전자의 해당 차량 운전자격 여부를 확인하여야 하며, 운전자는 공항운영자가 정하는 안전지침을 준수하여야 하며 차량 출입증은 양도할 수 없다.

4. 승객안전 및 항공기보안

제14조(승객의 안전 및 항공기의 보안) ① 항공운송사업자는 승객의 안전 및 항공기의 보안을 위하여 필요한 조치를 하여야 한다.

② 항공운송사업자는 승객이 탑승한 항공기를 운항하는 경우 항공기내보안요원을 탑승시켜야 한다.

③ 항공운송사업자는 국토교통부령으로 정하는 바에 따라 조종실 출입문의 보안을 강화하고 운항중에는 허가받지 아니한 사람의 조종실 출입을 통제하는 등 항공기에 대한 보안조치를 하여야 한다.

④ 항공운송사업자는 매 비행 전에 항공기에 대한 보안점검을 하여야 한다. 이 경우 보안점검에 관한 세부 사항은 국토교통부령으로 정한다.

⑤ 공항운영자 및 항공운송사업자는 액체, 겔(gel)류 등 국토교통부장관이 정하여 고시하는 항공기 내 반입금지 물질이 보안검색이 완료된 구역과 항공기 내에 반입되지 아니하도록 조치하여야 한다.

⑥ 항공운송사업자 또는 항공기 소유자는 항공기의 보안을 위하여 필요한 경우에는 「청원경찰법」에 따른 청원경찰이나 「경비업법」에 따른 특수경비원으로 하여금 항공기의 경비를 담당하게 할 수 있다.

시행규칙 제7조 법 제14조제3항에 따라 항공운송사업자는 여객기의 보안강화 등을 위하여 조종실 출입문에 다음 각 호의 보안조치를 하여야 한다.

(1) 조종실 출입통제 절차를 마련할 것

(2) 객실에서 조종실 출입문을 임의로 열 수 없는 견고한 잠금장치를 설치할 것

(3) 조종실 출입문열쇠 보관방법을 정할 것

(4) 운항중에는 조종실 출입문을 잠글 것

(5) 국토교통부장관이 법 제32조에 따라 보안조치한 항공보안시설을 설치할 것

항공운송사업자는 법 제14조제4항에 따라 항공기의 보안을 위하여 매 비행 전에 다음 각 호의 보안점검을 하여야 한다.

(1) 항공기의 외부 점검
(2) 객실, 좌석, 화장실, 조종실 및 승무원 휴게실 등에 대한 점검
(3) 항공기의 정비 및 서비스 업무 감독
(4) 항공기에 대한 출입 통제
(5) 위탁수하물, 화물 및 물품 등의 선적 감독
(6) 승무원 휴대물품에 대한 보안조치
(7) 특정 직무수행자 및 항공기내보안요원의 좌석확인 및 보안조치
(8) 보안 통신신호 절차 및 방법
(9) 유효 탑승권의 확인 및 항공기 탑승까지의 탑승과정에 있는 승객에 대한 감독
(10) 기장의 객실승무원에 대한 통제, 명령 절차 및 확인

항공운송사업자는 제2항제4호에 따른 항공기에 대한 출입통제를 위하여 다음 각 호에 대한 대책을 수립하여야 한다.

(1) 탑승계단의 관리
(2) 탑승교 출입통제
(3) 항공기 출입문 보안조치
(4) 경비요원의 배치

(국토교통부 지침) 항공운송사업자의 항공기내보안요원 등 운영지침

1) 목적

이 지침은 항공보안법 제14조 제2항 및 국가항공보안계획 7.6.1에 따라, 항공운송사업자가 승객이 탑승한 항공기를 운항하는 경우 테러 등 불법행위로부터 승객의 안전 및 항공기의 보안을 위하여 탑승시키고 있는 항공기내보안요원 등의 운영에 관하여 필요한 최소한의 사항을 규정함을 목적으로 한다.

2) 용어정의

(1) “무기”란 「항공보안법」 시행령 제19조에 따른 무기 중 분사기 및 전자충격기를 말한다.

(2) “최소폭발물위험위치(LRBL : Least-risk bomb location)”란 폭탄(Bomb) 또는 폭발장치(Explosive device)가 폭발하는 경우 항공기상에 영향을 최소화하기 위한 장소이며, 일반적으로 최소폭발물위험위치의 정보는 항공기 제작사에서 제공된다.

(3) “항공기내보안요원”이란 항공기 내의 불법행위를 방지하는 직무를 담당하는 사법경찰관리 또는 그 직무를 위하여 항공운송사업자가 지명하는 사람을 말하며, “항공기내보안요원 등”이란 항공기내보안요원과 일반 객실승무원을 말한다.

(4) “위협수준”이란 무기 사용 절차 등 대응기준에 적용하기 위한 불법행위의 심각성 정도를 말하며 다음 각목과 같이 4단계로 구분된다.

① 1단계 - 수상한 행동이나 구두로 위협하는 방해 행위
② 2단계 - 육체적으로 폭력적인 행위
③ 3단계 - 목숨을 위협하는 행위
④ 4단계 - 조종실에 침범하거나 침범을 시도하는 행위 등

3) 항공운송사업자의 책무

(1) 항공운송사업자는 불법행위 발생시 위협수준에 따른 무기 사용 절차 등 대응기준을 수립·시행하여야 하며 승객이 탑승하는 항공기에 적정수의 항공기내보안요원을 탑승시켜야 한다. 다만, 위협의 정도가 심한 항공기 또는 항공노선에 대하여는 평시보다 항공기내보안요원을 추가로 탑승시켜야 하며, 추가 탑승 인원수는 관계기관과의 협의를 거쳐 결정한다.

(2) 항공운송사업자는 항공기내보안요원에게 다음 각 호의 사항을 포함하여 임무를 부여하여야 하며 항공기내보안요원은 임무를 성실히 수행하도록 감독하여야 한다.

① 승객 탑승 전 항공기 객실 내 보안 점검 및 수색

② 최초 출발공항 또는 중간경유지공항에서 항공기에 탑승하는 승객 또는 재 탑승하는 승객과 휴대수하물에 대하여 의심스러운 경우 수색 및 점검

③ 운항 중 항공기 객실 내 보안 순찰

④ 운항 중 및 경유지에 있는 동안의 객실 내 보안감독

⑤ 항공기 불법 점거 또는 파괴 행위 제지

⑥ 객실 내 폭발의심물체가 발견된 경우 최소위험폭발물위치 사용절차에 따른 수행

⑦ 불법행위 발생 시 녹화 실시 및 불법행위 승객 도착공항 경찰관서에 인도

⑧ 기타 승객의 안전 및 항공기 보안에 필요한 사항

(3) 항공운송사업자는 객실 내 거동 수상한 행동을 하거나 보안 위반의 경우 항공기내보안요원이 운항승무원에게 긴밀히 알릴 수 있는 절차를 수립·시행하여야 하며 항공기내보안요원에 대한 교육훈련을 실시하여야 한다.

4) 항공기내보안요원의 권한 및 책임

(1) 항공기내보안요원은 항공기안으로 무기를 휴대하고 탑승할 수 있으며 부여된 임무를 수행하여야 하고, 이 경우 항공기내보안요원을 포함한 일반 객실승무원은 사법경찰관리의 직무를 수행할 자와 그 직무범위에 관한 법률 제7조제2항에 따른 사법경찰리의 직무도 수행하여야 한다.

(2) 항공기내보안요원(일반 객실승무원 포함)은 객실 내 불법행위 및 항공안전을 해치는 범죄행위 등을 녹화할 수 있으며, 그 행위를 저지시키기 위한 필요한 조치를 할 수 있다.

(3) 항공기내보안요원은 항공기 내에서 불법행위가 발생한 경우 신속하게 대응하기 위하여 일반 객실승무원에게 임무를 부여하여야 하며, 항공기 내 주변 승객에게 협조 요청 등 필요한 조치를 요구할 수 있다.

(4) 객실내 거동 수상한 행동을 하거나 보안위반의 경우 항공기내보안요원이 운항승무원에게 긴밀히 알릴 수 있어야 한다.

(5) 항공기내보안요원은 항공기내에서 불법행위를 행한 자 및 항공안전을 해치는 범죄자를 현행범으로 체포(물리적으로 신체를 속박한 경우에 해당)한 때에는 별지 서식의 현행범인체포서를 작성하여야 한다. 이 경우 항공기내보안요원은 피의사실의 요지, 체포의 이유와 변호인을 선임할 수 있음을 말하고 변명할 기회를 준 후 피 체포자로부터 별지 서식의 확인서를 받아야 한다.

(6) 항공운송사업자는 제5항의 규정에 따라 현행범인체포서 및 확인서를 작성할 경우에는 원본은 도착공항 경찰관서에 피체포자와 함께 인계하고 그 사본을 사건이 종료된 날로부터 1년 이상 보존하여야 하며 기밀을 엄수하여 피의자 · 피해자 기타 관계인의 명예를 훼손하지 아니하도록 하여야 한다.

5) 항공기내보안요원 자격기준 및 교육훈련

(1) 항공기내보안요원은 2년 이상의 선임객실승무원 또는 객실승무원 경력을 갖춘 자로서 정신적으로 안정되고 성숙된 자이어야 하며, 연령 및 성별을 고려하여 항공운송사업자가 선발하여야 한다.

(2) 항공기내보안요원의 훈련프로그램에는 불법행위 유형별 위협수준에 따른 현실적 시나리오 및 훈련기법을 적용하여 실시하여야 하며, 다음 각 호의 내용을 포함하여야 한다.

① 항공기내 불법행위자에 대한 강력대응, 경찰인계 절차 및 구금기법

② 비무장 공격 및 방어 기술

③ 관찰 및 감시

④ 탑재된 무기의 사용방법 등 무기훈련

⑤ 불법행위 유형별 대응절차 및 조치사항

⑥ 최소폭발물위험위치 인지, 승무원의 임무와 책임, 항공기 성능 및 객실장비 등 일반적 교육

⑦ 테러정세 및 국가대테러활동체계

⑧ 운항승무원과 항공기내보안요원간 객실 내 상황 또는 관련 정보의 신중한 전달 방법 또는 방식 등

(3) 항공운송사업자는 항공기내보안요원의 교육과정을 초기·정기 교육으로 운영하여야 하며, 이론교육 및 실습훈련으로 구분 실시하여야 한다. 다만, 테러정세 및 국제위협상황 등이 발생하는 경우 관계기관과 협의하여 교육과정을 추가로 운영할 수 있다.

(4) 초기교육은 실습훈련을 포함하여 최소 8시간 이상으로 운영하고, 초기교육을 받은 사람과 일반 객실승무원은 매 12개월마다 2시간 이상의 실습훈련을 포함한 최소 3시간 이상의 정기교육을 이수하여야 한다. 이 경우 국가민간항공보안 교육훈련지침 제22조에 따른 객실승무원 정기교육을 이수한 것으로 본다.

(5) 항공기내보안요원의 교육훈련을 담당하는 교관의 자격요건은 항공기내보안요원으로 지명된 객실승무원 중에 관계기관으로부터 테러정세 및 국가대테러활동체계 등 필요한 교육을 최소 연 1회 이상 받은 자이어야 한다.

6) 무기 등 운영

(1) 항공운송사업자는 항공기내보안요원에게 제2조제1호에 따른 무기와 수갑 및 포승줄(올가미형) 등을 필요시 사용가능하도록 지급 및 탑재하여야 한다.

(2) 항공운송사업자는 제1항의 규정에 의한 무기 · 수갑 · 포승줄 등을 항공기내보안요원 등이 객실내 위협수준에 따라 즉시 사용이 가능하도록 운영하여야 한다.

(3) 항공기내보안요원 등은 현장 상황을 합리적으로 판단하여 무기 · 수갑 · 포승줄 등 중에서 가장 적합한 장비를 정확하고 안전하게 사용하여야 하며, 불가피한 경우를 제외하고는 항공기내보안요원이 무기를 사용하여야 한다.

7) 불법행위 대응 및 처리절차

(1) 항공기 내에서 불법행위가 발생하는 경우 항공기내보안요원 및 일반 객실승무원은 휴대전화 등을 활용하여 불법행위를 녹화(불가피한 제약이 있는 경우는 제외)하여야 한다.

(2) 항공기내보안요원 및 일반 객실승무원은 폭행행위, 조종실 진입 기도행위, 출입문 · 탈출구 · 기기 등의 조작행위와 기내 안전을 위협하는 협박 · 위계행위, 승무원 업무방해행위, 음주 후 위해행위 등 불법행위를 범한 승객에 대해서는 신속히 제압 및 구금 조치(구금 이후에도 고성 · 폭언 등 위해행위를 지속하는 경우 추가 조치 포함)하여야 한다.

(3) 항공기내보안요원 및 일반 객실승무원은 성적수치심 유발행위, 흡연행위, 단순 소란행위, 기장등의 정당한 직무상 지시를 따르지 않은 행위 등 불법행위를 중단할 것을 경고할 수 있으며, 경고 이후에도 불법행위를 지속하는 승객에 대해서는 항공기내보안요원의 판단에 따라 제2항과 같이 처리할 수 있다.
(4) 기장 또는 항공기내보안요원은 도착공항 경찰관서에 사전 협조를 요청하여 불가피한 경우를 제외하고는 항공기 출입문 앞에서 불법행위 승객을 인계하여야 한다.
(5) 기장 또는 항공기내보안요원은 제4항에 따라 불법행위 승객을 도착공항 경찰관서에 인계하는 경우 제1항에 따른 불법행위 녹화자료와 별지 제3호 서식에 따라 피해·목격 경위 및 내용 등이 포함된 진술서를 작성하여 경찰관서에 제출하여야 한다. 또한, 참고인의 진술이 있는 경우에도 이와 같으며, 항공기내보안요원 또는 승무원은 도착공항 경찰관이 피해·목격내용에 대하여 추가 진술을 요구할 경우 경찰관서에 동행하여 조사에 협조하여야 한다.
(6) 항공운송사업자는 매 홀수 월 첫 번째 주 금요일까지 이전 월 마지막 날 기준으로 불법행위 발생현황 및 세부내용 등 국토교통부에서 요청한 자료를 작성하여 국토교통부에 제출하여야 한다.

8) 행정

(1) 항공운송사업자는 항공기내보안요원으로 임명된 자에 대한 명단, 제6조의2에 따른 초기·정기교육 실적 및 제7조제1항에 따라 지급된 무기의 종류·수량 등을 기록하여 1년 이상 보존하여야 한다.
(2) 항공기내보안요원에 대한 지정 신청 및 항공기 안으로 반입되는 무기의 허가 신청은 다음 각 호와 같다.

① 항공기내보안요원 지정 : 항공운송사업자는 매년 동·하계마다 별지 제4호서식의 항공기내보안요원 지정 신청서를 지방항공청장에 제출

② 무기반입 허가 : 항공운송사업자는 매년 동·하계마다 무기반입자, 반입사유, 종류 및 일련번호(내림차순)를 국토교통부장관에 제출

(3) 지방항공청장은 제2항에 따라 항공운송사업자가 항공기내보안요원 지정 신청을 할 경우 동 요원의 적격여부를 판단하고 별지 제5호서식의 항공기내보안요원 지정서를 발급하여야 한다.

(4) 국토교통부장관은 제2항에 따라 항공운송사업자가 항공기내 무기반입을 신청하는 경우 「항공보안법」제21조에 따라 허가를 하여야 한다.

(5) 항공운송사업자는 승객이 탑승을 완료한 후 항공기 이륙전에 「항공보안법」제23조제6항에 따라 불법행위를 하지 말 것을 기내 안내방송을 이용하여 기내에서 사전에 안내(경고)하여야 한다. 이 경우 안내 방송 문구는 소속 항공기내 보안요원(기장·승무원)의 의견을 들어 작성하고, 형사상 처벌대상임을 알려야 할 필요가 있는 흡연·전자기기 사용·승무원의 업무를 방해하는 행위를 포함하여야 한다.

(6) 항공운송사업자는 제5항에도 불구하고 「항공보안법」제23조제1항부터 제4항까지의 행위를 하지 말 것을 기내에 구비된 승객브리핑카드(안전정보카드)에 포함시켜 승객이 잘 볼 수 있는 곳에 비치하여야 한다.

(국토교통부 고시) 액체 · 분무 · 겔류 등 항공기내 휴대반입금지물질 운영기준

1) 목적

이 지침은 항공보안법 제14조 제5항에 따라 액체 · 분무 · 겔류 등 항공기내 휴대반입 금지 물질을 정하여 액체폭발물에 의한 항공 불법간섭행위로부터 항공기를 이용하는 자의 생명과 재산을 보호하기 위함을 목적으로 한다.

2) 용어정의

(1) '액체 · 분무 · 겔 류(Liquids, Aerosols and Gels, 이하 'LAGs'라 한다)'라 함은 별표 1의1에서 정한 물품을 말한다.
(2) '특별 식이처방음식'이라 함은 어린아이 음식 · 젖당불내증 또는 글루텐불내증 승객의 특별영양식품 등 승객의 건강에 꼭 필요한 LAGs물품을 말한다.
(3) '공항판매상점'이라 함은 국제공항 여객터미널의 보안청정구역내에 상주하여 LAGs 물품을 판매하는 상점을 말한다.
(4) '항공사 기내판매점'이라 함은 운항중인 항공기 객실내에 탑재하여 판매를 목적으로 하는 물품판매 장소를 말한다.
(5) '액체류보안봉투'(Security Temper-Evident Bag, STEB)라 함은 ICAO 기술기준에 따라 만든 보안봉투를 말한다.
(6) '유사봉투'라 함은 사방이 밀봉되고 훼손여부를 확인할 수 있는 보안봉투를 말한다.
(7) 'STEB 상용공급자'이라 함은 액체류보안봉투를 제조하여 LAGs 물품 상용공급자에게 공급하는 자를 말한다.
(8) '비행여정'이라 함은 출발공항부터 최종목적지공항 도착까지 연속되는 총 비행시간 및 지연운항 · 회항 · 공항터미널대기 시간 등을 고려하여 합한 총 시간을 말한다.
(9) '보안청정구역(Sterile Area)'이라 함은 검색대에서부터 일반인의 출입이 통제되는 항공기 사이의 모든 지역을 말한다.

(10) 'LAGs물품 상용공급자'라 함은 공급망보안통제 대책 등을 갖추었다고 국토교통부장관이 지정하는 공항판매상점, 시내면세점, 항공사 기내판매점을 말한다.

3) 적용범위

(1) 이 지침은 대한민국 내에 위치한 공항에서 출발하는 모든 국제선 여객항공편 또는 통과 및 환승 항공기를 이용하여 여행하는 승객이 휴대 운반하는 LAGs에 대하여 적용한다.

(2) 보호구역 및 항공기로 출입하는 공항근무자의 개인용품(음료, 향수, 화장품, 의료품 및 비슷한 용품)은 국가항공보안우발계획에 의한 항공보안등급이 상향조정되거나 테러발생 위협이 고조되는 경우 등 필요시 승객에 대한 보안통제와 동일하게 적용한다. 다만, 공항근무자가 직무를 수행하기 위해 합법적으로 소지한 LAGs 용품(청소제재, 실란트, 위생제, 접착제, 페인트 및 오일 등)은 보안통제에서 제외된다.

4) 면제

다음 각 항에 대해서는 LAGs 보안통제 적용을 면제한다.

(1) 비행근무시간(flight duty period)동안 항공기 운항에 필수적인 업무를 수행하기 위하여 책임이 부여된 자격증명을 갖춘 운항승무원이 소지한 LAGs

(2) 승객이 휴대한 의약품 및 특별 식이처방음식

(3) 보호구역 및 항공기로 출입하는 공항근무자가 휴대한 LAGs

(4) 위기대응임무를 수행하는 요원이 휴대한 LAGs

5) LAGs 보안검색통제

(1) 승객이 항공기를 이용하여 여행하고자 LAGs를 휴대하고 보안검색대를 통과하기 위해서는 다음의 각 호를 준수하여야 하며, 그 통제대상 물품은 별표 1의1과 같다.

① 모든 LAGs는 용량이 100㎖ 또는 이와 동등한 용량(3.4온스, 100그램)을 초과하지 않는 용기에 담아야 한다.
② 100㎖를 초과하는 용기에 일부 분량의 LAGs를 담아서 운반할 수 없다. 단, 100㎖를 초과하는 빈 용기는 반입할 수 있다.
③ 모든 LAGs 용기는 최대 용량이 1리터(20.5㎝ x 20.5㎝, 25㎝ x 15㎝ 또는 이와 동등한 크기)를 초과하지 않는 투명하고 개폐가 가능한 플라스틱 봉투에 담겨져야 하며, 용기들은 이 봉투가 완전하게 닫힐 수 있는 정도의 분량이어야 한다.
④ 제3호의 플라스틱 봉투는 승객 1명당 1개만 휴대할 수 있다.

(2) 환승하거나 통과하는 승객이 휴대한 LAGs는 다음 각 호 이외에는 보안검색대를 통과할 수 없다.
① LAGs 물품 상용공급자가 판매한 LAGs를 액체류보안봉투(구매영수증 포함)에 넣어 운반하는 경우
② LAGs 물품 상용공급자가 판매한 LAGs를 유사봉투(구매영수증 포함)에 넣어 운반하고, 환승공항에서 액체폭발물 탐지장비를 사용하여 검색을 완료한 경우

(3) 제1항 및 제2항의 규정에 의하여 허용되지 아니하는 LAGs에 대하여 승객이 휴대하기를 포기한 물품은 국가항공보안계획 부록1의 승객 포기물품 처리절차에 따라 처리한다. 다만, 보안검색요원은 액체류 보안봉투 또는 유사봉투를 사용하지 아니한 LAGs를 휴대한 승객이 LAGs를 포기하지 아니한 경우 동 승객이 보안검색대(통과 또는 환승 포함)를 통과하도록 허용하여서는 아니 된다.

(4) 해당 항공운송사업자는 제3항 단서규정에 의하여 보안검색대를 통과하지 아니한 승객에 대하여 적절한 조치를 취하여야 한다.

(5) 제3항 단서규정에 불구하고 액체류보안봉투 또는 유사봉투를 사용하지 아니한 LAGs를 휴대한 환승·통과승객이 보안검색대를 통과하는 경우 이를 액체폭탄으로 사용될 수 있는 물품으로 판단하여 압수하고 보안검색감독자 또는 보안검색요원이 현장에서 신속하게 폐기한다.

6) STEB의 기술기준

(1) STEB는 별표 2 및 별표 4에서 정한 기준과 같거나 그 이상으로 제조되어야 하며, 부득이 봉투에 각 공항, 판매자, 고유 브랜드 또는 로고를 사용하고자 하는 경우에는 봉투안의 영수증 및 물품의 확인이 용이하도록 제조된 STEB이어야 한다.
(2) STEB를 제조한 제조사는 대한민국 기호('KOR'로 한다) 또는 항공운송사업자 명(ICAO 등록기호) 및 제조사 명(ICAO 등록기호)을 표시하여야 하며 'STEB 상용공급자'로 지정받은 자만이 STEB을 제조하거나 공급할 수 있다.
(3) STEB에 국제적으로 사용되는 기호의 표시는 승객에게 제공된 STEB의 출발지 국가를 파악하기 위한 국가기호가 표시되며, 항공기내 면세품 판매에 대한 출발점을 파악하기 위하여 항공사 ICAO 등록기호가 표시된다.
※ 국가기호는 ICAO Machine Readable Travel Documents, Part 1 - Machine Readable Passports(Doc 9303)에 의함.
(4) STEB에는 생산품목 나열기호(inventory code)와 보안기호(security code) 또는 판매자와 상점의 STEB보호를 위한 STEB의 상품인식기호(bar code)가 표시된다.

7) STEB의 사용기준

(1) STEB안에는 보안검색을 용이하게 하기위해서 공항판매상점에서 구매한 LAGs 및 출발지 이후 비행여정의 단계(환승, 통과 포함)에서 보안검색 대상이 될 수 있는 LAGs만을 넣는 것을 원칙으로 한다.
(2) 통제품목에 해당되지 않는 다른 물품은 일반봉투에 넣어져 있어야 하나, STEB안에 넣어져 있다면, 비행여정 동안 보안검색대에서 수행되는 육안검색을 곤란하게 하여서는 아니 된다.

(3) 공항판매상점 또는 항공사 기내판매점에서 구입되지 아니한 물품을 STEB안에 넣어서는 아니 된다.

(4) LAGs물품을 구입한 영수증은 STEB안(봉투안쪽 주머니 또는 고정)에 있어야 하며, 보안검색요원이 확인할 수 있어야 한다. 만일 보안검색시 영수증이 떨어져 있고 볼 수 없다면 봉투는 개봉되어야 하며, 그 물품은 제5조 제5항의 규정에 의하여 처리하거나 보안검색요원에 의해 개봉된 봉투와 함께 새로운 STEB에 넣어 처리할 수 있다.

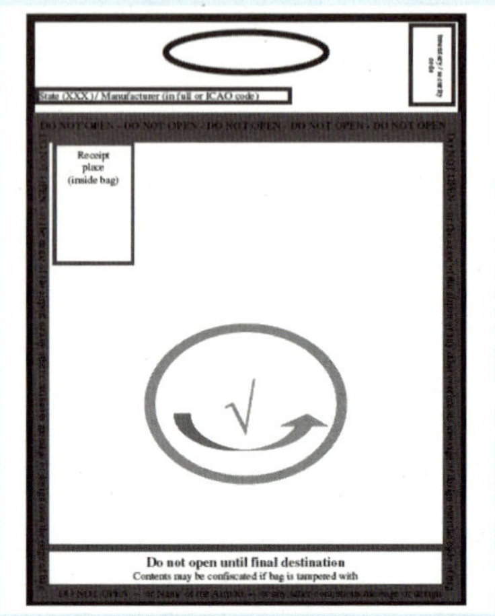

STEB 표준사양

(5) STEB에 의하여 LAGs통제 물품을 휴대하고 항공기를 이용하여 여행하는 승객 등은 최종 목적지 도착까지 STEB를 훼손하여서는 아니 된다.

(6) 승객이 휴대한 STEB가 훼손된 사실이 확인된 경우 STEB에 「Do not open until final destination-contents may be confiscated if bag is tampered with(최종 목적지까지 절대 열지 말 것 - 물품들은 봉투가 훼손되었다면 압수되어도 좋음)」의 글씨가 있을 때에는 승객에게 이를 알리고 STEB안의 물품을 압수할 수 있다. 또한 압수한 물품의 처리는 제5조 제3항의 규정을 준용한다.

(7) STEB 생산물품 나열기호(Inventory code) 및 보안기호(Security code) 또는 판매자와 상점의 STEB 보호를 위하여 STEB의 상품인식기호(bar code)는 'LAGs 상용공급자'에게 관리책임이 있다. STEB는 국토교통부장관이 지정한 'LAGs물품 상용공급자게만 배부되어야 한다.

8) LAGs 물품 상용공급자의 LAGs물품 인계

LAGs 물품 상용 공급자는 승객이 구매한 LAGs를 액체류보안봉투안에 넣어 판매 장소에서 승객에게 인계할 수 있다. 다만, 시내면세점의 경우 인가된 직원이 보안청정구역안의 지정된 물품 인도장에서 승객이 구매한 LAGs를 액체류보안봉투에 넣어 인계할 수 있다.

9) 공항운영자의 준비

공항운영자는 관할 국제공항의 보안검색대 등에 승객이 LAGs물품을 버릴 수 있는 장소를 제공하여야 하며, 보안검색 이후 압수물품을 폐기할 수 있는 시설 · 장소 등 필요한 조치를 하여야 한다.

10) 승객 보안검색 편리 등

(1) 항공운송사업자는 이 기준에 의한 LAGs 보안검색과 관련된 내용을 승객(환승 · 통과 포함)에게 사전에 주지시키고, 항공기 출발예정시간 등을 고려하여 탑승수속시 이를 확인하는 등 승객의 불편이 최소화되도록 필요한 조치를 하여야 한다.

(2) 항공운송사업자는 ICAO의 LAGs 검색을 위한 보안통제지침을 이행하고 있는 국가 또는 공항으로부터 우리나라 국제공항을 경유하는 환승 · 통과승객이 이 기준에 준하는 STEB를 사용하여 LAGs물품을 운반하는지를 우리나라 국제공항에 도착하기 이전의 출발공항부터 확인하여야 한다.

(3) 항공운송사업자는 승객이 제5조 및 제6조의 규정에 적합한지 여부를 확인하기 곤란한 LAGs는 위탁수하물로 처리하도록 안내하며, 순수한 의료목적 또는 어린아이 음식류를 포함한 특별 식이처방음식의 LAGs를 휴대하고자 하는 승객의 경우 가급적 일찍 보안검색을 받도록 안내한다.

(4) 보안검색감독자 또는 보안검색요원은 보안검색대 통과 전에 승객이 휴대한 LAGs를 꺼내어 검색대를 통과하도록 조치 및 검색하여야 한다.

11) 국제협력

(1) 국토교통부장관은 LAGs 및 액체류보안봉투의 효율적인 보안통제를 위해 현장 확인 등을 포함하여 다른 국가와 적절하게 양자간 또는 다자간 협의할 수 있다.

(2) 국토교통부장관은 소속 공무원 또는 항공보안감독관으로 하여금 제1항의 규정 에 의한 서류심사 및 별표 5 서식의 액체류보안통제 점검표에 따라 현장실사를 실시하게 할 수 있다. 단, 동일 국가에 속하는 공항중 주요 공항에 대해서만 현장실사를 실시하고 이외 공항에 대하여는 현장실사를 생략할 수 있다.

(3) 국토교통부장관은 제1항의 규정에 의한 서류심사 및 현장실사 결과에 대하여 ICAO 권고기준에 충족하다고 판단하는 경우 협의당사국 환승객에 대한 LAGs 및 액체류보안봉투 보안통제 면제여부를 결정하여야 한다. 단 면제결정에 필요하다고 판단되는 경우에는 관계기관과 협의할 수 있다.

(4) 제3항에 의하여 당사국 환승객에 대한 LAGs 보안통제 면제를 하는 때에는 다음 각호와 같이 해당되는 관련기관에 통보하여 소관사항을 사전 준비하도록 하여야 한다.

① 공항 검색운영주체 기관 : 당사국 환승객 보안검색 면제를 위한 LAGs 및 액체류보안봉투 자료, 정보에 관한 교육 실시(검색원, 검색관련 감독자 등)

② LAGs 물품 상용공급자 : 액체류 물품 보안통제면제 당사국을 경유하는 환승객에 대하여 LAGs 판매 및 액체류보안봉투 사용에 관한 종사원 교육 등

③ 액체류 보안검색 관련 대테러주관 정부 보안기관

별표1의1) 항공기 객실내 휴대반입금지 LAGs 물품(제5조 관련)

분 류	반입금지 물질 예시
물 등 음료수	생수, 과실음료(야채주스 등), 청량음료(콜라·사이다 등), 홍차음료, 커피, 유산균음료, 스포츠용 음료, 식초음료, 알코올음료(소주·청주·맥주·위스키·한방술 등), 유제품(탈지유·농축우유, 요구르트 등), 얼음류(아이스크림, 빙과류) 등
국 종류(스프류)	곰탕, 설렁탕, 다시마국물 등
시럽류	꿀, 물엿, 시럽, 엑기스 등
잼류	스프레드류(잼, 땅콩버터, 초코스프레드 등), 버터류
스튜류(국물류)	통조림 등
소스류	각종 장류(된장, 고추장 등), 케찹, 마요네즈 등
반죽(풀)류	도우(dough) 등
소스 또는 액체가 포함된 음식류	김치류, 액체절임 고기류, 액젓류 등
크림류	약용크림, 연고, 보습크림, 화장클렌징크림, 액체형 구두약, 구두크림 등
로션류	밀크로션, 스킨로션, 바디로션, 자외선차단로션, 화장수, 액체비누 등
화장품류	액상파운데이션, 매니큐어, 매니큐어제거제 등
오일류	식용류, 올리브유, 쇼트닝 등
향수류	샤워코롱, 향수 등
분무류	헤어스프레이, 페이셜미스트 등 스프레이류
겔류	샴푸, 린스, 트리트먼트, 헤어젤, 샤워젤 등
압력용기품목	면도크림(폼), 세안폼 등
탈취제류	신체냄새제거제, 액상제균제 등
치약류	구강세정제, 구강청정제 등
액체혼합 물질	한방건강식품류(십전대보탕 등), 먹물, 물감, 물감, 만년필잉크 등

분 류	반입금지 물질 예시
마스카라	액체 마스카라, 액상 아이라이너 등
립글로스/립밤	립글로스, 립밥, 젤타입 립스틱 등
실내온도에서 액체류 상태를 유지하는 모든 물질	반입금지 LAGs로 의심되는 모든 물질 포함
※ 비고 1. 목록별 통제물품예시는 대표물품만을 수록하였으므로 유사한 물품 및 의심되는 물품은 통제 대상물품에 포함될 수 있음 2. 다음의 경우 항공보안검색감독자가 판단하여 반입을 제한할 수 있다. 1) 용기에 담겨있지 아니하면 형태를 유지하기 곤란한 물질 2) 내용물 또는 용량을 확인할 수 없는 물질 3) 휴대 반입금지 LAGs 물질과 유사한 특성을 보이는 물질 4) 위해(危害) 가능성이 있는 것으로 의심되는 물질	

5. 승객 등의 보안검색

제15조(승객 등의 검색 등) ① 항공기에 탑승하는 사람은 신체, 휴대물품 및 위탁수하물에 대한 보안검색을 받아야 한다.

② 공항운영자는 항공기에 탑승하는 사람, 휴대물품 및 위탁수하물에 대한 보안검색을 하고, 항공운송사업자는 화물에 대한 보안검색을 하여야 한다. 다만, 관할 국가경찰관서의 장은 범죄의 수사 및 공공의 위험예방을 위하여 필요한 경우 보안검색에 대하여 필요한 조치를 요구할 수 있고, 공항운영자나 항공운송사업자는 정당한 사유없이 그 요구를 거절할 수 없다.

③ 공항운영자 및 항공운송사업자는 제2항에 따른 보안검색을 직접 하거나 「경비업법」 제4조제1항에 따른 경비업자 중 공항운영자 및 항공운송사업자의 추천을 받아 제6항에 따라 국토교통부장관이 지정한 업체에 위탁할 수 있다.

④ 공항운영자는 제2항에 따른 보안검색에 드는 비용에 충당하기 위하여 「공항시설법」 제32조 및 제50조에 따른 사용료의 일부를 사용할 수 있다.

⑤ 항공운송사업자는 공항 및 항공기의 보안을 위하여 항공기에 탑승하는 승객의 성명, 국적 및 여권번호 등 국토교통부령으로 정하는 운송정보를 공항운영자에게 제공하여야 한다. 이 경우 운송정보 제공 방법 및 절차 등 필요한 사항은 국토교통부령으로 정한다.

⑥ 제2항에 따른 보안검색의 방법·절차·면제 등에 관하여 필요한 사항은 대통령령으로 정한다.

⑦ 제3항에 따라 보안검색 업무를 위탁받으려는 업체는 국토교통부령으로 정하는 바에 따라 국토교통부장관의 지정을 받아야 한다.

⑧ 국토교통부장관은 제6항에 따라 지정을 받은 업체가 다음 각 호의 어느 하나에 해당하는 경우에는 그 지정을 취소할 수 있다. 다만, 제1호 또는 제2호에 해당하면 지정을 취소하여야 한다.

1. 거짓이나 그 밖의 부정한 방법으로 지정을 받은 경우
2. 「경비업법」에 따른 경비업의 허가가 취소되거나 영업이 정지된 경우
3. 국토교통부령에 따른 지정기준에 미달하게 된 경우. 다만, 일시적으로 지정기준에 미달하게 되어 3개월 이내에 지정기준을 다시 갖춘 경우에는 그러하지 아니하다.
4. 보안검색 업무의 수행 중 고의 또는 중대한 과실로 인명피해가 발생하거나 보안검색에 실패한 경우

1) 승객 및 휴대물품 보안검색

시행령 제10조 법 제15조에 따라 공항운영자는 항공기 탑승 전에 모든 승객 및 휴대물품에 대하여 법 제27조에 따라 국토교통부장관이 고시하는 항공보안장비를 사용하여 보안검색을 하여야 한다. 이 경우 승객에

대해서는 문형금속탐지기 또는 원형검색장비를, 휴대물품에 대해서는 엑스선 검색장비를 사용하여 보안검색을 하여야 하며, 폭발물이나 위해물품이 있다고 의심되는 경우에는 폭발물 탐지장비 등 필요한 검색장비 등을 추가하여 보안검색을 하여야 한다.

공항운영자는 다음 각 호의 어느 하나에 해당하는 경우에는 승객의 동의를 받아 직접 신체에 대한 검색을 하거나 개봉검색을 하여야 한다.

(1) 검색장비등이 정상적으로 작동하지 아니하는 경우

(2) 검색장비등의 경보음이 울리는 경우

(3) 무기류나 위해물품을 휴대하거나 숨기고 있다고 의심되는 경우

(4) 엑스선 검색장비에 의한 검색결과 그 내용물을 판독할 수 없는 경우

(5) 엑스선 검색장비로 보안검색을 할 수 없는 크기의 단일 휴대물품인 경우(폭발물 흔적탐지장비 등 필요한 검색장비 등을 추가하여 보안검색을 하여야 함)

공항운영자는 기내에서 휴대가 금지되는 물품이 항공보안에 위해가 되지 아니하다고 인정되는 경우에는 위탁수하물로 탑재를 하게 할 수 있다.

2) 위탁수하물 보안검색

시행령 제11조 항공운송사업자는 법 제15조에 따라 탑승권을 소지한 승객의 위탁수하물에 대해서만 공항운영자에게 보안검색을 의뢰하여야 한다. 이 경우 항공운송사업자는 공항운영자에게 보안검색을 의뢰하기 전에 그 위탁수하물이 탑승권을 소지한 승객의 소유인지 및 위해물품 인지를 확인하여야 한다.

공항운영자는 위탁수하물에 대하여 항공기 탑재 전에 엑스선 검색장비를 사용하여 보안검색을 하여야 한다.

공항운영자는 다음 각 호의 어느 하나에 해당하는 경우에는 항공기 탑재 전에 위탁수하물을 개봉하여 그 내용물을 검색하여야 한다. 이 경우

폭발물이나 위해물품이 있다고 의심되는 경우 또는 폭발물 흔적탐지장비 등 필요한 검색장비 등을 추가하여 보안검색을 하여야 한다.

(1) 엑스선 검색장비가 정상적으로 작동하지 아니한 경우

(2) 무기류 또는 위해물품이 숨겨져 있다고 의심되는 경우

(3) 엑스선 검색장비에 의한 검색결과 그 내용물을 판독할 수 없는 경우

(4) 엑스선 검색장비로 보안검색을 할 수 없는 크기의 단일 위탁수하물인 경우(폭발물 흔적탐지장비 등 필요한 검색장비 등을 추가하여 보안검색을 하여야 함)

(5) 항공보안에 위협이 증가하는 등 특별한 사유가 발생하는 경우

공항운영자는 보안검색이 끝난 위탁수하물이 보안검색이 완료되지 아니한 위탁수하물과 혼재되지 아니하도록 하여야 한다.

항공운송사업자는 보안검색이 끝난 위탁수하물을 항공기에 탑재하기 전까지 보호조치를 하여야 하며, 항공기에 탑재된 위탁수하물이 탑승한 승객의 소유인지를 확인하여 그 소유자가 항공기에 탑승하지 아니한 경우에는 그 위탁수하물을 운송해서는 아니 된다. 다만, 그 위탁수하물에 대한 운송처리를 잘못하여 다른 항공기로 운송하여야 할 경우에는 별도의 보안조치를 한 후에 탑재할 수 있다.

3) 항공화물 보안검색

시행령 제12조 법 제15조에 따라 여객기에 탑재하는 화물에 대한 항공운송사업자의 보안검색에 대해서는 상기에서 정한 위탁수하물 보안검색절차를 준용한다.

항공운송사업자는 화물기에 탑재하는 화물에 대해서는 다음 각 호의 어느 하나에 해당하는 방법으로 보안검색을 하여야 한다.

(1) 개봉검색

(2) 엑스선 검색장비에 의한 검색

(3) 폭발물 탐지장비 또는 폭발물 흔적탐지장비에 의한 검색
(4) 폭발물 탐지견에 의한 검색
(5) 압력실을 사용한 검색

4) 특별 보안검색

시행령 제13조 법 제15조에 따라 공항운영자는 의료보조장치를 착용한 장애인, 임산부 또는 중환자 등 국토교통부장관이 인정하는 사람에 대해서는 보안검색 장소 외의 별도의 장소에서 보안검색을 할 수 있다.
공항운영자는 다음 각 호의 요건을 모두 갖춘 외교행낭에 대해서는 개봉검색을 하여서는 아니 된다.
(1) 외교행낭은 외교신서사[9]의 신분을 증명할 수 있는 공문서 및 외교행낭의 수를 표시한 공문서를 소지한 사람과 함께 운송될 것
(2) 외교행낭[10]의 외부에 외교행낭임을 알아볼 수 있는 표지와 국가표시가 있을 것
공항운영자 또는 항공운송사업자는 다음 각 호의 어느 하나에 해당하는 것에 대해서는 개봉검색을 하거나 증명서류 확인 및 폭발물 흔적탐지장비에 의한 검색 등의 방법으로 보안검색을 할 수 있다.
(1) 골수 · 혈액 · 조혈모세포 등 인체조직과 관련된 의료품
(2) 유골, 유해
(3) 이식용 장기
(4) 살아있는 동물
(5) 의료용 · 과학용 필름
(6) 보안검색장비 등에 의하여 보안검색을 하는 경우 본래의 형질이 손상되거나 변질될 수 있는 것 등으로서 국토교통부장관의 허가를 받은 것

9) 임무를 맡아 다른 나라에 머무르는 자기 나라의 대사관에 발송하는 외교 문건을 전달하는 사람
10) 외교 사절과 파견국 정부 또는 외교 사절 사이에 교환되는 공문이나 서신 따위를 담은 행낭

5) 관할 경찰관서의 조치요구

시행령 제14조 법 제15조제2항 단서에 따라 관할 국가경찰관서의 장은 범죄의 수사 및 공공의 위험예방을 위하여 필요한 경우 공항운영자 또는 항공운송사업자에게 다음 각 호의 필요한 조치를 요구할 수 있다. 다만, 그 이행에 예산이 수반되거나 항공보안검색요원의 증원계획에 관한 사항은 서면으로 요구하여야 한다.

(1) 보안검색대상자에 대한 불심검문, 신체 또는 물품의 수색 등에 대한 협력

(2) 보안검색방법 중 필요하다고 인정되는 방법에 의한 보안검색

(3) 보안검색강화를 위한 항공보안검색요원의 증원배치

6) 보안검색 면제

시행령 제15조 다음 각 호의 어느 하나에 해당하는 사람(휴대물품을 포함한다)에 대해서는 법 제15조에 따른 보안검색을 면제할 수 있다.

(1) 공무로 여행을 하는 대통령(대통령당선인과 대통령권한대행을 포함한다)과 외국의 국가원수 및 그 배우자

(2) 국제협약 등에 따라 보안검색을 면제받도록 되어 있는 사람

(3) 국내공항에서 출발하여 다른 국내공항에 도착한 후 국제선 항공기로 환승하려는 경우로서 다음 각 목의 요건을 모두 갖춘 승객 및 승무원

① 출발하는 국내공항에서 보안검색을 완료하고 국내선 항공기에 탑승하였을 것

② 국제선 항공기로 환승하기 전까지 보안검색이 완료된 구역을 벗어나지 아니할 것

다음 각 호의 요건을 모두 갖춘 외교행낭에 대해서는 법 제15조에 따른 보안검색을 면제할 수 있다.

(1) 별보안검색 각 호의 요건을 모두 갖출 것

(2) 불법방해행위를 하는 데에 사용할 수 있는 무기 또는 폭발물 등 위험성이 있는 물건들이 없다는 것을 증명하는 해당 국가 공관의 증명서를 국토교통부장관이 인증할 것

다음 각 호의 요건을 모두 갖춘 위탁수하물을 환적하는 경우에는 법 제15조에 따른 보안검색을 면제할 수 있다.

(1) 출발 공항에서 탑재 직전에 적절한 수준으로 보안검색이 이루어질 것
(2) 출발 공항에서 탑재된 후에 환승 공항에 도착할 때까지 계속해서 외부의 비인가 접촉으로부터 보호받을 것
(3) 국토교통부장관이 출발 공항의 보안통제 실태를 직접 확인하고 해당 국가와 협약을 체결할 것

항공운송사업자는 외교신서사가 탑승하지 아니한 경우에는 보안검색이 면제된 외교행낭을 운송해서는 아니된다.

7) 보안검색위탁업체 지정기준

시행규칙 제8조 법 제15조제3항 및 제7항에 따른 보안검색위탁업체의 지정기준은 다음과 같다.

(1) 승객 · 휴대물품 및 위탁수하물 보안검색위탁업체의 지정기준
① 인천공항의 경우
㉮ 「경비업법」 제4조에 따라 경비업 허가를 받은 법인일 것
㉯ 자본금이 10억원 이상일 것
㉰ 상시고용직원인 보안검색인력이 100명 이상일 것
② 김포 · 김해 및 제주공항의 경우
㉮ 「경비업법」 제4조에 따라 경비업 허가를 받은 법인일 것
㉯ 자본금이 10억원 이상일 것
㉰ 상시고용직원인 보안검색인력이 50명 이상일 것
③ 가목 및 나목 외의 공항의 경우

㉮「경비업법」제4조에 따라 경비업 허가를 받은 법인일 것
㉯ 자본금이 5억원 이상일 것
㉰ 상시고용직원인 보안검색인력이 10명 이상일 것

(2) 화물 보안검색위탁업체의 지정기준
① 「경비업법」제4조에 따라 경비업 허가를 받은 법인일 것
② 자본금이 5억원 이상일 것
③ 상시고용직원인 보안검색인력이 5명 이상일 것

8) 보안검색위탁업체 지정절차

시행규칙 제8조의4 법 제15조제3항에 따라 공항운영자 또는 항공운송사업자가 보안검색위탁업체의 지정을 추천하려는 경우에는 보안검색위탁업체 지정신청서에 지정 대상 보안검색위탁업체에 관한 다음 각 호의 서류를 첨부하여 지방항공청장에게 제출하여야 한다.

(1) 「경비업법」에 따른 경비업 허가증
(2) 보안검색인력 명단 및 해당 인력의 법 제28조제2항에 따른 교육훈련 이수증
(3) 보안검색위탁업체 추천서

지정신청서를 제출받은 지방항공청장은「전자정부법」제36조제1항에 따른 행정정보의 공동이용을 통하여 지정 대상 보안검색위탁업체의 법인 등기사항증명서 및 사업자등록증을 확인하여야 한다. 다만, 해당 업체가 사업자등록증의 확인에 동의하지 아니하는 경우에는 해당 서류를 첨부하게 하여야 한다.

지정신청서를 제출받은 지방항공청장은 지정 대상 보안검색위탁업체가 제8조에 따른 지정기준에 적합하다고 인정하는 경우에는 공항운영자 또는 항공운송사업자에게 보안검색위탁업체 지정서를 발급하여야 한다.

9) 보안검색 소요비용 충당

공항시설법 제32조 공항시설 또는 비행장시설을 관리·운영하는 자는 국토교통부령으로 정하는 바에 따라 공항·비행장·항행안전시설을 사용하거나 이용하는 자로부터 사용료를 징수할 수 있다.

공항시설법 시행규칙 제20조 법 제32조제1항에 따라 지방항공청장이 징수하는 공항·비행장·항행안전시설 사용료의 종류 및 산정기준은 별표 5와 같으며 지방항공청장은 공항운영자에게 법 제32조제1항에 따른 사용료의 징수업무를 대행하게 할 수 있다. 공항운영자는 항공권을 판매하는 항공운송사업자 등에게 법 제32조제1항에 따른 사용료의 징수업무를 대행하게 할 수 있으며 법 제32조제2항에 따른 사용료 금액의 신고(변경신고를 포함한다)를 하려는 자 또는 승인(변경승인을 포함하다)을 받으려는 자는 신청서에 다음 각 호의 서류를 첨부하여 국토교통부장관에게 제출하여야 한다. 이 경우 담당 공무원은 「전자정부법」 제36조제1항에 따른 행정정보의 공동이용을 통하여 법인등기사항증명서(법인인 경우만 해당한다)를 확인하여야 한다.

(1) 예상 사업수지계산서

(2) 다음 각 목의 사항을 포함한 사용료 요금표

① 사용료 부과 대상시설

② 사용료의 종류 및 산정기준

③ 사용료의 징수 방법 및 절차

(3) 다음 각 목의 사항을 포함한 사용료 감면 규정

① 감면대상 사용료의 종류

② 사용료 감면절차 및 감면비율

(4) 변경 사유 및 변경 전의 사업수지계산서(사용료 변경의 경우만 해당한다)

사용료를 받으려는 자는 사용료의 금액을 정하거나 변경하려는 경우에는 국토교통부장관에게 신고하여야 한다. 다만, 지방자치단체의 장과 「공공기관의 운영에 관한 법률」 제4조에 따른 공공기관을 제외한 자가 사용료를 정하거나 변경하려는 경우에는 국토교통부장관의 승인을 받아야 한다.

10) 보안검색이 완료되지 아니한 사람에 대한 조치

시행령 제17조 공항운영자 및 항공운송사업자는 보안검색이 완료되지 아니한 승객 · 휴대물품 · 위탁수하물 및 화물이 보안검색이 완료된 구역으로 혼입되지 아니하도록 하여야 한다.
항공운송사업자는 통과 승객이 지정항공기를 탑승하지 아니하고 통과지역을 무단으로 벗어나지 아니하도록 하여야 한다.

11) 다른 직무의 금지

시행령 제18조 공항운영자 · 항공운송사업자 또는 법 제15조 제3항(법 제16조 및 제17조제5항에서 준용하는 경우를 포함한다)에 따라 보안검색을 위탁받은 업체는 항공보안검색요원이 보안검색 업무를 수행 중인 때에는 보안검색 업무 외의 다른 업무를 수행하게 하여서는 아니 된다.

12) 승객 운송정보 제공

시행규칙 제8조의2 법 제15조제5항 전단에서 "항공기에 탑승하는 승객의 성명, 국적, 여권번호 등 국토교통부령으로 정하는 운송정보"란 다음 각 호의 운송정보를 말한다.
(1) 승객의 성명
(2) 승객의 국적 및 여권번호(국내선의 경우에는 승객식별번호)
(3) 승객의 탑승 항공편명 및 운항 일시

항공운송사업자는 항공기에 탑승하는 승객에게 탑승권을 발급하였을 때에는 법 제15조제5항 전단에 따라 지체없이 운송정보를 정보통신망을 통하여 공항운영자에게 제공하여야 한다. 이 경우 운송정보를 제공하는 정보통신망의 운영 등에 관한 세부사항은 항공운송사업자와 공항운영자가 협의하여 정한다.

공항운영자는 제공받은 운송정보를 「개인정보 보호법」에 따라 관리하여야 하며, 제공받은 운송정보의 정보주체인 승객이 탑승한 항공기가 해당 공항을 이륙한 즉시 제공받은 운송정보를 폐기하여야 한다.

6. 승객이 아닌 사람 등에 대한 검색

제16조(승객이 아닌 사람 등에 대한 검색) ① 공항운영자는 제13조제1항에 따라 허가를 받아 보호구역으로 들어가는 사람 또는 물품에 대하여도 보안검색을 하여야 한다. 이 경우 보안검색의 방법·절차·면제 및 위탁 등에 관하여는 제15조제2항 단서, 같은 조 제3항 및 제6항부터 제8항까지의 규정을 준용한다.

② 제1항에도 불구하고 화물터미널 내에 지정된 보호구역으로 들어가는 사람 또는 물품에 대한 보안검색은 화물터미널운영자가 하여야 한다. 이 경우 보안검색의 방법·절차·면제 및 위탁 등에 관하여는 제15조제2항 단서, 같은 조 제3항 및 제6항부터 제8항까지의 규정을 준용한다.

시행령 제15조의2 공항운영자 또는 화물터미널운영자가 법 제16조제1항 또는 제2항에 따라 보호구역으로 들어가는 사람에 대하여 보안검색을 하는 경우에는 시행령 제10조제1항 및 제3항에서 정한 승객 및 휴대물품 보안검색절차를 준용한다.

공항운영자 또는 화물터미널운영자가 법 제16조제1항 또는 제2항에 따라 보호구역으로 들어가는 물품에 대하여 보안검색을 하는 경우에는 시행령 제11조제2항부터 제4항에서 정한 위탁수하물 보안검색절차를 준용한다.

7. 통과 및 환승승객에 대한 검색

제17조(통과 승객 또는 환승 승객에 대한 보안검색 등) ① 항공운송사업자는 항공기가 공항에 도착하면 통과승객이나 환승승객으로 하여금 휴대물품을 가지고 내리도록 하여야 한다.

② 공항운영자는 제1항에 따라 항공기에서 내린 통과 승객, 환승 승객, 휴대물품 및 위탁수하물에 대하여 보안검색을 하여야 한다.

③ 제2항에 따른 보안검색에 드는 비용은 공항운영자가 부담하고, 항공운송사업자는 통과 승객이나 환승 승객에 대한 운송정보를 공항운영자에게 제공하여야 한다.

④ 제3항에 따른 운송정보 제공에 대하여는 제15조제5항을 준용한다.

⑤ 제2항에 따른 보안검색의 방법·절차·면제 및 위탁 등에 관하여는 제15조제2항 단서, 같은 조 제3항 및 제6항부터 제8항까지의 규정을 준용한다.

시행령 제16조 법 제17조제2항에 따라 공항운영자가 통과 승객 또는 환승 승객에 대하여 보안검색을 하는 경우에는 시행령 제10조 · 제11조 · 제13조 및 제15조에서 정한 보안검색 절차를 준용한다.

시행규칙 제8조의3 법 제17조제4항에서 준용하는 법 제15조제5항에 따라 항공운송사업자가 통과 승객 또는 환승 승객에 대한 운송정보를 공항운영자에게 제공하는 경우에는 제8조의2에서 정한 절차를 준용한다.

8. 상용화주의 지정

제17조의2(상용화주) ① 국토교통부장관은 검색장비, 항공보안검색요원 등 국토교통부령으로 정하는 기준을 갖춘 화주 또는 항공화물을 포장하여 보관 및 운송하는 자를 지정하여 항공화물 및 우편물에 대하여 보안검색을 실시하게 할 수 있다.

② 국토교통부장관은 제1항에 따라 지정된 자(상용화주)가 준수하여야 할 화물보안통제절차 등에 관한 항공화물보안기준을 정하여 고시하여야 한다.

③ 항공운송사업자는 제15조제2항에도 불구하고 제1항에 따라 상용화주가 보안검색을 한 항공화물 및 우편물에 대하여는 보안검색을 하지 아니한다. 다만, 다음 각 호에서 정하는 항공화물 및 우편물에 대하여는 보안검색을 실시하여야 한다.

1. 상용화주로부터 접수하였으나 상용화주가 아닌 자가 취급한 경우
2. 접수·보안검색·운송 등 취급과정에서 상용화주 및 항공운송사업자의 통제를 벗어난 경우
3. 훼손 흔적이 있는 경우
4. 허가받지 아니한 자의 접촉이 발생하였거나 접촉이 의심되는 경우
5. 화물전용기에서 여객기로 옮겨지는 경우
6. 무작위 표본검색 등 국토교통부장관이 정하여 고시한 사항에 해당하는 경우
7. 제15조제2항 단서에 따라 관할 국가경찰관서의 장이 필요한 조치를 요구한 경우
8. 그 밖에 위협정보의 입수 등 항공운송사업자가 보안검색이 필요하다고 인정할 만한 상당한 사유가 있는 경우

④ 상용화주의 지정절차 등에 관하여 필요한 사항은 국토교통부령으로 정한다.

1) 상용화주 지정기준

시행규칙 제9조의2 법 제17조의2제1항 "국토교통부장관이 정하는 기준"이란 다음 각 호와 같다.

(1) 다음 각 목에 해당하는 검색장비를 갖출 것
① 여객기에 탑재하는 화물의 보안검색을 위한 엑스선 검색장비
② 화물기에 탑재하는 화물의 보안검색을 검색장비로 하는 경우에는 엑스선 검색장비, 폭발물 탐지장비 또는 폭발물 흔적탐지장비
(2) 항공보안검색요원을 2명 이상 확보할 것
(3) 항공화물의 보안을 위해 다음 각 목의 시설을 모두 갖출 것
① 화물을 포장 또는 보관할 수 있는 시설로서 일반구역과 분리되어 항공화물에 대한 보안통제가 이루어질 수 있는 시설
② 보안검색이 완료된 항공화물이 완료되지 않은 항공화물과 섞이지 않도록 분리할 수 있는 시설
(4) 상용화주 지정 신청일 이전 6개월 이내의 기간 중 총 24회 이상 항공화물을 운송 의뢰한 실적이 있을 것
(5) 그 밖에 국토교통부장관이 정하여 고시하는 항공화물 보안기준에 적합할 것

「경비업법」제4조제1항에 따른 경비업자에게 항공화물의 보안검색을 위탁하여 실시하는 경우에는 제1항 제1호 또는 제2호를 적용하지 아니할 수 있다.

2) 상용화주 지정절차

시행규칙 제9조의3 법 제17조의2제4항에 따른 상용화주의 지정절차는 다음 각 호와 같다.

(1) 상용화주로 지정받으려는 자는 별지 제3호서식의 상용화주 지정신청서에 다음 각 호의 사항을 첨부하여 지방항공청장에게 제출할 것
① 보안검색장비 및 항공보안검색요원 등에 관한 사항을 포함한 항공화물 보안프로그램
② 「물류정책기본법」 제43조제1항 및 같은 법 시행규칙 제6조제2항에 따른 국제물류주선업등록증(국제물류주선업자만 해당한다)

③ 화물운송 거래실적

④ 항공화물의보안통제를 담당하는 사람의 명단 및 신원조회 의뢰서

⑤ 보안통제 취급직원의 교육이수 증명서

지정신청서를 제출받은 지방항공청장은 「전자정부법」 제36조제1항에 따른 행정정보의 공동이용을 통하여 법인 등기사항증명서 및 사업자등록증을 확인하여야 한다. 다만, 신청인이 사업자등록증의 확인에 동의하지 아니하는 경우에는 해당 서류를 첨부하게 하여야 한다.

지정신청서를 접수한 지방항공청장은 상용화주의 지정을 위해 법 제33조제1항의 항공보안 감독관 등 관계 공무원으로 하여금 심사하도록 할 것. 다만, 필요한 경우 전문가를 위촉하여 심사할 수 있다. 지방항공청장이 심사를 완료하고 상용화주로 지정하려는 경우에는 상용화주 지정서를 발급하여야 하며 항공운송사업자에게 통보하여야 한다.

9. 상용화주의 지정취소

제17조의3(상용화주의 지정취소) ① 국토교통부장관은 상용화주가 다음 각 호의 어느 하나에 해당하는 경우 그 지정을 취소할 수 있다. 다만, 제1호에 해당하면 그 지정을 취소하여야 한다.

1. 거짓이나 그 밖의 부정한 방법으로 지정을 받은 경우
2. 제17조의2제1항의 지정기준에 미달하게 된 경우
3. 제17조의2제2항의 항공화물보안기준을 위반하여 업무를 수행한 경우

② 국토교통부장관은 제1항에 따라 상용화주의 지정을 취소한 경우에는 즉시 항공운송사업자에게 통보하여 항공운송사업자가 보안검색을 하도록 조치하여야 한다.

③ 상용화주 지정취소의 절차 등에 관하여 필요한 사항은 국토교통부령으로 정한다.

시행규칙 제9조의4 지정취소를 통보받은 상용화주는 10일 이내에 지방항공청장에게 상용화주 지정서를 반납하여야 한다.

(국토교통부 고시) 상용화주 항공화물 보안기준

1) 목적

이 기준은 항공보안법 제17조의2 제2항에 따라 상용화주가 준수하여야 할 항공화물의 보안통제절차 등에 관한 항공보안기준과 시행규칙제9조의2 제1항에 따라 상용화주 지정에 필요한 기준에 관한 사항을 정함을 목적으로 한다.

2) 용어정의

(1) "항공화물"이란 항공기에 탑재되어 운송되는 물품 중 기내식, 승객의 휴대물품 및 위탁수하물을 제외한 모든 화물을 말한다.

(2) "상용화주"란 항공보안법 제17조의2 제1항 및 시행규칙 제9조의2에 따라 지방항공청장의 지정을 받아 항공화물에 대하여 보안검색을 하는 자를 말한다.

(3) "보안통제"란 항공화물을 항공기에 탑재하기 전에 보안검색 등 보안성을 유지하기 위하여 행하는 모든 행위를 말한다.

(4) "통제화물"이란 상용화주에 의해 보안통제가 완료된 화물을 말한다.

(5) "화물명세서"란 항공기로 운송되는 항공화물의 목록을 기록한 서류를 말한다.

(6) "항공화물보안신고서"란 상용화주가 항공화물을 운송하기 전에 화물에 대한 보안통제를 실시한 사실을 증명하는 서류를 말한다.

(7) "보안시설"이란 시행규칙 제9조의2제1항제3호에 따른 시설을 말한다.

(8) "보안통제구역"이란 보안검색이 완료된 구역을 말한다.

3) 적용범위

이 기준은 법 제17조의2 제1항 및 시행규칙 제9조의3에 따라 지방항공청장이 지정한 상용화주와 상용화주 화물을 운송하는 항공운송사업자 · 차량 및 운전자에 적용한다.

4) 항공화물의 보안통제 책임

항공기에 탑재하기 위해 운송되는 항공화물에 대한 보안통제의 책임은 항공화물을 항공운송사업자가 접수하기 전까지는 상용화주에게 있으며, 접수 후에는 항공운송사업자에게 있다.

5) 항공화물 보안프로그램

(1) 시행규칙 제9조의3 제1항에 따라 상용화주가 지정신청서에 첨부하는 항공화물 보안프로그램에는 다음 각 호의 사항이 포함되어야 한다.
  ① 항공보안 업무 및 보안통제 책임자 지정
  ② 보안통제 대상시설의 관리 및 통제방법
  ③ 보안검색장비 관리
  ④ 항공보안검색요원 및 항공보안통제 직원 자격기준
  ⑤ 항공보안통제 직원의 교육훈련
  ⑥ 시설 출입통제 절차
  ⑦ 항공화물 관리 및 운송에 대한 보안대책 및 차량 운영절차 등

(2) 항공화물보안프로그램은 관계자 외에는 열람 또는 공개되지 않도록 주의하여야 한다.

(3) 상용화주가 작성하여야 할 항공화물 보안프로그램의 기본양식은 별지 서식과 같고 항공화물 보안프로그램을 1년마다 검토하여 그 결과를 반영하여야 한다.

6) 상용화주의 항공화물 보호 및 보안통제구역 출입통제

(1) 상용화주는 항공화물을 보호하기 위하여 다음 각 호의 조치를 하여야 한다.

① 항공화물에 대한 보안검색 및 보안시설에 대한 경비를 직접 실시하거나, 상용화주의 추천을 받아 지방항공청장이 지정한 업체에 위탁하며, 이 경우 지정기준은 시행규칙 제8조 제2호를, 지정절차는 시행규칙 제8조의4를 준용

② 외부인의 침입을 방지하거나 감시할 수 있는 CCTV 등 보안장비 설치 및 출입구에 대한 잠금장치 설치 등 보안통제 시스템 유지

(2) 상용화주는 보안통제구역을 지정하여 관리하여야 하고 보안통제구역에서 업무를 수행하는 사람 및 차량 등에 대하여 회사에서 정한 출입증 등을 발급하여야 한다.

(3) 상용화주는 지정된 보안통제구역에 인가되지 않은 사람(비인가자) 또는 차량(비인가 차량)이 진입할 경우 다음 각 호의 보안검색을 하여야 한다.

① 사람 출입구에서는 문형금속탐지장비 또는 휴대용금속탐지장비를 사용하여 사람 및 휴대물품에 대한 보안검색

② 차량 출입구에서는 차량의 내 · 외부 및 하부에 대한 보안검색

(4) 비인가자 또는 비인가 차량의 출입이 필요한 경우에는 출입자에 대한 신원을 확인하고 다음 각 호의 사항을 기록한 후 인가자의 인솔하에 출입을 할 수 있도록 하여야 하며, 출입기록은 최소 1년 이상 서류 또는 전산시스템으로 관리 유지하여야 한다.

① 출입자 또는 운전자의 성명

② 생년월일

③ 출입사유

(5) 별도의 출입통제 시스템을 갖추고 항공화물보안프로그램에 출입절차를 명시하여 승인을 받은 경우에는 인솔자 없이 출입을 할 수 있다.

7) 항공화물의 보안통제

(1) 상용화주는 항공화물에 대한 보안검색 및 포장을 하는 경우에는 제15조 제1항에 따른 상용화주 업체의 보안업무 감독자 또는 감독자로부터 위임을 받아 항공화물을 통제하는 직원의 감독 하에 실시하여야 한다.

(2) 상용화주는 다음 각 호의 기준에 따라 항공화물에 대한 보안통제를 하여야 한다.

① 항공화물의 포장 및 운반 등 보안통제 화물을 취급하거나 통제하는 사람은 제15조 및 제16조를 충족할 것

② 항공화물의 작업, 운송 및 보관 시 비인가자 또는 비인가자 물품 등이 반입되지 않도록 출입통제 및 보안성을 유지할 것

③ 상용화주가 항공화물을 직접 포장하는 때에는 육안검사나 수검색 또는 X-선 장비 등을 통해 내용물을 확인할 것

(3) 보안통제가 완료된 항공화물의 완료 표지는 다음 각 호와 같이 한다.

① 포장단위별로 보안통제 완료표지를 부착하거나 개별화물을 대량 단위로 포장하는 경우에는 일괄하여 완료표지를 부착한다.

② 보안통제 완료표지에 대한 종류, 형식 및 규격은 항공운송사업자와 상용화주간 상호 협의하여 정할 수 있으며 화물의 포장방법에 따라 각각 다르게 정할 수 있다.

8) 항공화물의 운송

(1) 통제화물을 운송하는 운전자는 다음 각호의 사항을 충족하여야 한다.

① 화물자동차 운수사업법 제8조에 따라 운전업무종사 자격증을 취득한 사람

② 법 제28조에 따른 보안교육을 이수한 자

(2) 통제화물을 운송할 수 있는 차량은 항공운송사업자 또는 상용화주 소유차량으로 하되, 다음 각 호의 차량은 항공운송사업자 또는 상용화주와 운송계약을 체결한 경우에 한한다.

① 관세법 제222조에 따라 등록된 보세운송업자가 소유한 보세운송 차량

② 화물자동차 운수사업법 제3조에 따라 국토교통부장관의 허가를 받은 화물자동차운송사업자 소속 차량

(3) 항공화물을 운송하는 차량은 운송 중에 보안성을 유지할 수 있는 밀폐된 탑재시설을 갖추어야 하며 통제화물을 운송하기 전에 항공화물보안신고서를 작성하여야 한다.

(4) 상용화주는 통제화물을 차량에 탑재할 때까지 보안성을 유지하여야 하며, 다음 각 호의 보안통제 조치를 하여야 한다.

① 밀폐된 탑재시설에 실은 경우 잠금장치 및 봉인

② 통제화물의 부피가 커 밀폐된 탑재시설에 실을 수 없는 경우에는 덮개를 씌우고 봉인조치

③ 통제화물을 차량에 탑재한 경우 보안업무 감독자는 제14조 제2항에 따라 항공화물보안신고서에 서명

(5) 통제화물을 운송하는 사람은 신분을 증명할 수 있는 사진이 부착된 소속회사 신분증 또는 공항운영자가 발급한 유효한 보호구역출입증을 휴대하여야 하며 화물운송시 통제된 화물과 통제되지 않은 화물의 차량을 분리하여 운송하여야 한다.

9) 항공화물의 보안검색

(1) 상용화주는 항공보안법 시행령 제12조에 따라 항공화물에 대한 보안검색을 하여야 한고 보안검색 완료표식을 하여야 한다.

(2) 항공운송사업자는 법 제17조의2 제3항 단서의 규정에 해당하는 경우에는 시행령 제12조에 따라 보안검색을 하여야 한다.

10) 통제화물의 무작위 표본검색

(1) 항공운송사업자는 보안통제된 항공화물에 대하여 무작위 표본검색을 실시하여야 하며 무작위 표본검색은 시행령 제12조에 따라 실시하여야 한다.

(2) 무작위 표본검색은 국가항공보안 우발계획에서 정한 항공보안등급에 따라 다음 각 호와 같이 실시하여야 한다.

① 평시(Green) 및 관심(Blue)단계 : 1일 기준 접수된 항공화물 보안신고서 중 항공운송사업자가 정하는 기준에 따라 무작위 표본검색을 실시

② 주의(Yellow)단계 : 1일 기준 접수된 항공화물보안신고서의 최소 5% 이상 무작위 표본검색을 실시

③ 경계(Orange)단계 : 1일 기준 접수된 항공화물보안신고서의 최소 10% 이상 무작위 표본검색을 실시

④ 심각(Red)단계 : 상용화주가 위탁한 모든 항공화물에 대하여 보안검색을 실시한다.

(3) 국토교통부장관은 필요시 관계기관과 협의하여 무작위 표본검색 비율을 조정할 수 있으며 무작위 표본검색 실적을 기록·유지하고 1년 이상 보관하여야 한다.

11) 보안통제 업무수행 직원의 자격

(1) 항공화물의 보안통제를 담당하는 사람은 다음 각 호와 같다

① 상용화주 업체의 보안업무 감독자

② 제1호의 자로부터 위임을 받아 항공화물을 통제하는 직원

③ 항공화물 보안검색장비를 사용하여 화물의 검색을 실시하는 사람
④ 항공화물관리지역으로 접근 또는 출입하는 사람을 통제하는 사람
⑤ 항공화물을 직접 포장하고 운반하는 사람

(2) 보안통제를 담당하는 사람은 경찰청의 신원조사를 받아야 하며 신원조사 결과 범죄, 마약 또는 알코올 중독 경력이 없어야 한다. 다만, 경범죄 및 업무상 과실 또는 중대한 과실이 아닌 교통사고 등은 제외한다.

(3) 상용화주로 지정받으려는 자는 지정신청서 제출 시 제1항에 따른 사람의 신원조사 의뢰서를 국토교통부장관에게 제출하여야 하며 국토교통부장관은 경찰청에 신원조사를 의뢰하여 신원조사 결과를 상용화주에게 통보하여야 한다.

(4) 공항운영자에게 보호구역출입증을 발급받은 사람은 신원조사 대상에서 제외하며 보안통제를 하는 사람의 신체 및 건강요건에 대하여는 국가항공보안계획 부록 3(항공보안검색요원 자격기준)을 준용한다.

(4) 업무를 수행하는 사람은 법 제28조 따른 국가민간항공보안 교육훈련지침에 따라 국토교통부장관이 지정한 교육기관에서 교육을 이수하여야 한다.

12) 보고

(1) 항공운송사업자는 상용화주가 규정을 위반하거나 항공화물에 대한 보안통제를 하지 아니하고 보안통제를 완료하였다고 허위로 통보한 사실을 인지한 경우에는 지방항공청장에게 보고하여야 한다.

(2) 상용화주는 시행규칙 제9조의3 제1항 제1호 가목부터 나목까지의 사항이 변경되거나 취소된 때에는 이를 지방항공청장에게 보고하여야 한다.

(3) 상용화주는 검색장비가 정상적으로 작동되지 아니한 상태로 검색을 하였거나 검색이 미흡한 사실을 알게된 경우에는 지방항공청장에게 즉시 보고하여야 한다.

13) 점검 및 감독

(1) 지방항공청장은 상용화주가 항공화물 보안프로그램에 따라 보안통제를 정상적으로 이행하고 있는지 여부를 확인하기 위하여 상용화주에 대한 점검을 연 1회 이상 실시할 수 있으며, 필요한 경우 불시점검을 정기적으로 실시하여야 하며 항공운송사업자와 합동으로 점검을 실시할 수 있다.

(2) 지방항공청장은 보고를 받은 경우에는 보안통제 능력 여부 확인 등 적절한 조치를 취하여야 한다.

(3) 국토교통부장관 또는 지방항공청장은 민간항공에 대한 위협에 신속한 대응이 필요한 경우에는 상용화주 또는 항공운송사업자에게 필요한 조치를 취하게 할 수 있다.

(4) 항공운송사업자는 상용화주가 제출한 화물명세서 및 항공화물보안신고서를 서류 또는 전산시스템으로 1년 이상 보관하여야 한다.

14) 위해물품 처리

(1) 항공화물을 포장하거나 검사 시 폭발물 등 테러위협이 되는 항공화물을 발견한 경우에는 안전조치를 취한 후 지체 없이 인근 경찰서, 항공운송사업자 및 관할 지방항공청장에게 통보하여야 한다.

(2) 위협 통보를 받은 항공운송사업자 및 관할 지방항공청장은 국토교통부장관 및 국가정보원 공항보안실장 등에게 통보하여야 한다.

10. 기내식 등의 통제

> **제18조(기내식 등의 통제)** ① 항공운송사업자는 제21조에 따른 위해물품이 기내식이나 기내 저장품을 이용하여 항공기 내로 유입되는 것을 방지하기 위하여 필요한 조치를 하여야 한다.
> ② 기내식 및 기내 저장품 유입·유출의 통제에 대한 세부 사항은 국토교통부령으로 정한다.

시행규칙 제10조 항공운송사업자는 법 제18조에 따라 위해물품이 기내식 또는 기내저장품을 이용하여 기내로 유입되지 아니하도록 기내식 또는 기내저장품을 운반하는 사람 · 차량 및 기내식 제조시설에 대하여 보안대책을 수립하여야 한다.

항공운송사업자는 다음 각 호의 어느 하나에 해당하는 경우에는 기내식 또는 기내저장품 등이 기내로 유입되게 하여서는 아니 된다.

(1) 외부의 침입흔적이 있는 경우

(2) 항공운송사업자가 지정한 사람에 의하여 검사 · 확인되지 아니한 경우

(3) 기내식 용기 등에 위해물품이 들어있다고 의심이 되는 경우

11. 보안검색 실패 등에 대한 대책

> **제19조(보안검색 실패 등에 대한 대책)** ① 공항운영자, 항공운송사업자 및 화물터미널운영자는 다음 각 호의 사항이 발생한 경우에는 즉시 국토교통부장관에게 보고하여야 한다.
> 1. 검색장비가 정상적으로 작동되지 아니한 상태로 검색을 하였거나 검색이 미흡한 사실을 알게 된 경우
> 2. 허가받지 아니한 사람 또는 물품이 보호구역 또는 항공기 안으로 들어간 경우
> 3. 그 밖에 항공보안에 우려가 있는 것으로서 국토교통부령으로 정하는 사항

> ② 국토교통부장관은 제1항에 따른 보고를 받은 경우에는 다음 각 호의 구분에 따라 항공보안을 위한 필요한 조치를 하여야 한다.
> 1. 항공기가 출발하기 전에 보고를 받은 경우: 해당 항공기에 대한 보안검색 등의 보안조치
> 2. 항공기가 출발한 후 보고를 받은 경우: 해당 항공기가 도착하는 국가의 관련 기관에 대한 통보
>
> ③ 국토교통부장관은 다른 국가로부터 제1항 각 호의 어느 하나에 해당하는 사항을 통보받은 경우에는 해당 항공기를 격리계류장으로 유도하여 보안검색 등 보안조치를 하여야 한다.

시행규칙 제11조 법 제19조제1항제3호에 따라 공항운영자 · 항공운송사업자 · 화물터미널운영자는 다음 각 호의 어느 하나에 해당하는 경우 지방항공청장에게 보고하여야 하며, 제1호의 사항에 대하여는 관련 행정기관에 지체없이 통보하여야 한다.

(1) 법 제2조제8호의 불법방해행위가 발생한 경우

(2) 시행령 제10조부터 제12조까지 및 제16조에 따른 보안검색방법에 따라 보안검색이 이루어지지 아니한 경우

(3) 법 제28조에 따른 교육훈련을 이수하지 아니한 사람에 의하여 보안검색이 이루어진 경우

(4) 무기 · 폭발물 등에 의하여 항공기에 대한 위협이 증가하는 경우

12. 비행서류 보안관리절차

> **제20조(비행 서류의 보안관리 절차 등)** ① 항공운송사업자는 탑승권, 수하물 꼬리표 등 비행 서류에 대한 보안관리 대책을 수립·시행하여야 한다.
>
> ② 제1항에 따른 비행 서류의 보안관리를 위한 세부 사항은 국토교통부령으로 정한다.

시행규칙 제12조 항공운송사업자는 법 제20조에 따른 비행 서류를 다음 각 호와 같이 관리하여야 한다.

1. 비행서류의 취급절차 등 보안관리를 위한 지침을 마련할 것
2. 비행서류의 보안관리를 위한 보안담당자 및 취급자를 지정할 것
3. 비행 서류의 보관장소를 지정할 것

항공운송사업자는 탑승권 · 수하물꼬리표 · 승객탑승명세서 · 화물탑재명세서 · 위험물보고서 · 무기운송 보고서 등 비행 서류를 작성한 날부터 1년 이상 보존하여야 하며 비행 서류를 보존할 때 컴퓨터 등의 정보처리장치에 의하여 생산 · 관리되는 기록정보 자료(전자기록물)로 보존할 수 있다.

제5장 항공기 내의 보안

1. 위해물품 휴대금지

> **제21조(무기 등 위해물품 휴대 금지)** ① 누구든지 항공기에 무기[탄저균, 천연두균 등의 생화학무기를 포함한다], 도검류, 폭발물, 독극물 또는 연소성이 높은 물건 등 국토교통부장관이 정하여 고시하는 위해물품을 가지고 들어가서는 아니된다.
>
> ② 제1항에도 불구하고 경호업무, 범죄인 호송업무 등 대통령령으로 정하는 특정한 직무를 수행하기 위하여 대통령령으로 정하는 무기의 경우에는 국토교통부장관의 허가를 받아 항공기에 가지고 들어갈 수 있다.
>
> ③ 제2항에 따라 항공기에 무기를 가지고 들어가려는 사람은 탑승 전에 이를 해당 항공기의 기장에게 보관하게 하고 목적지에 도착한 후 반환받아야 한다. 다만, 제14조제2항에 따라 항공기 내에 탑승한 항공기내 보안요원은 그러하지 아니하다.
>
> ④ 항공기 내에 제2항에 따른 무기를 반입하고 입국하려는 항공보안에 관한 업무를 수행하는 외국인 또는 외국국적 항공운송사업자는 항공기 출발 전에 국토교통부장관으로부터 미리 허가를 받아야 한다.
>
> ⑤ 제2항 및 제4항에 따른 항공기 내 무기 반입 허가절차 등에 관하여 필요한 사항은 국토교통부령으로 정한다.

경호업무, 범죄인 호송업무 등 특정한 직무를 수행하는 경우에 국토교통부장관의 허가를 받아 대통령령으로 정하는 무기를 항공기 내에 반입할 수 있는 근거를 마련하고, 항공기 내 무기반입 허가절차 등은 국토교통부령으로 정하도록 하고 있다. 기내의 질서유지를 위하여 탑승하는 항공기내보안요원 이외에 경호업무, 범죄인 호송업무 등 업무의 특성상 무기휴대가 필요한 특정한 직무에 대하여 항공기 내에 무기반입을 허용함으로써 당해업무의 효율적인 업무수행이 가능하도록 하였다.
다만, 항공기 내에 무기반입을 허용하더라도 현행과 같이 항공기내보안요원 이외에는 탑승 전에 해당 항공기의 기장에게 무기를 보관하도록 하여 운항 중에 무기를 휴대할 수 없도록 하고 있다.

1) 특정한 직무수행자 무기반입

시행령 제18조의2 법 제21조제2항에서 "경호업무, 범죄인 호송업무 등 대통령령으로 정하는 특정한 직무"란 다음 각 호의 업무를 말한다.
(1) 「대통령 등의 경호에 관한 법률」에 따른 경호업무
(2) 「경찰관 직무집행법」에 따른 요인(요인)경호업무
(3) 외국정부의 중요 인물을 경호하는 해당 정부의 경호업무
(4) 법 제24조에 따른 호송대상자에 대한 호송업무
(5) 항공기내의 불법방해행위를 방지하는 항공기내보안요원의 업무

2) 기내 무기반입

시행령 제19조 법 제21조제2항에서 "대통령령으로 정하는 무기"란 다음 각 호의 무기를 말한다.
(1) 「총포·도검·화약류 등의 안전관리에 관한 법률 시행령」 제3조에 따른 권총
(2) 「총포·도검·화약류 등의 안전관리에 관한 법률 시행령」 제6조의2에 따른 분사기
(3) 「총포·도검·화약류 등의 안전관리에 관한 법률 시행령」 제6조의3에 따른 전자충격기
(4) 국제협약 또는 외국정부와의 합의서에 의하여 휴대가 허용되는 무기

3) 기내 무기반입 허가절차

시행규칙 제12조의2 법 제21조제5항에 따라 항공기 내에 무기를 가지고 들어가려는 사람은 항공기 탑승 최소 3일 전에 다음 각 호의 사항을 지방항공청장에게 신청하여야 한다. 다만, 긴급한 경호 업무 및 범죄인 호송업무는 탑승 전까지 그 사실을 유선 등으로 미리 통보하여야 하고, 항공기 탑승 후 3일 이내에 서면으로 제출하여야 한다.

(1) 무기 반입자의 성명

(2) 무기 반입자의 주민등록번호

(3) 무기 반입자의 여권번호(외국인만 해당한다)

(4) 항공기의 탑승일자 및 편명

(5) 무기 반입 사유

(6) 무기의 종류 및 수량

(7) 그 밖에 기내 무기반입에 필요한 사항

지방항공청장은 항공기 내 무기 반입의 허가 신청을 받은 경우 시행령 제18조의2에 따른 특정한 직무에 해당하고 시행령 제19조에 따른 무기의 종류에 적합한 경우에는 허가하여야 하며 항공기 내 무기 반입을 허가한 경우 이를 관련기관에 통보하여야 한다.

외국국적 항공기 내에 무기를 반입하여 우리나라로 운항하는 경우에도 상기의 규정을 준용한다.

(국토교통부 고시) 항공기내 반입금지 위해물품

1) 목적

이 고시는 항공보안법 제21조 제1항에 따라 항공기 내에 반입해서는 아니되는 물품을 규정함을 목적으로 한다.

2) 고시내용 : [별표] 항공기 내 반입금지 위해물품

물품명	객실 반입	위탁 수하물 반입	비 고
1 무기류 ※ 도검 · 무술호신용품 · 총기 등 무기류는 객실 반입금지, 위탁수하물 반입가능			
1. 도검류 가. 무술용 검, 펜싱용 검, 칼이 든 지팡이 등 검류  나. 부엌칼, 과도, 다용도칼, 사냥칼    다. 접이식칼, 맥가이버칼, 박스커터칼, 학용품용 칼  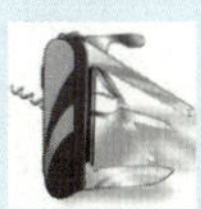  라. 면도칼, 외과용 메스, 식사용 나이프 등   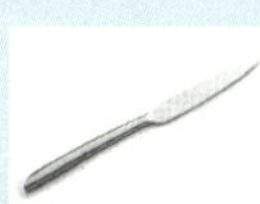	X	O	단, 플라스틱 칼, 둥근 날을 가진 버터칼, 안전날이 포함된 면도기, 안전면도날, 전기면도기 및 기내식 전용 나이프(항공사 소유에 한함)는 객실 반입가능   

물품명	객실 반입	위탁 수하물 반입	비 고
2. 창류 가. 창, 작살, 작살총, 표창   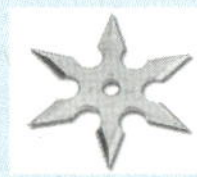 나. 송곳날이 있는 다트, 새총, 투석기 등   	X	O	
3. 무술 · 격투용 무기류 (쌍절곤, 손가락에 끼워 공격하는 무기, 열쇠고리형 호신무기 등)  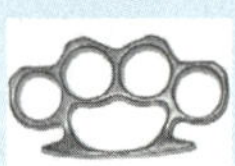 	X	O	
4. 곤봉 · 경찰봉 등 곤봉류 및 수갑류   	X	O	단, 범죄인 호송 등 공무목적의 수갑류는 객실 반입가능
5. 호신용 스프레이류 (후추 · 고추 · 산성스프레이, 야생동물퇴치용 스프레이 등) 	X	O	단, 위탁수하물로 반입할 경우, 1인당 1개(100㎖이하)까지만 가능

물품명	객실 반입	위탁 수하물 반입	비 고
6. 총기류 (권총, 연발권총, 엽총, 소총, 산탄총, BB총, 압축공기총, 라이플총, 볼베어링총 등)   	X	O	단, 위탁수하물로 반입할 경우, 해당 항공운송사업자에게 총기소지허가서 또는 수출입허가서 등 관련서류를 확인시키고, 총알과 분리한 후, 단단한 보관함에 넣은 경우에만 가능
7. 전자충격기(stun gun), 테이저건  	X	O	
8. 총기류 부품 	X	O	단, 총기류 부품 중 조준경은 객실 및 위탁수하물 반입가능
9. 발광/화염 신호총(flare gun), 출발 신호용 총(starter pistole)   	X	O	
10. 복제·모의 총기류 및 장난감 총  	x	o	

<table>
<tr><th>물품명</th><th>객실
반입</th><th>위탁
수하물
반입</th><th>비 고</th></tr>
<tr><td>11. 총알 (실탄, 공포탄 등)
</td><td>X</td><td>O</td><td>단, 위탁수하물로 반입할 경우, 해당 항공운송사업자의 승인이 필요하며, 「항공위험물 운송기술기준」(국토교통부 고시)에 적합한 경우에만 가능</td></tr>
<tr><td colspan="4">② 폭발물류
※ 폭발물류는 객실 및 위탁수하물 모두 반입금지</td></tr>
<tr><td>1. 폭발물, 폭발장치
가. 다이너마이트, 수류탄, 지뢰 등
나. 뇌관(blasting caps), 기폭장치류(denotes), 신관, 도화선(fuses), 발파캡, 격발뇌관(percussion cap)
다. 화약류
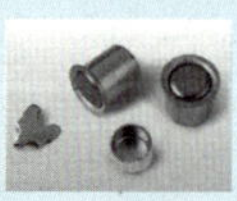 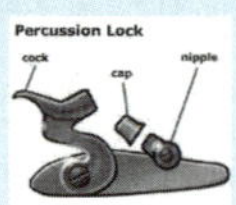 
라. 복제 · 모의 폭발물 또는 폭발장치 등
</td><td>X</td><td>X</td><td></td></tr>
<tr><td>2. 불꽃 · 화염류 및 폭죽류
가. 조명탄, 신호탄, 화염탄 등
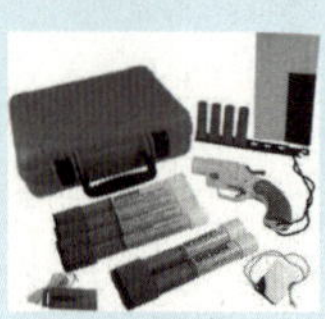</td><td>X</td><td>X</td><td></td></tr>
</table>

물품명	객실 반입	위탁 수하물 반입	비 고
나. 불꽃놀이 및 장남감용 폭죽  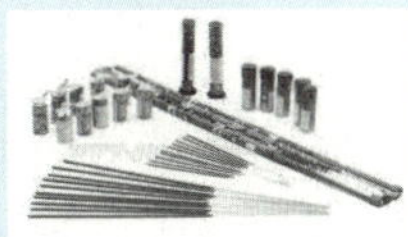 다. 폭죽소리가 나는 장난감 총 등 			
3. 연막탄(smoke grenade) 및 연기를 발생시키는 캔이나 카트리지  	X	X	
3 **공구 및 생활용품류** ※ 흉기로 사용될 수 있는 공구류는 객실 반입금지, 위탁수하물 반입가능			
1. 공구류 가. 도끼, 손도끼, 얼음도끼, 망치, 장도리, 쇠지레   	X	O	
나. 산업용 못총·볼트총, 송곳, 얼음송곳, 휴대용 전동톱 등 톱류, 전동드릴 등 드릴류   	X	O	

물품명	객실 반입	위탁 수하물 반입	비 고
다. 총길이 10㎝를 초과하는 렌치, 스패너, 펜치, 프라이어류  	X	O	
라. 날·심·끝의 길이가 6㎝를 초과하는 스크루드라이버, 드릴심, 끌, 정 및 가위류(조경용 가위 포함)  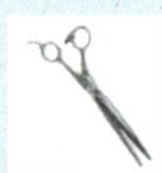  	X	O	
2. 전자충격용 봉 등 가축몰이용 봉 또는 막대, 동물도축용·살상용 도구  	X	O	
3. 휴대용 일반 소형 배터리 	O	O	
4. 리튬배터리 또는 리튬이온배터리가 포함된 개인용 휴대 전자장비 (시계, 계산기, 카메라, 캠코더, 휴대폰, 노트북컴퓨터, MP3 등)  	O	O	

물품명	객실 반입	위탁 수하물 반입	비 고
5. 일반 생활도구류 가. 금속제 포크 · 젓가락 · 숟가락 나. 끝이 둥근 금속제 병따개, 와인용 코르크 따개    다. 요리용 다지기, 감자칼, 무채칼, 믹스기 칼날    라. 손톱깍이, 손톱 줄, 족집게, 눈썹정리용 칼, 손톱정리용 가위   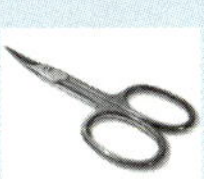 마. 대바늘, 코바늘, 바느질용 바늘 바. 제도용 콤파스 등  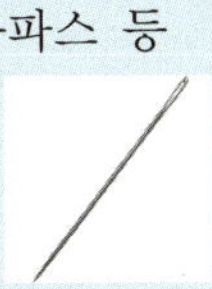 	O	O	

물품명	객실 반입	위탁 수하물 반입	비 고
6. 액체 · 분무 · 겔 형태의 위생용품, 욕실용품 또는 의약품류 (화장품, 향수, 매니큐어, 매니큐어 리무버, 헤어스프레이, 헤어무스, 헤어젤, 염색약, 퍼머약, 방향제, 냄새제거제, 면도크림, 샴푸, 린스, 샤워젤, 치약, 콘택트렌즈용액, 몸에 뿌리는 벌레 기피제, 소염제, 의료용 소독 알콜, 내복약, 외용연고 등)  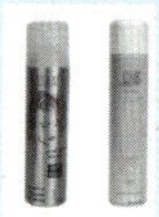  	O	O	단, 객실 반입(국제선에 한함)할 경우, 개별 용기당 100ml 이하로 1인당 1L 비닐지퍼백 1개에 한해 반입이 가능하며, 의약품인 경우에는 의사 처방전 등 관련 증명서를 보안검색요원에게 제시하고 적정하다고 판단될 경우 비행중 필요한 용량에 한해 객실 반입가능 위탁수하물(국제선에 한함)로 반입할 경우에는, 개별 용기당 500ml(0.5kg)이하로 1인당 2kg(2L) 이하까지만 가능
4 스포츠 및 레저용품류 ※ 무기로 사용될 수 있는 스포츠용품은 객실 반입금지, 위탁수하물 반입가능			
1. 방망이, 노, 봉, 검, 날, 촉 형태의 스포츠 장비 가. 야구 · 소프트볼 · 크리켓* 등 배트류 나. 카약 · 카누 · 보트 등 노류    다. 하키 · 라코르스** 등 스틱류	X	O	단, 테니스 · 배드민턴 · 스쿼시 · 탁구 등 라켓류 및 인라인스케이트, 스케이트보드는 객실 반입가능

물품명	객실 반입	위탁 수하물 반입	비 고
라. 골프채, 당구큐 등    마. 목검류, 볼링공, 아령 등 바. 빙상용 스케이트    사. 활, 화살, 양궁, 석궁, 국궁 등 활류  			
2. 공기가 1/3이상 주입된 축구공 등 스포츠용 공류 및 풍선류  	X	X	단, 공기가 주입되지 않는 야구공·골프공 등의 경우 객실 또는 위탁수하물 반입 가능
3. 등산 장비 (등산용 스틱, 텐트 폴, 등반용 못, 고리, 아이젠 등)    	O	O	단, 산악용 망치는 객실 반입금지, 위탁수하물 반입가능 

<table>
<tr><th>물품명</th><th>객실
반입</th><th>위탁
수하물
반입</th><th>비 고</th></tr>
<tr><td colspan="4">5 의료 · 구조용 물품
※ 의료용 물품은 객실 및 위탁수하물 모두 반입가능하나, 일부 위험가능 물품은 제한될 수 있음</td></tr>
<tr><td>1. 주사바늘, 한방용 침류, 수지침
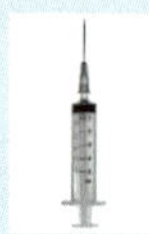 </td><td>○</td><td>○</td><td rowspan="2">단, 객실 또는 위탁수하물로 반입할 경우, 보호케이스에 담은 경우에만 가능</td></tr>
<tr><td>2. 소형 의료용 수은체온계
 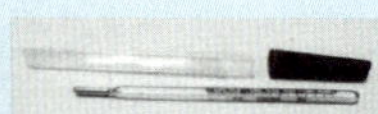</td><td>○</td><td>○</td></tr>
<tr><td>3. 보행 보조도구
가. 노약자 · 장애인 · 환자가 사용하는 지팡이, 목발 등
 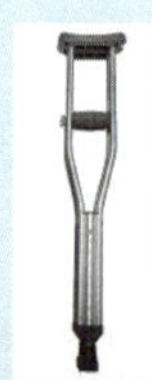</td><td>○</td><td>○</td><td></td></tr>
<tr><td>나. 노약자 · 장애인 · 환자 · 유아가 사용하는 휠체어, 유모차
 </td><td>○</td><td>○</td><td>단, 휠체어 및 유모차를 객실에 반입할 경우, 해당 항공운송사업자의 승인이 필요</td></tr>
</table>

물품명	객실 반입	위탁 수하물 반입	비 고
다. 인공수족에 포함된 비인화성 가스 실린더(여행기간 동안 필요한 여분의 실린더 포함) 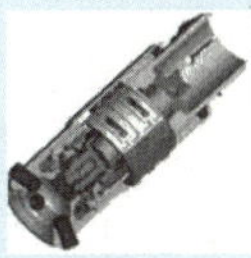 	O	O	단, 객실 또는 위탁수하물로 반입할 경우, 해당 항공운송사업자의 승인이 필요
라. 장애인 · 노약자 · 환자가 사용하는 전동휠체어 또는 전동이동보조기구(배터리 포함)   	X	O	단, 위탁수하물로 반입할 경우, 해당 항공운송사업자의 승인이 필요하며, 「항공위험물 운송기술기준」(국토교통부 고시)에 적합한 경우에만 가능
4. 휴대용 전자의료장비 (자동제세동기, 인공호흡기, 호흡기 치료기, 천식용 호흡기 등)  	O	O	단, 여분 배터리는 위탁수하물로 반입이 금지되며, 보관함에 안전하게 넣은 경우에 한해 2개까지만 객실반입 가능
5. 인체에 이식된 인공심박기, 이식 전자의료장치  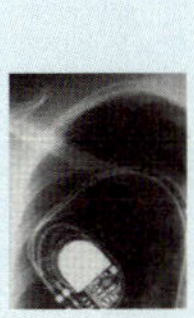	O	–	

물품명	객실 반입	위탁 수하물 반입	비 고
6. 의료용으로 사용되는 5kg이하의 소형 산소통 또는 공기실린더 	O	O	
7. 구명조끼에 포함된 비인화성·무독성 이산화탄소가스 실린더 1쌍(여분 실린더 1쌍 포함)  	O	O	단, 객실 또는 위탁수하물로 반입할 경우, 해당 항공운송사업자의 승인이 필요하며, 「항공위험물 운송기술기준」(국토교통부 고시)에 적합한 경우에만 가능
8. 눈사태용 구조배낭(1인당 1개) 	O	O	
6 기타 인화성·화학성·유독성 물질 ※ 인화성물질 등은 원칙상 객실 및 위탁수하물 반입이 모두 금지되나, 『항공위험물 운송기술기준』(국토교통부 고시)에서 정한 안전요건을 충족하는 경우에 한해 가능			
1. 성냥 또는 라이터 가. 소형 안전성냥(safety match) (1인당 1개) 	O	X	단, 객실 반입할 경우, 자체발화 방지를 위하여 여행용가방 등에 보관하지 말고 직접 소지할 것

물품명	객실 반입	위탁 수하물 반입	비 고
나. 딱성냥(마찰성냥) (strike anywhere match), 대형 곽성냥 * 아무데나 마찰시 발화되는 성냥  	X	X	
다. 휴대용 담배라이터(1인당 1개)  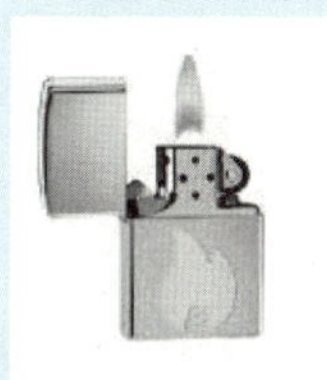	O	X	단, 객실 반입할 경우, 자체발화 방지를 위하여 여행용가방 등에 보관하지 말고 직접 소지할 것 단, 선물용으로 포장되고 연료가 포함되어 있지 않은 라이터의 경우에는 위탁수하물로 반입가능
라. 총기모양 라이터  	X	O	단, 위탁수하물로 반입할 경우, 선물용으로 포장되고 연료가 포함되어 있지 않은 라이터에 한해 가능
마. 토치 라이터 및 비흡수성 액체 연료로 작동하는 담배라이터 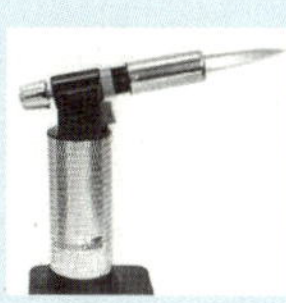	X	X	

물품명	객실 반입	위탁 수하물 반입	비 고
2. 인화성 가스 · 인화성 액체 가. 부탄가스, 프로판가스, 탄화수소 카트리지, 석유, 휘발유, 등유, 경유, 에탄올, 라이터 연료 등    나. 스프레이페인트, 인화성페인트, 인화성 광택도료, 페인트시너(Paint Thinner), 테레빈유(Turpentine) 등    다. 인화성 살충제, 인화성 다리미풀 등  	X	X	
3. 탄화수소가스(Hydrocarbon gas)로 작동하는 헤어컬 (1인당 1개) 	O	O	단, 가열부분에 안전커버가 씌워져 있는 경우에만 반입 가능하며, 여분의 가스리필은 객실 및 위탁 수하물 반입이 모두 금지 

물품명	객실 반입	위탁 수하물 반입	비 고
4. 자체적으로 연소·불꽃·폭발이 일어날 수 있는 물질	X	X	
5. 강한 열을 발생시키는 배터리로 작동하는 납땜장치(납땜인두), 수중랜턴(수중다이빙용 램프) 	O	X	단, 객실 반입할 경우, 반드시 배터리와 분리할 것
6. 기상용 수은기압계 및 수은온도계  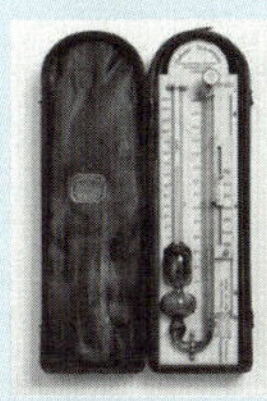	O	X	단, 공공용 목적으로 사용되는 물품으로 해당 항공운송사업자의 승인을 받고, 수은이 유출되지 않도록 내부가 봉인된 단단한 보관함에 담은 경우에만 객실반입 가능
7. 알코올성 음료 가. 70도(%) 이상의 알코올성 음료	X	X	
나. 24도(%) 이상 70도(%)미만 알코올성 음료 (1인당 5L에 한함) 다. 24도(%) 미만 알코올성 음료	O	O	
8. 최루가스(tear gas)	X	X	
9. 독극물·취약·농약 등 독성물질	X	X	
10. 방사능 물질 (의료용·상업용 동위원소)	X	X	
11. 부식성, 표백성, 산화성 물질 (염소, 표백제, 산화제, 수은, 하수구 청소제제 등)	X	X	
12. 전염성·생물학적 위험물질	X	X	

물품명	객실 반입	위탁 수하물 반입	비 고
13. 소화기 	X	X	
14. 드라이아이스 (1인당 2.5kg) 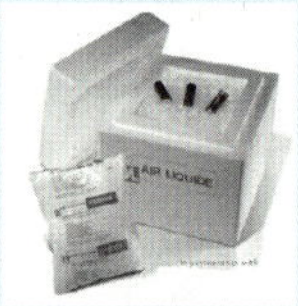	O	O	단, 객실 또는 위탁수하물로 반입할 경우, 해당 항공운송사업자의 승인이 필요하며, 「항공위험물 운송기술기준」 (국토교통부 고시)에 적합한 경우에만 가능

(1) 상기 별표에서 정하지 아니한 물품 또는 반입을 허용하는 물품이더라도 해당 공항의 보안검색감독자 또는 항공운송사업자가 항공기 안전 및 승객·승무원에게 위해(危害)를 줄 수 있다고 판단하는 경우에는 항공기 내 반입을 금지할 수 있다.

(2) 상기 별표에서 정한 물품 중 항공위험물 운송기술기준 (국토교통부 고시) 제210조에서 정한 위험물에 대해서는 해당 고시에서 정한 방식에 따라 반입·운송하여야 하며, 그 외의 항공위험물에 대해서는 해당 고시에 따라 객실 또는 위탁수하물로 반입해서는 아니된다.

(3) 항공기 내로 반입코자 하는 물질이 화학성·유독성 물질인 경우에는 승객이 산업안전보건법에 따른 물질안전보건자료를 해당 항공운송사업자에게 제시하고 안전한 물질로 판단되는 경우에 한해 위탁수하물로 반입이 가능하다.

(4) 국제선 항공기 객실 내에 반입되는 액체·분무·겔류의 경우에는 액체·분무·겔류 등 항공기내 휴대반입금지 물질 운영기준 (국토교통부 고시)에서 정한 기준에 적합한 경우에만 객실반입이 가능하다.

(국토교통부 예규) 대통령경호처 소속 공무원의 항공기내 무기반입 및 관리지침

1) 목적

이 지침은 대통령 등의 경호에 관한 법률에 따른 경호업무를 수행하기 위하여 항공보안법 제21조에 따라 항공기 내에 무기를 반입할 때 필요한 절차 및 무기 관리에 관한 사항 등을 정함을 목적으로 한다.

2) 적용범위

대통령 등의 경호에 관한 법률 제4조에 따른 경호 대상을 대통령경호처 소속 공무원(경호공무원)이 경호업무를 직접 수행하는 공항의 보호구역 및 국내선 운항 민간 항공기 내에 적용한다.

3) 무기반입 신청

항공기 내에 무기를 반입하려면 항공보안법 제21조 제5항 및 시행규칙 제12조의2에 따라 국토교통부장관에게 신청한다.

4) 항공기 탑승 전 절차

(1) 경호공무원은 항공권 발권 시 신분증을 제시하고 항공기 내 무기반입 사실을 알린다.
(2) 항공사 발권직원은 항공사 보안책임자 또는 보안감독자(항공사 보안담당자)에게 항공기 내 무기 반입사실을 보고한다.
(3) 항공기 내에 반입하려는 무기는 보안검색을 받기 전에 항공사 보안담당자가 입회한 상태에서 경호공무원이 총기와 실탄을 직접 분리하여 별도의 보관함에 담고 봉인한다.

(4) 대통령경호법 제5조에 따른 경호구역에서는 항공기에 탑승하는 경호공무원이 직접 무기를 봉인하고, 항공기 탑승 전에 그 현황을 항공사 보안담당자에게 고지하여야 한다.

5) 항공기 내 무기 반입반출 및 보관절차

(1) 항공사 보안담당자는 보안검색대에서 보안검색이 끝난 경호공무원과 함께 항공기 출입문까지 동행할 수 있다.
(2) 항공사 보안담당자는 항공기 출입문 입구에서 항공기 기장과 사무장에게 항공기 내 무기반입 사실을 알리고 경호공무원으로부터 무기보관함을 받아 기장에게 인계한다.
(3) 항공기가 목적지 공항에 도착한 후 해당 항공기 사무장은 항공기 출입문이 열리기 전에 기장으로부터 무기보관함을 받아 당초 인계하였던 경호공무원에게 전달한다.
(4) 항공기 사무장은 항공기 기장으로부터 무기보관함을 받아 경호공무원에게 인계하는 방법 등 구체적인 사항은 사전에 상호 협의하여 정한다.
(5) 무기보관함은 항공기 기장이 조종실 내에 보관하며 항공기 내에서 비상사태 또는 긴급한 상황이 발생하여 경호공무원이 경호 목적상 무기사용이 필요한 경우 항공기 기장과 협의하여 휴대할 수 있다.

6) 경호공무원의 활동지침

(1) 항공기 내에서 경호공무원의 업무범위는 경호대상자의 신변안전 보호활동에 한정한다.
(2) 항공기 내에서 범인을 체포한 때에는 항공기 기장에게 이를 통보하고, 착륙 후 관계 당국에 범인을 인도한다.
(3) 경호공무원이 불가피하게 항공기 내에서 통신기기를 사용하려는 경우 항공기 출발 전에 기장과 미리 협의한다.

7) 협조사항 및 법령의 준수

(1) 항공기 내 무기 반입 및 반출 등을 위한 기관별 협조사항은 다음 각 호와 같다.

① 국토교통부는 경호공무원의 항공기 내 무기반입 사실을 해당 공항운영자 및 항공사 등에 통보하고, 기관별 담당부서 간 상시 협조체제를 유지할 수 있는 비상연락망 관리

② 대통령 경호처는 항공기 내 무기반입 · 반출 및 무기사용에 대한 교육 실시

③ 공항운영자는 항공기 내 반입 무기 및 실탄에 대한 보호구역 반입

④ 항공운송사업자는 무기의 반입 · 반출 및 관리

(2) 항공기 내에서 안전 및 보안에 관한 사항 중 이 지침에서 규정한 사항 외에는 다음 제1호 및 제2호를 적용하고, 안전사고가 발생한 경우 제3호 및 제4호를 적용한다.

①「항공보안법」, 같은 법 시행령 및 같은 법 시행규칙

②「대통령 등의 경호에 관한 법률」및 같은 법 시행령

③「국가배상법」, 같은 법 시행령 및 같은 법 시행규칙

④「민법」

2. 기장 등의 권한

제22조(기장 등의 권한) ① 기장이나 기장으로부터 권한을 위임받은 승무원(기장 등) 또는 승객의 항공기 탑승 관련 업무를 지원하는 항공운송사업자 소속 직원 중 기장의 지원요청을 받은 사람은 다음 각 호의 어느 하나에 해당하는 행위를 하려는 사람에 대하여 그 행위를 저지하기 위한 필요한 조치를 할 수 있다.

1. 항공기의 보안을 해치는 행위
2. 인명이나 재산에 위해를 주는 행위
3. 항공기 내의 질서를 어지럽히거나 규율을 위반하는 행위

② 항공기 내에 있는 사람은 제1항에 따른 조치에 관하여 기장 등의 요청이 있으면 협조하여야 한다.

③ 기장 등은 제1항 각 호의 행위를 한 사람을 체포한 경우에 항공기가 착륙하였을 때에는 체포된 사람이 그 상태로 계속 탑승하는 것에 동의하거나 체포된 사람을 항공기에서 내리게 할 수 없는 사유가 있는 경우를 제외하고는 체포한 상태로 이륙하여서는 아니 된다.

④ 기장으로부터 권한을 위임받은 승무원 또는 승객의 항공기 탑승 관련 업무를 지원하는 항공운송사업자 소속 직원 중 기장의 지원요청을 받은 사람이 제1항에 따른 조치를 할 때에는 기장의 지휘를 받아야 한다.

사법경찰관리의 직무를 수행할 자와 그 직무범위에 관한 법률' 제7조 제2항[11]에 의하면 항공기 안에서 발생하는 범죄에 대하여는 '기장과 승무원'이 사법경찰관리의 직무를 행한다고 규정하고 있으나, 항공기 안에서의 사법권의 행사자를 '기장'으로 한정하고 있으므로 기장으로부터 권한을 위임받은 승무원도 항공기 내에서 사법권을 행사할 수 있도록 하여 사법권의 행사자를 확대하고자 하였다.

이는 항공기와 탑승객의 안전한 운항을 위해 '운항 중'인 항공기 내에서 범법자를 상대로 체포·구금·구속 등의 실질적인 사법권을 행사할 수

11) 이 법은 「형사소송법」 제197조에 따라 사법경찰관리의 직무를 수행할 자와 그 직무범위를 정함을 목적으로 함

있는 자가 승무원임을 감안한 것이다.

기장 등은 운항중인 항공기의 안전과 인명 · 재산의 보호를 위하여 사법경찰관리의 직무를 수행할 자와 그 직무범위에 관한 법률에 따라 사법경찰관리의 직무를 수행할 수 있게 하였으며, 기장의 권한으로 항공기 내에 있는 자는 기장의 요청에 협조하도록 하는 근거를 마련하였다. 다만, 기장으로부터 권한을 위임받은 승무원 또는 기장의 지원요청을 받은 사람은 항공기의 보안을 해치는 행위, 인명이나 재산에 위해를 주는 행위, 항공기 내의 질서를 어지럽히거나 규율을 위반하는 행위를 저지하는 조치를 할 때에는 기장의 지휘를 받아야 한다.

3. 승객의 협조의무

제23조(승객의 협조의무) ① 항공기 내에 있는 승객은 항공기와 승객의 안전한 운항과 여행을 위하여 다음 각 호의 어느 하나에 해당하는 행위를 하여서는 아니 된다.

1. 폭언, 고성방가 등 소란행위
2. 흡연(흡연구역에서의 흡연은 제외한다)
3. 술을 마시거나 약물을 복용하고 다른 사람에게 위해를 주는 행위
4. 다른 사람에게 성적 수치심을 일으키는 행위
5. 「항공안전법」 제73조를 위반하여 전자기기를 사용하는 행위
6. 기장의 승낙 없이 조종실 출입을 기도하는 행위
7. 기장등의 업무를 위계 또는 위력으로써 방해하는 행위

② 승객은 항공기 내에서 다른 사람을 폭행하거나 항공기의 보안이나 운항을 저해하는 폭행·협박·위계행위 또는 출입문·탈출구·기기의 조작을 하여서는 아니 된다.

③ 승객은 항공기가 착륙한 후 항공기에서 내리지 아니하고 항공기를 점거하거나 항공기 내에서 농성하여서는 아니 된다.

④ 항공기 내의 승객은 항공기의 보안이나 운항을 저해하는 행위를 금지하는 기장등의 정당한 직무상 지시에 따라야 한다.

⑤ 항공운송사업자는 금연 등 항공기와 승객의 안전한 운항과 여행을 위한 규제로 인하여 승객이 받는 불편을 줄일 수 있는 방안을 마련하여야 한다.
⑥ 기장등은 승객이 항공기 내에서 제1항 제1호부터 제5호까지의 어느 하나에 해당하는 행위를 하거나 할 우려가 있는 경우 이를 중지하게 하거나 하지 말 것을 경고하여 사전에 방지하도록 노력하여야 한다.
⑦ 항공운송사업자는 다음 각 호의 어느 하나에 해당하는 사람에 대하여 탑승을 거절할 수 있다.
1. 제15조 또는 제17조에 따른 보안검색을 거부하는 사람
2. 음주로 인하여 소란행위를 하거나 할 우려가 있는 사람
3. 항공보안에 관한 업무를 담당하는 국내외 국가기관 또는 국제기구 등으로부터 항공기 안전운항을 해칠 우려가 있어 탑승을 거절할 것을 요청받거나 통보받은 사람
4. 그 밖에 항공기 안전운항을 해칠 우려가 있어 국토교통부령으로 정하는 사람
⑧ 누구든지 공항에서 보안검색 업무를 수행 중인 항공보안검색요원 또는 보호구역에의 출입을 통제하는 사람에 대하여 업무를 방해하는 행위 또는 폭행 등 신체에 위해를 주는 행위를 하여서는 아니 된다.
⑨ 항공운송사업자는 항공기가 이륙하기 전에 승객에게 국토교통부장관이 정하는 바에 따라 승객의 협조의무를 영상물 상영 또는 방송 등을 통하여 안내하여야 한다.

항공기 내에 있는 승객은 항공기와 승객의 안전한 운항과 여행을 위하여 항공기 내에서 다른 사람을 폭행하거나 항공기의 보안이나 운항을 저해하는 행위 또는 출입문과 기기의 조작을 하지 못하도록 하였다. 승객은 항공기가 착륙한 후 항공기에서 내리지 아니하고 항공기를 점거하거나 항공기 내에서 농성할 수 없도록 하였으며 항공기의 보안이나 운항을 저해하는 행위를 금지하는 기장 등의 정당한 직무상 지시에 따라야 한다.

항공운송사업자는 보안검색 거부자, 음주로 인하 소란행위 우려자, 기타 항공기 안전운항을 해칠 우려가 있는 사람에 대하여 탑승을 거절할 수

있도록 하였다.

누구든지 공항에서 보안검색 업무를 수행 중인 항공보안검색요원 또는 보호구역에의 출입을 통제하는 사람에 대하여 업무를 방해하는 행위 또는 폭행 등 신체에 위해를 주는 행위를 하여서는 아니 되며 이를 위반한 경우에는 처벌을 받도록 하고 있다.

항공운송사업자는 항공기가 이륙하기 전에 승객에게 국토교통부장관이 정하는 바에 따라 승객의 협조의무를 영상물 상영 또는 방송 등을 통하여 안내를 하도록 하였다.

시행규칙 제13조 항공운송사업자는 법 제23조제7항제4호에 따라 다음 각 호의 어느 하나에 해당하는 사람에 대하여 탑승을 거절할 수 있다.

(1) 법 제14조제1항에 따른 항공운송사업자의 승객의 안전 및 항공기의 보안을 위하여 필요한 조치를 거부한 사람

(2) 법 제23조제1항제3호에 따른 행위로 승객 및 승무원 등에게 위해를 가할 우려가 있는 사람

(3) 법 제23조제2항의 행위를 한 사람

(4) 법 제23조제4항에 따른 기장 등의 정당한 직무상 지시를 따르지 아니한 사람

(5) 탑승권 발권 등 탑승수속 시 위협적인 행동, 공격적인 행동, 욕설 또는 모욕을 주는 행위 등을 하는 사람으로서 다른 승객의 안전 및 항공기의 안전운항을 해칠 우려가 있는 사람

항공운송사업자가 탑승을 거절하는 경우에는 그 사유를 탑승이 거절되는 사람에게 고지하여야 한다.

4. 수감중인 사람 호송

제24조(수감 중인 사람 등의 호송) ① 사법경찰관리 또는 법 집행 권한이 있는 공무원은 항공기를 이용하여 피의자, 피고인, 수형자, 그 밖에 기내 보안에 위해를 일으킬 우려가 있는 사람(호송대상자)을 호송할 경우에는 미리 해당 항공운송사업자에게 통보하여야 한다.
② 제1항에 따른 통보사항에는 호송대상자의 인적사항, 호송 이유, 호송방법 및 호송 안전조치 등에 관한 사항이 포함되어야 한다.
③ 제1항에 따라 통보를 받은 항공운송사업자는 호송대상자가 항공기, 승무원 및 승객의 안전에 위협이 된다고 판단되는 경우에는 사법경찰관리 등 호송 공무원에게 적절한 안전조치를 요구할 수 있다.
④ 호송대상자의 호송방법, 호송조건 등에 관하여 필요한 사항은 국토교통부령으로 정한다.

시행규칙 제14조 법 제24조제1항에 따른 통보를 받은 항공운송사업자는 호송대상자가 탑승하는 항공기의 기장에게는 호송사실을, 호송대상자를 호송하는 사법경찰관리 또는 법 집행 권한이 있는 공무원에게는 호송대상자의 좌석 및 안전조치 요구사항 등을 각각 통보하여야 한다.

항공운송사업자는 호송대상자가 항공기에 탑승하는 경우 승객의 안전을 위하여 다음 각 호의 필요한 조치를 하여야 한다.

(1) 호송대상자의 탑승절차를 별도로 마련할 것
(2) 호송대상자의 좌석은 승객의 안전에 위협이 되지 아니하도록 배치할 것
(3) 호송대상자에게 술을 제공하지 아니할 것
(4) 호송대상자에게 철제 식기류를 제공하지 아니할 것

5. 범인의 인도인수

> **제25조(범인의 인도 · 인수)** ① 기장 등은 항공기 내에서 이 법에 따른 죄를 범한 범인을 직접 또는 해당 관계 기관 공무원을 통하여 해당 공항을 관할하는 국가경찰관서에 통보한 후 인도하여야 한다.
> ② 기장 등이 다른 항공기 내에서 죄를 범한 범인을 인수한 경우에 그 항공기 내에서 구금을 계속할 수 없을 때에는 직접 또는 해당 관계 기관 공무원을 통하여 해당 공항을 관할하는 국가경찰관서에 지체 없이 인도하여야 한다.
> ③ 제1항 및 제2항에 따라 범인을 인도받은 국가경찰관서의 장은 범인에 대한 처리 결과를 지체 없이 해당 항공운송사업자에게 통보하여야 한다.

항공기내 각종 불법행위 방지를 위하여 사전에 안내방송을 하는 등 노력해 왔으나 항공안전을 저해하는 기내 소란행위가 근절되지 않아 이에 대한 대책마련이 요구되고 있어 운항 중인 항공기 내에서의 소란행위에 대하여 처벌을 강화하고, 기장 등의 업무를 위계 또는 위력으로써 방해하는 행위에 대하여 처벌하는 조항을 신설하였다.

기장 등은 항공기 내에서 이 법에 따른 죄를 범한 범인을 해당 공항을 관할하는 국가경찰관서에 통보한 후 인도하여야 하고, 이를 위반하는 경우 1천만원 이하의 과태료를 부과하도록 하였다.

6. 예비조사

> **제26조(예비조사)** ① 국가경찰관서의 장은 제25조제1항 및 제2항에 따라 범인을 인도받은 경우에는 범행에 대한 범인의 조사, 증거물의 제출요구 또는 증인에 대한 진술확보 등 예비조사를 할 수 있다.
> ② 국가경찰관서의 장은 제1항에 따른 예비조사를 하는 경우에 해당 항공기의 운항을 부당하게 지연시켜서는 아니 된다.

제6장 항공보안장비 등

1. 항공보안장비 성능인증

제27조(항공보안장비 성능 인증 등) ① 장비운영자가 이 법에 따른 보안검색을 하는 경우에는 국토교통부장관으로부터 성능 인증을 받은 항공보안장비를 사용하여야 한다.

② 제1항에 따른 항공보안장비의 성능 인증을 위한 기준·방법·절차 및 장비운영자가 사용하는 항공보안장비의 성능 검사 등 운영에 필요한 사항은 국토교통부령으로 정한다.

③ 국토교통부장관은 성능 인증을 받은 항공보안장비의 종류, 운영, 유지관리 등에 관한 기준을 정하여 고시하여야 한다.

④ 국토교통부장관은 제1항에 따라 성능 인증을 받은 항공보안장비가 계속하여 성능을 유지하고 있는지를 확인하기 위하여 국토교통부령으로 정하는 바에 따라 정기적으로 또는 수시로 점검을 실시하여야 한다.

⑤ 우리나라와 항공보안장비 성능 상호인증 협약이 체결된 국가로부터 그 성능을 인증받은 항공보안장비는 제1항의 규정에도 불구하고 우리나라의 항공보안장비 성능 인증을 받은 것으로 본다. 다만, 국토교통부장관은 상호인증 협약을 체결하였을 때에는 그 내용을 고시하여야 한다.

1) 성능인증기준

시행규칙 제14조의 2 법 제27조제2항에 따라 "국토부령으로 정하는 항공보안장비의 성능 인증 기준"이란 다음 각 호와 같다.

(1) 장비의 기능과 성능, 운용성 및 안전성, 내구성 등이 장비의 설계와

적합하고 성능평가시험 등을 통해 적절한지 여부를 평가하는 것

(2) 항공보안장비를 제작 또는 수입하는 자(제작자)는 성능 인증 기준에 적합한 장비를 생산 또는 수입할 수 있는 능력이 있음(성능인증 품질시스템)을 갖추거나 증빙할 수 있을 것

장비의 성능 인증을 위한 기준(성능인증 기술기준)에 관한 필요한 사항은 국토교통부장관이 정하여 고시한다.

국토교통부 고시 "항공보안장비 성능인증 및 성능검사기준"은 항공보안법 제27조, 시행규칙 제14조의2부터 제14조의11에 따라 보안검색에 사용하는 항공보안장비의 성능 인증, 성능평가시험 및 성능 검사 등 업무에 필요한 사항을 규정함을 목적으로 한다.

2) 성능인증 신청절차

시행규칙 제14조의 3 법 제27조 제2항에 따른 장비의 성능 인증을 받으려는 제작자는 별지 제4호의2서식의 항공보안장비 성능 인증 신청서에 다음 각 호의 서류를 첨부하여 인증기관에 제출하여야 한다.

(1) 사업자등록증 사본
(2) 국내에 거주하는 대리인임을 증명하는 서류(대리인이 신청하는 경우에 한한다)
(3) 장비의 성능 제원표 및 시험용 물품(테스트 키트)
(4) 장비의 외관도 및 사용자취급설명서
(5) 성능 인증 장비의 구조 · 운영방법 · 유지관리 등에 대한 설명서
(6) 제작자가 갖추고 있는 성능 인증 품질시스템
(7) 장비의 사후관리를 위해 시설 · 기술 인력을 확보하고 있는 사실을 증명할 수 있는 서류(장비 성능 인증을 위하여 최초로 성능 인증을 신청하는 경우에 한한다)
(8) 그 밖에 국토교통부장관이 정하는 성능 인증 기술기준에 충족함을

입증할 수 있는 서류

인증기관은 성능인증 신청서를 제출받은 경우 제출된 서류를 검토하여 적합하다고 인정하는 경우에는 다음 각 호의 구분에 따라 실시하여야 한다.

(1) 법 제27조의4에 따른 국토교통부장관이 지정한 시험기관에 성능평가시험을 의뢰하여 할 것

(2) 시험기관과 제작자가 협의하여 작성한 시험계획서를 확인하여 승인할 것

(3) 제작자의 성능 인증 품질시스템 확인 등

인증기관은 성능 인증 품질시스템 및 시험기관의 성능평가시험 결과 등을 확인하여 적합한 경우 항공보안장비 성능 인증서를 신청자에게 발급하여야 하며 규정한 사항을 확인한 결과 성능 인증 기술기준에 적합하지 않은 경우 지체 없이 그 결과를 신청인에게 통지하여야 한다.

(국토교통부 고시) 항공보안장비 성능인증 및 성능검사기준

1) 목적

이 규정은 항공보안법 제27조, 시행규칙 제14조의2부터 제14조의11에 따라 보안검색에 사용하는 항공보안장비의 성능인증, 성능평가시험 및 성능검사 등 업무에 필요한 사항을 규정함을 목적으로 한다.

2) 용어 정의

(1) "항공보안장비"란 엑스선검색장비, 폭발물탐지장비, 폭발물흔적탐지장비, 액체폭발물탐지장비, 문형금속탐지장비, 휴대용금속탐지장비, 신발검색장비, 원형검색장비 등 항공보안검색에 사용하는 장비를 말한다.

(2) “인증기관”이란 법 제27조의3, 시행령 제19조의2에 따른 항공보안장비성능인증 및 성능검사, 정기 · 수시 점검업무를 위탁받은 항공안전기술원을 말한다.
(3) “시험기관”이란 법 제27조의4, 시행규칙 제14조의7에 따른 장비의 성능평가시험 및 성능검사 등을 수행하는 기관을 말한다.
(4) “성능인증”이란 장비 제작자가 개발한 장비의 성능을 검사한 결과 장비의 성능을 확보하였음을 확인 · 증명하는 행위를 말한다.
(5) “성능평가시험”이란 법 제27조의4, 시행규칙 제14조의4에 따라 제작자가 의뢰한 장비가 성능인증 기술기준에 충족하는지를 확인하기 위해 수행하는 시험을 말한다.
(6) “성능검사”란 법 제27조 제2항, 시행규칙 제14조의 제5에 따라 내용연수를 연장하여 장비를 계속 사용하고자 하는 경우 해당 장비가 성능검사 기준에 충족하는지를 확인하기 위해 수행하는 시험을 말한다.
(7) “성능 인증서 변경”이란 시행규칙 제14조의3 제5항에 따른 인증기관이 성능인증을 받은 장비의 제작자 명칭 및 주소, 제품 외관 등 성능과 무관한 사항의 변경에 대하여 확인하는 것을 말한다.
(8) “정기 · 수시점검”이란 시행규칙 제14조의6에 따른 성능인증을 받은 장비가 계속하여 성능을 유지하고 있는지 여부를 확인하기 위하여 인증기관이 수행하는 점검을 말한다.
(9) “성능인증 기술기준”이란 시행규칙 제14조의2 제6항에 따라 검색장비의 기능과 성능, 운용성, 내규성 등을 갖추고 있는지 확인하기 위하여 정해둔 요건을 말한다.
(10) “성능검사 기준”이란 장비의 성능이 내용연수 연장에 적절한지를 평가하기 위하여 정해둔 요건을 말한다.
(11) 그 밖의 이 고시에서 정하지 않은 용어의 정의는 항공보안장비 종류, 운영 및 유지관리 기준 제2조에 따른다.

3) 적용범위

이 규정은 장비성능 인증, 변경인증, 성능검사, 정기·수시점검, 성능평가시험 등을 수행하는데 적용한다.

4) 성능 인증의 신청방법 및 절차

(1) 장비의 성능인증을 받으려는 제작자(인증 신청자)는 시행규칙 제14조의3 제1항에 따른 성능인증을 신청하여야 한다. 다만, 외국의 장비 제작자는 국내에 거주하는 자를 대리인으로 선임하여 성능인증을 신청할 수 있다.

(2) 성능 인증 신청자는 성능평가시험을 수행할 시험기관을 선정하여 이를 성능 인증 신청에 기재하여야 한다.

(3) 인증기관은 성능인증 신청자가 제1항에 따른 성능 인증 신청서를 접수한 때에는 시행규칙 제14조의3 제1항에 따른 서류를 검토하고 적합한 경우에는 성능인증 신청을 접수하고 제2항에 따른 지정된 시험기관에 이 사실을 통보하여야 한다.

(4) 인증기관은 성능인증 신청을 접수한 경우 시행규칙 제14조의3항에 따른 제작자의 성능인증 품질테스트 확인, 시설 및 인력확보 여부 등 성능 인증업무를 수행하여야 한다.

(5) 성능인증 신청자는 시행규칙 제14조의11에 따라 신청장비의 성능인증에 필요한 해당 수수료를 인증기관 또는 시험기관에 납부하여야 한다.

5) 기술기준

(1) 시행규칙 제14조의4 제2항에 따른 성능인증을 위한 기술기준은 별표1과 같다.

(2) 성능인증 신청자의 장비가 별표1의 성능인증 기술기준에 따른 장비별 성능평가시험을 적용하기 어려운 경우, 시험기관은 다음 각 호와 같이 처리하여야 한다.

① 두가지 이상의 종류에 동시에 해당할 경우에는 종류별 성능평가 시험을 적용할 것
② 어떤 종류에도 해당하지 않을 경우 시험기관은 시험계획서에 성능평가시험 가능항목이나 시험을 수행할 수 없는 사유를 명시하여 인증기관의 인증심사위원회에 회부를 요청할 수 있으며, 인증심사위원회는 시험계획서의 승인이나 시험신청의 반려여부를 결정하여야 한다.

6) 성능평가시험의 면제

(1) 시행규칙 제14조의3 제5항에 따라 성능인증 신청시 인증기관에 기술기준의 성능을 입증할 수 있는 서류를 제시한 경우 성능평가시험의 전부 또는 일부를 면제받을 수 있다.
(2) 제시한 서류를 통해 성능평가시험 항목 정부가 이미 만족되었음을 객관적으로 입증되었다고 인정될 경우, 성능평가시험의 전부를 면제받을 수 있으며 성능평가시험 항목 일부가 이미 만족되었음을 객관적으로 입증되었다고 인정될 경우, 성능평가시험의 해당 항목을 면제받을 수 있다.
(3) 면제신청에 따른 일부 또는 전부 항목의 면제여부는 제16조에 따른 인증기관의 인증심사위원회에서 결정하며, 면제가 인증되지 않는 경우 신청자는 해당 항목에 대하여 시험을 수행하여야 한다.

7) 성능평가시험 기준 및 방법

(1) 시험기관은 시행규칙 제14조의4 제1항에 따라 신청자가 제공한 장비의 성능평가시험을 통하여 성능인증 기술기준에 적합한지를 확인하여야 한다.
(2) 시험결과 일부 부적합한 항목이 발생하여 30일이내에 수정이 가능한 경우, 시험기관은 1회에 한하여 성능평가시험을 재수행할 수 있으며, 인증기관은 필요한 경우 시험기관의 성능평가시험에 입회할 수 있다.

8) 성능평가시험 기준 및 방법

(1) 시험기관은 제7조에 따라 신청장비가 성능인증 기술기준에 따른 기능 및 성능 등이 적합한지 여부를 시험하고 성능평가시험이 완료되면 시행규칙 제14조의4 제2항에 따라 성능평가시험 결과를 인증기관에 통보하여야 한다.

(2) 인증기관은 시험기관에서 통보한 성능평가시험 결과에 대한 적정성 여부 등을 검증하고 확인하여야 한다.

9) 성능인증심사

(1) 인증기관은 성능 인증 신청서류 및 제작자품질시스템, 성능평가시험 결과 등을 확인하여 신청자비의 성능 인증여부를 심의·의결하기 위해 인증심사위원회를 개최하여야 한다.

(2) 인증기관은 인증심사위원회의 승인여부에 따라 시행규칙 제14조의3 제3항에서 정한 성능인증서를 신청자에게 발급하여야 한다.

(3) 인증기관은 인증심사위원회 성능인증이 불승인될 경우 신청자에게 그 사실을 통보하여야 하며, 추가적인 시험 및 검사를 요구하거나 시험·검사 결과자료 및 추가 증빙자료를 보완하도록 요청할 수 있다.

10) 성능인증서의 변경

(1) 시행규칙 제145조의3 제5항에 따른 성능인증서 변경은 다음 각 호와 같다.

① 성능인증을 받은 장비의 제작자 명칭, 주소

② 디자인, 제품외관으로써 장비의 성능에 영향을 미치니 않는 사항

(2) 성능 인증서의 변경 신청을 접수받은 인증기관은 성능인증서의 변경이 가능하다고 판정될 경우 변경된 내용을 반영하여 재발급하여야 한다.

11) 성능검사의 신청

(1) 장비의 내용연수를 연장하여 장비를 계속 사용하고자 하는 자는 시행규칙 제14조의5 제1항 및 제2항에 따라 인증기관에 성능검사를 신청하여야 한다.

(2) 성능검사 신청자는 신청서를 제출하여야 하며 신청서를 접수 받은 인증기관은 관련서류를 검토하여 성능검사 신청자에게 접수증을 발급하고 접수사항을 시험기관에 통보하여야 한다.

(3) 시험기관은 장비의 성능검사 일정 등 검사계획을 신청자와 협의를 통해 검사계획서를 작성하여 인증기관에 제출하여야 하며 검사계획에 따라 신청장비의 성능검사를 수행하여야 한다.

12) 성능검사 기준 및 검사절차

(1) 성능검사 기준은 별표1과 같으며, 성능검사 신청자의 장비가 항공보안장비 종류, 운영 및 유지관리기준 제4조에 따른 분류에 해당되지 않는 경우 성능인증시 수행했던 시험항목 중 일부 또는 전부를 적용할 수 있으며, 시험기관은 성능검사 항목을 결정하기 위하여 인증심사위원회에 회부를 요청할 수 있으며, 시험기관은 인증삼사위원회 결정에 따라 신청장비의 성능검사를 수행하여야 한다.

(2) 성능검사 신청자는 성능검사 수행을 위하여 시험기관이 지정한 검사수수료를 지불하여야 하며 시험기관은 수수료 납부를 확인하고 성능검사를 수행한다.

(3) 시험기관은 시행규칙 제14조의5 제2항에 따른 성능검사 신청자가 신청한 장비의 성능검사를 수행하고 성능검사 기준에 적합한지를 확인하여야 한다.

(4) 인증기관은 필요할 경우 시험기관의 성능검사에 입회할 수 있다.

13) 성능검사 결과의 확인

(1) 시험기관은 성능검사가 완료되면 성능검사결과(내용연수 포함)를 작성하여야 하며 결과를 인증기관에 통보하고 성능검사 신청자가 신청한 해당 장비의 내용연수를 정하여 연장을 요청하여야 한다.

(2) 인증기관은 시험기관이 수행한 성능검사 결과를 검증하여 이상여부를 확인하고 내용연수 연장을 승인할 경우 성능검사 신청자에게 연장결과를 통보하여야 한다.

(3) 인증기관은 내용연수 연장이 불승인한 경우 성능검사 신청자에게 그 사실을 통보하여야 하며, 추가적인 시험 및 검사를 요구하거나 시험·검사 결과자료 및 추가 증빙자료를 보완하도록 할 수 있다.

(4) 인증기관 및 시험기관은 성능검사 결과서 및 성능검사 관련 문서를 "비밀문서"로 관리하되, 인증기관은 보완관련 내용을 제외한 다음 사항을 신청자에 제공할 수 있다.

① 장비종류 및 제품명
② 시험항목명
③ 시험항목별 합격 또는 불합격 여부

14) 정기·수시점검 및 절차

(1) 인증기관은 성능인증을 받은 장비제작사 또는 장비운영자는 성능인증일을 기준으로 1년마다 해당 장비에 대하여 법 제27조 제4항, 시행규칙 제14조의6에 따라 성능확인·점검을 실시하여야 한다.

(2) 인증기관은 확인·점검을 위하여 장비제작사 또는 장비운영자에게 자료를 요구할 수 있다.

① 시행규칙 제14조의2에 따른 장비 제작자의 성능인증 품질시스템

② 장비의 성능인증 신청서류 및 신청절차, 항공보안장비 성능인증서 등 성능인증 관련자료

(3) 인증기관은 장비제작사 또는 장비운영자가 제출한 자료의 적정성 여부를 확인하고 해당 장비가 성능확인·점검기준에 맞게 적합한 성능을 유지하고 있는지 여부를 확인하여 한다,

(4) 인증기관은 해당장비의 성능유지 여보를 확인하기 위하여 시험기관에 성능 확인·점검을 의뢰할 수 있다

(5) 시험기관은 인증기관으로부터 의뢰받은 경우, 장비의 성능유지 여보를 확인하기 위하여 성능 확인·점검을 실시하고 그 결과를 인증기관에 통보하여야 한다.

(6) 인증기관은 점검결과가 부적합으로 판단될 경우, 장비제작자 또는 장비운영자에게 추가자료 제출을 요구하거나 시정조치를 요구할 수 있다.

(7) 장비제작자가 시정조치를 요구받은 경우, 시행규칙 제14조의6 제3항에 따라 장비제작자를 시정조치계획을 제출한 후 시정조치를 취해야 하며 시정조치가 완료되면 인증기관에 시정조치 결과를 통보하여 인증기관의 재점검을 받도록 하여야 한다.

(8) 장비운영자가 시정조치를 받은 경우, 시행규칙 제14조의6 제3항에 따라 즉각 장비사용을 중지하고 시정조치 계획을 제출한 후 시정조치를 취해야 하며 시정조치가 완료되면 인증기관에 시정조치 결과를 통보하여 인증기관의 재점검을 받도록 하여야 한다.

(9) 인증기관은 장비제작사 및 장비운영자가 시정조치계획서에 따라 시정조치를 취하지 않았거나 시정사유가 반복적으로 발생할 경우 법 제27조의2에 따라 국토교통부장관에는 성능인증을 취소하도록 요구할 수 있다.

(10) 장비제작사 또는 장비운영자는 시행규칙 제14조의11에 따라 정기점검에 필요한 수수료를 인증기관 또는 시험기관에 납부하여야 한다.

(11) 시행규칙 제14조의6 제2항에 따라 인증기관은 국토교통부장관이 요청하거나 인증받은 장비에 이상이 있다고 판단하는 경우 수시점검을 수행할 수 있으며, 수수점검 방법 및 절차는 정기점검 규정을 준용한다.

15) 인증심사위원회

(1) 인증기관은 시행규칙 제14조의9에 따라 다음 사항을 심사 · 의결하기 위하여 인증심사위원회를 구성 · 운영한다.
① 성능인증을 위한 성능평가시험 결과 및 성능인증 승인여부
② 성능검사결과 및 내구연한 연장여부
③ 성능평가시험 전부 및 일부 면제 사유의 적절성
④ 기술기준 및 성능검사 기준 개정안 심의
⑤ 성능인증 등 업무의 수행과정에서 나타난 주요 사안의 해결

(2) 위원회의 장은 인증기관의 성능인증 등 관련업무부서의 장이 되며, 위원회 회의소집 및 업무를 총괄하며 위원장이 부득이 참석할 수 없는 경우에는 위원장이 지명하는 사람이 그 직무를 대행한다.

(3) 위원회는 위원장을 포함하여 위원 12명 이내로 하며 임기는 2년으로 하고 연임할 수 있다.
① 국토교통부장관이 정하는 자
② 인증기관의 항공보안장비 성능인증 업무 책임자
③ 시험기관의 항공보안장비 시험업무 책임자
④ 인증기관의 장이 위촉하는 항공보안 관련 학계, 산업계, 연구계의 전문가

(4) 위원회 회의는 따로 정하지 않을 경우 재적위원의 참석수가 2/3이상이어야 하며, 재적위원 2/3의 참석으로 의결하며 위원회의 사무를 처리하기 위하여 간사를 둘 수 있으며 그 직은 위원장이 지명한다.

16) 인증심사위원 제척, 해촉 등

(1) 인증심사위원회 위원이 다음 어느 하나에 해당하는 경우에는 인증심사위원회 심사·의결에서 제척된다.
① 해당 장비의 성능 인증, 성능평가시험 등을 수행하는데 있어 자문, 연구, 용역 등을 수행한 경우
② 해당 장비를 제작하는 자, 운영하는 자와 친인척이거나 친인척이었던 경우
③ 해당장비를 제작하는자, 운영하는 자와 공동권리자 또는 공동의무자인 경우

(2) 장비성능 인증 및 성능검사 등 신청자는 위원에게 공정한 심사·의결을 기대하기 어려운 사정이 있는 경우에는 위원회에 기피 신청을 할 수 있고, 위원회는 의결로 이를 결정하며 이 경우 기피 신청에 대상인 위원은 그 의결에 참여하지 못한다.

(3) 위원이 제척 사유에 해당하는 경우에는 스스로 해당 안건의 심사·의결에서 회피하여야 한다.

(4) 위원장은 인증심사위원회 위원이 다음 어느 하나에 해당하는 경우에는 해당 위원을 해촉할 수 있다.
① 심신장애로 인하여 직무를 수행할 수 없게 된 경우
② 직무와 관련된 비위사실이 있는 경우
③ 직무태만, 품위손상이나 그 밖의 사유로 인하여 위원으로 적합하지 아니하다고 인정되는 경우
④ 위원이 제척 사유에 해당하는 데도 불구하고 회피하지 아니한 경우
⑤ 위원 스스로 직무를 수행하는 것이 곤란하다고 의사를 밝히는 경우

17) 기술기준 개정 등

(1) 국토교통부장관은 보안환경, 정책 및 기술의 변화에 적절히 대응할 수 있도록 기술기준 및 성능검사 기준을 개정할 수 있다.

(2) 인증심사위원은 기술기준 및 성능 검사 기준의 개정요구를 인증기관에 제기할 수 있으며 개정요구가 있을 경우 이를 심사·의결하기 위한 인증심사위원회를 개최하여야 하며, 인증심사위원회는 개정반영 여부를 결정하여 기술기준의 개정을 국토교통부장관에게 건의할 수 있다.

(3) 인증기관은 개정사항 등 인증절차와 관련된 연구를 수행하여야 하며, 국토교통부장관은 이에 필요한 비용을 지급할 수 있다.

(4) 시험기관은 개정사항 등 시험기술과 관련된 연구를 수행하여야 하며, 국토교통부장관은 이에 필요한 비용을 지급할 수 있다.

18) 기록관리

(1) 인증기관은 시행규칙 제14조의10 제1항에 따른 성능인증·성능점검·시험, 성능검사 등 성능인증 업무와 관련하여 다음 자료를 원본 또는 전자문서 형태로 기록하고 보관 및 관리하여야 한다.

① 장비성능인증 등 관련 신청자의 제출자료
② 장비 점검관련 자료
③ 인증심사위원회의 심사·의결자료
④ 장비성능 인증 등 목록
⑤ 장비품목별 내용연수 현황 및 장비운영자에 대한 통보자료
⑥ 성능인증 등 관련 국토교통부장관에게 보고한 자료
⑦ 기타 성능인증 등 운영관련자료

(2) 시험기관은 시행규칙 제14조의10 제1항에 따른 성능인증·성능점검·시험, 성능검사 등 성능인증 업무와 관련하여 다음 자료를 원본 또는 전자문서 형태로 기록하고 보관 및 관리하여야 한다.

① 장비성능 평가시험 및 성능검사 등 관련하여 신청자에게 제출받은 서류

② 장비 성능평가시험 및 성능검사 등 관련 자료
③ 인증기관에 제출한 자료
④ 국토교통부장관에게 보고한 자료

(2) 관리하는 기록물은 해당장비의 내용연수를 다할 때 까지 보관하여야 한다.

19) 보고

(1) 인증기관은 시행규칙 제14조의10 제2항에 따라 다음 사항을 국토교통부장관에게 보고하여야 한다.
① 성능인증 등 신청현황, 성능인증서 및 인증서 변경 등 발급현황(반기별, 년별 보고)
② 장비의 목록 및 품목별 내용연수 현황

(2) 시험기관은 시행규칙 제14조의10 제2항에 따라 다음 사항을 국토교통부장관에게 보고하여야 한다.
① 성능평가시험 신청현황, 결과보고서 등 발급현황(반기별, 년별 보고)
② 성능검사 신청현황, 결과서 발급현황(반기별, 년별 보고)

20) 기밀유지 의무

(1) 신청자는 항공보안장비 성능 인증 등 성능평가시험 등의 과정에서 알게 된 기밀을 인증기관 및 시험기관의 동의없이 누설하여서는 아니된다.

(2) 신청자는 인증기관에 보안서약서를 제출하여야 하며, 인증기관은 신청자가 실제 제작자가 맞는지 현장방문 등을 통해 확인하고 인증신청접수 여부를 결정하여야 한다.

(3) 인증심사위원회의 위원장 및 위원은 인증심사위원회에서 알게 된 기밀을 국토교통부장관의 동의없이 누설하여서는 아니되며, 인증심사위원회에 참석하는 위원은 인증기관에 보안서약서를 제출하여야 한다.

(국토교통부 고시) 항공보안장비 종류, 운영 및 유지관리에 관한 기준

1) 목적

이 고시는 항공보안법 제27조에 따라 보안검색에 사용하는 항공보안장비를 효율적이고 적정하게 관리하고 운용하기 위하여 필요한 사항을 규정함을 목적으로 한다.

2) 용어정의

(1) "항공보안장비"란 엑스선검색장비, 금속탐지장비, 폭발물탐지장비 등 보안검색에 사용되는 장비를 말한다.

(2) "장비 운영자"(운영자)란 보안검색에 사용되는 검색장비에 대한 최종 관리책임이 있는 공항운영자, 항공운송사업자, 항공여객·화물터미널 운영자, 도심공항터미널 운영자 및 상용화주를 말한다.

(3) "엑스선 검색장비"란 엑스선발생장치를 이용하여 검색대상물에 엑스선을 조사(照射)하고 그 내용을 모니터에 영상으로 표시하는 검색장비를 말한다.

(4) "금속탐지장비"라 함은 전기 자기장을 이용하여 금속물체를 탐지하는 검색장비를 말한다.

(5) "폭발물탐지장비"란 이온분석, 엑스선 검색, 중성자 검색, 기타 탐지방법 등에 의하여 폭발물 및 폭약성분을 탐지하는 장비를 말한다.

(6) "폭발물흔적탐지장비"란 검색대상물에 묻어있는 화학성분을 흡입하여 화학적인 이온분석 방법 등을 이용하여 폭발물 및 폭약성분의 흔적을 탐지하는 장비를 말한다.

(6의2) "액체폭발물탐지장비"란 폭발성이 높거나 연소성이 높은 액체류 위험물 및 액체상태의 폭약성분을 탐지하는 장비를 말한다.

(6의3) "원형검색장비"란 금속탐지장비에 의하여 탐지하기 어려운 무기 또는 폭발물 등 위험성이 있는 물건을 신체에 대한 접촉없이 탐지하여 그 내용을 모니터에 영상으로 표시하는 검색장비를 말한다.

(6의4) "신발검색장비"란 금속탐지기로 검색이 어려운 신발 아래쪽과 발목 등에 은닉한 위험물을 탐지하는 장비를 말한다.

(7) "점검용시험물품"이란 검색장비의 정상작동 여부를 점검하거나 검사(檢査)하기 위하여 인증을 받았거나 장비 제작사에서 해당 장비의 성능검사를 목적으로 제작 또는 권고한 시험물품을 말하며 장비별 사용할 물품의 종류는 다음과 같다.

① 엑스선검색장비 :
- 터널규격 1m x 1m 이하 : 제작사의 검사장비 또는 제작사 권고 시험물품(ASTM 또는 STP 시험키트)
- 터널규격 1m x 1m 초과 : 제작사의 검사장비 또는 제작사 권고 시험물품

② 문형금속탐지장비 : OTP, 제작사 검사장비 또는 제작사 권고 시험물품(OTP 시험키트)

③ 폭발물탐지장비 : 제작사의 검사장비 또는 제작사 권고 시험물품

④ 폭발물흔적탐지장비 : 제작사의 검사 장비 또는 제작사 권고 시험물품

⑤ 휴대용금속탐지장비 : 무게 5.5g, 직경 25㎜크기의 원형 금속물질 또는 제작사 권고 시험물품

⑥ 액체폭발물탐지장비 : 제작사의 검사 장비 또는 제작사 권고 시험물품

⑦ 원형검색장비 : 제작사의 검사장비 또는 제작사 권고 시험물품

⑧ 신발검색장비 : 제작사의 검사장비 또는 제작사 권고 시험물품

(8) "표준운용절차"란 검색장비의 정상 운영과 최상의 성능을 유지하기 위하여 수행하여야 할 정기점검과 운용 등에 준수하여야 하는 절차를 말한다.

(9) "예비운용절차"란 검색장비의 비정상 작동 상태가 발생한 경우 유지보수 완료 후 운영재개 또는 예비 장비의 사용을 위한 점검과 성능을 평가할 때에 준수하여야 하는 절차를 말한다.

(10) "유지보수요원"이란 검색장비의 점검과 유지보수업무를 수행하는 자를 말한다.

(11) "운용자"라 함은 항공보안검색요원 등 검색장비를 활용하여 보안검색을 수행하는 자를 말한다.

(12) "성능점검"이라 함은 운영자가 장비 제작사의 점검용 시험물품을 장비 매뉴얼에 따라 실시하는 점검을 말한다.

(13) "정기 점검 등"이라 함은 항공보안법 제27조, 같은법 시행규칙 제14조의6에 따라 성능 인증을 받은 검색장비가 계속하여 성능을 유지하고 있는지 여부를 인증기관이 정기적으로 또는 수시로 점검을 실시하는 것을 말한다.

(14) "성능 검사"라 함은 항공보안법 제27조, 같은 법 시행규칙 제14조의5에 따라 검색 장비의 내용연수를 연장하여 계속 사용하고자 하는 경우 인증기관에서 실시하는 성능 검사를 말한다.

3) 항공보안장비의 종류

(1) 엑스선 검색장비

(2) 금속탐지장비

① 문형 금속탐지장비

② 휴대용 금속탐지장비

(3) 폭발물 탐지장비

(4) 폭발물흔적탐지장비

(4의2) 액체폭발물탐지장비

(4의3) 원형검색장비

(4의4) 신발검색장비
(5) 기타 국토교통부장관이 필요하다고 인정하는 장비

4) 항공보안장비의 설치

(1) 운영자는 항공보안법 제15조부터 제17조까지의 규정에 따라 보안검색을 실시하기 위하여 법 제27조에 따라 성능 인증을 받은 검색장비를 설치하여야 한다.
(2) 운영자는 제1항의 규정에 따라 검색장비를 설치하고자 하는 경우에는 검색수요와 검색방법 등을 고려하여 설치 위치, 대수와 종류를 정하고 설치 위치도를 작성하여 관리하고 유지하여야 한다.
(3) 검색장비를 설치하려는 운영자는 주변의 전자기기 또는 다른 검색장비 등 주변 환경의 영향을 받지 않도록 장비별 설계기준에 따라 설치하여야 한다.
(4) 제작자가 검색장비를 설치할 경우에 운영자는 다음 각 호와 같이 장비 매뉴얼에 따라 최초 가동시 제2조 제7호에 따른 점검용 시험물품을 이용하여 1회 이상 반드시 성능점검를 실시하여야 하며, 그 결과를 별지 제1호 서식의 이력카드에 기록하고 유지하여야 한다.
① 장비를 설치하거나 이전한 경우(단, 휴대용금속탐지장비, 폭발물흔적탐지장비, 액체폭발물탐지장비, 신발검색장비 이전의 경우는 제외한다.)
② 장비의 성능에 영향을 주는 중요부품을 교체하거나 수리한 경우 (중요부품은 운용자가 정하여 이력카드에 기록한다.)

5) 항공보안장비의 운용

(1) 운영자는 검색장비의 표준운용절차와 예비운용절차를 수립하고 이에 따라 장비를 운용하여야 하며 외부의 간섭 등에 의한 검색장비의 오작동 또는 고장 등의 발생을 사전에 예방할 수 있는 조치를 강구하고 시행하여야 한다.

(2) 운영자는 별지 서식에 따라 검색장비별 이력카드를 작성 비치하여 검색장비의 설치, 이전, 철거, 폐기 등의 내용을 기록하고 유지하여야 한다. 다만, 정비와 보수에 관한 사항은 유지보수일지에 기록하고 유지하여야 한다.

(3) 검색업무를 수행하는 운용자는 법 제19조 제1항 제1호의 사항이 발생된 경우에는 지체없이 운영자에게 보고하여야 하며, 운영자는 법 제19조의 규정에 따라 장관에게 보고하여야 한다.

(4) 운영자는 검색장비에 장애가 발생하거나 정비 또는 예비품의 교체 등으로 운영을 일시 중지한 후 이의 운영을 재개하는 경우에는 예비운용절차에 따라 당해 검색장비에 대한 점검을 실시한 후 운영하여야 한다.

6) 항공보안장비의 점검

(1) 검색장비의 정상적인 작동을 위하여 운영자는 다음 각 호와 같이 자체점검과 정기점검, 특별점검을 실시하여야 한다.

① 자체점검의 주기 및 점검 항목 등은 다음 각 목과 같이 실시하여야 한다. 다만, 휴대용 금속탐지장비의 일일점검 및 주간점검은 생략할 수 있다.

㉮ 점검 주기 : 일일점검, 주간점검, 월간점검, 분기점검, 연간점검.

㉯ 점검 항목 : 점검 주기별로 점검항목을 달리 하여 실시할 수 있음

㉰ 점검 방법 : 운영자가 자체적으로 실시

② 정기점검은 법 제27조, 같은 법 시행규칙 제14조의6에 따라 매년 인증기관으로부터 정기 점검을 받아야 하며, 국토교통부장관이 필요하다고 인정하는 경우 수시점검을 실시할 수 있다.

③ 운영자는 장비가 검색에 사용되기 전 정상작동 여부를 확인하는 일상점검을 운용자가 실시하도록 할 수 있다. 일상점검을 실시한 경우 일일점검을 생략할 수 있다.

(2) 점검을 실시하는 경우에 운영자는 검색장비의 종류와 특성을 고려한 개별 장비별 자체 점검표를 작성하여 점검을 실시하고 그 결과를 기록하고 유지하여야 한다.

(3) 운영자는 자체점검 및 특별점검을 위해 자격을 갖춘 소속직원을 지정하거나, 장비제작사(장비설치업체 포함) 또는 유지보수 전문업체에 위탁하여 점검을 실시할 수 있다. 다만, 위탁하여 점검을 실시한 경우 운영자는 매월 점검 결과를 최종 확인하여야 한다.

7) 항공보안장비 유지 · 관리 등

(1) 운영자는 장비의 성능이 유지되도록 표준운용절차 또는 제작사의 해당 장비별 매뉴얼에서 정한 기준에 따라 유지 관리하여야 한다.

(2) 운영자는 소속직원을 지정하거나 장비제작사(장비설치업체를 포함) 또는 유지보수 전문업체에 위탁하여 검색장비 및 검색장비 운용에 필요한 장비를 관리하여야 한다.

(3) 검색장비를 유지 · 보수하는 경우 다음 각 호의 사항을 별지 제2호의 서식에 의하여 기록 · 유지하여야 한다.

① 검색장비의 점검, 조정, 정비 등 유지보수에 관한 사항. 다만, 자체적으로 실시하는 점검에 관한 사항은 제외한다.

② 검색장비의 운용중지 또는 기타 장애가 발생된 경우에는 일시, 원인 및 조치사항

③ 검색장비운용에 관련된 지시 · 통보 · 보고사항 등 유지보수에 참고가 될 사항

(4) 검색장비의 오작동이나 고장 또는 결함이 발생한 경우에는 응급복구 및 장비교체 등 필요한 조치를 즉시 취하여야 한다.

(5) 운영자는 제4항에 따른 조치를 취할 수 있도록 자체점검표, 장비운용자료 입력사항 및 장애복구절차 등이 표준운용절차에 포함되어 활용할 수 있도록 하여야 한다.

(6) 검색장비의 신규설치, 교체 또는 개량으로 운용절차의 변경이 필요한 경우 해당 장비에 대한 표준운용절차와 예비운용절차를 수정, 보완하여야 한다.

(7) 운용자는 측정장비의 용도, 사용빈도 및 안전성을 고려하여 측정장비의 성능 및 정확도를 유지하는 방안을 수립하여 관리하여야 한다.

8) 항공보안장비 유지보수요원의 자격 및 교육

(1) 운영자는 다음 각 호의 어느 하나에 해당하는 자격을 갖춘 사람 또는 업체에 위탁하여 검색장비를 유지·보수하도록 하여야 한다.

① 장비제작사 또는 설치업체에서 교육을 이수한 사람 또는 파견된 전문기술자

② 국가가 인정한 전문교육기관에서 해당 업무에 대한 전문교육을 이수한 사람

③ 국가기술자격법에 의하여 전자·정보통신·전기·기계분야 산업기사 이상의 기술자격증을 소지하고 해당 자격분야에 3년 이상 종사한 사람

(2) 유지보수요원은 국가민간항공보안 교육훈련지침의 규정에서 정한 교육을 이수하여야 한다.

(3) 유지보수요원은 다음 각 호의 사항이 포함된 교육을 연간 8시간 이상 실시하여야 한다.

① 검색장비별 기능

② 검색장비별 동작원리 및 운용절차

③ 검색장비별 긴급상황 발생시 대응요령

④ 검색장비별 장애처리절차

⑤ 안전수칙과 유지보수 절차 등

9) 예비품 관리 및 관리계획 수립

(1) 검색장비의 고장 등 장애가 발생할 경우 긴급복구를 위한 예비품의 정수를 정하여 이를 확보하고 별지 서식에 따라 관리하여야 한다.

(2) 예비품은 별도의 장소에서 부품 성능이 저하되지 않도록 보관하고 관리되어야 한다. 다만, 예비품의 성능저하가 예상되거나 성능유지를 위한 별도의 보관장소가 필요한 경우에는 외부 전문업체에 위탁하여 관리할 수 있다.

(3) 운영자는 다음 각 호의 사항이 포함된 검색장비의 관리와 유지보수계획을 당해연도 시작전까지 수립하여 장관에게 제출하고 이를 시행하여야 한다.

① 검색장비 관리 및 유지보수 방침
② 검색장비 관리 및 유지보수 체계
③ 관리대상 장비현황
④ 유지보수 계획 및 유지보수자 관리 계획
⑤ 유지보수요원 교육 계획(제11조제3항에 따른 교육)
⑥ 계측기 관리 및 예비품 관리계획
⑦ 기타 필요한 사항

10) 기록유지 및 보고

(1) 운영자는 다음 각 호의 서식에 검색장비의 운용과 관리에 관한 사항을 종이 문서 또는 전자 문서 형태로 기록하고 유지하여야 한다.

① 검색장비 이력카드
② 유지보수일지
③ 예비품 관리대장
④ 제8조제2항의 규정에 의한 점검표

(2) 유지보수일지는 2년 이상, 그 밖의 기록은 해당 장비 폐기 시까지 보관하여야 하며, 항공보안감독관 또는 장관이 정하는 자 또는 인증기관이 열람을 요청하는 경우 이에 응해야 한다.

(3) 운영자는 검색장비 운용시 다음 각 호의 사항에 대하여 장관에게 보고하여야 하며 보고한 사항은 1년 이상 유지하여야 한다.

① 보안사고 조사에 협조한 사항

② 년간 검색장비운용 현황 및 운영실태 분석결과(당해년도 종료일로부터 30일이내)

③ 검색장비의 고장으로 항공기 운항중단 등 중대한 지장이 발생한 경우

④ 보안검색에 실패로 인하여 항공기 이용자에게 불편을 준 경우

11) 고지의무 및 교체기준

(1) 운영자는 검색장비를 사용하여 검색업무를 하는 경우 사진관련 장비 또는 고감도필름 등 검색 대상물이 손상될 수 있다는 사실을 검색 전에 피검색자에게 고지하여야 하며, 이용승객이 확인할 수 있도록 표시(標示)를 하여야 한다.

(2) 항공보안장비별 내용연수의 기준은 조달청장 고시에 따라 다음 각 호와 같으며, 조달청장 고시가 개정되는 경우에는 그에 따른다.

① 엑스선검색장비 : 10년

② 문형금속탐지장비 : 10년

③ 휴대용금속탐지장비 : 2년

④ 폭발물탐지장비 : 11년

⑤ 폭발물흔적탐지장비 : 5년

⑥ 액체폭발물탐지장비 : 11년

⑦ 원형검색장비 : 11년

⑧ 신발검색장비 : 10년

(3) 운영자는 검색장비의 교체시기를 정하기 위하여 제7조에 따른 점검 결과를 이력카드에 기록 유지하여야 한다.
(4) 운영자는 장비의 성능이 저하되지 않도록 적정시점에 검색장비를 교체하여야 하며, 제1항에 규정한 내용연수를 연장하여 사용할 수 없다. 다만, 내용연수를 연장하여 검색장비를 사용하고자 하는 경우에는 내용연수가 도래하기 전에 매년 인증기관의 성능 검사를 통해 내용연수 연장 결과를 확인 받은 경우에 내용연수를 연장하여 사용할 수 있으며, 그 결과를 별지 제1호 서식의 이력카드에 기록 유지하여야 한다.
(5) 운영자는 제2항부터 제3항까지에 따라 검색장비를 확인하여 항공보안장비 종류, 운영 및 유지관리 기준에 충족하지 못하는 경우에 제1항의 규정에도 불구하고 해당장비를 교체하여야 한다.
(6) 이 기준에서 정하지 아니한 사항에 대하여는 국제민간항공협약 부속서 17의 항공보안지침서(Doc 8973)를 준용한다.

2. 항공보안장비 성능인증 취소

제27조의2(항공보안장비 성능 인증의 취소) 국토교통부장관은 성능 인증을 받은 항공보안장비가 다음 각 호의 어느 하나에 해당하는 경우에는 그 인증을 취소할 수 있다. 다만, 제1호에 해당하는 때에는 그 인증을 취소하여야 한다.

1. 거짓이나 그 밖의 부정한 방법으로 인증을 받은 경우
2. 항공보안장비가 제27조제2항에 따른 성능 기준에 적합하지 아니하게 된 경우
3. 제27조제4항에 따른 점검을 정당한 사유 없이 받지 아니한 경우
4. 제27조제4항에 따른 점검을 실시한 결과 중대한 결함이 있다고 판단될 경우

3. 항공보안장비 성능업무의 위탁

> **제27조의3(인증업무의 위탁)** 국토교통부장관은 인증업무의 전문성과 신뢰성을 확보하기 위하여 제27조에 따른 항공보안장비의 성능 인증 및 점검 업무를 대통령령으로 정하는 기관(이하 “인증기관”이라 한다)에 위탁할 수 있다.

시행령 제19조의2 법 제27조의3에서 “대통령령으로 정하는 기관”이란 「항공안전기술원법」에 따른 항공안전기술원을 말한다.

4. 항공보안장비 시험기관 지정

> **제27조의4(시험기관의 지정)** ① 국토교통부장관은 제27조에 따른 성능 인증을 위하여 항공보안장비의 성능을 평가하는 시험(이하 “성능평가시험”이라 한다)을 실시하는 기관(이하 “시험기관”이라 한다)을 지정할 수 있다.
> ② 제1항에 따라 시험기관 지정을 받으려는 법인이나 단체는 국토교통부령으로 정하는 지정기준을 갖추어 국토교통부장관에게 지정신청을 하여야 한다.

1) 시험기관 지정

시행규칙 제14조의4 법 제27조의4에 따른 시험기관은 제14조의3의 제2항 제1호에 따라 인증기관으로부터 성능평가시험을 의뢰 받은 경우 다음 각 호의 구분에 따라 성능평가시험을 실시하여야 한다.

(1) 제작자와 협의하여 시험계획서를 작성하여 인증기관에 통보 할 것

(2) 국토교통부장관이 정하여 고시하는 성능 인증 기술기준 적합한지 확인 할 것

시험기관은 성능평가시험을 실시한 경우 성능평가시험 결과서를 인증기관에 제출하여야 하며 성능 평가시험을 위한 시험 기준·절차·방법 등

에 관한 세부 사항은 교통부장관이 정하여 고시한다.

국토교통부 고시 "항공보안장비 시험기관 지정 및 운영 등에 관한 규정"은 항공보안법제27조 제4항 및 제27조의5, 시행규칙 제14조의7 및 제14조의8, 제14조의9에 따라 항공보안장비의 성능을 평가하는 시험기관에 대한 지정기준 및 심사, 업무범위 · 운영규정 등에 관한 세부사항을 정하는데 목적이 있다.

(국토교통부 고시) 항공보안장비 시험기관 지정 및 운영 등에 관한 규정

1) 목적

이 규정은 항공보안법 제27조 제4항 및 제27조의5, 시행규칙 제14조의7 및 제14조의8, 제14조의9에 따라 항공보안장비의 성능을 평가하는 시험기관에 대한 지정기준 및 심사, 업무범위·운영규정 등에 대한 세부사항을 정하는데 목적으로 한다.

2) 용어 정의

(1) "성능평가시험기관"이란 항공보안법에서 정한 항공보안장비에 대한 성능평가시험을 실시하는 기관을 말한다.

(2) "시험기관 지정 심사위원회"란 국토교통부 장관을 대신하여 시험기관 지정에 대한 요건 검토 및 심사업무를 수행하는 자를 말한다.

(3) 그 밖의 이 규정에서 사용하는 용어의 뜻은 특별한 규정이 없으며 항공보안법, 시행령, 시행규칙, 항공보안장비종류, 운영 및 유지관리기준 및 항공보안장비 성능인증 및 성능검사 등에 관한 규정에서 정하는 바에 따른다.

3) 시험기관의 지정기준 및 신청

(1) 시행규칙 제14조의7 제1항 별표2에 따른 국토교통부장관이 정하여 고시하는 시설 및 장비란 다음의 시설을 말한다.

① 방위사업법 및 총포화약법, 위험물안전관리법에 따른 폭발물질의 구매·취급·저장을 위한 방폭설계로 이루어진 공실과 별도의 보관시설 등 폭발물 취급 및 보관을 위한 특수시설을 보유하거나 이를 사용할 수 있음을 확인할 수 있는 증빙서류

② 항공보안장비의 신뢰성 및 내구성 시험을 위한 수하물투입 자동화시스템 설비를 갖추거나 이를 사용할 수 있음을 확인할 수 있는 증빙서류

③ 실제 환경조건에서 장비의 외부충격, 먼지 등에 의한 손상·고장여부 등을 확인하기 위한 환경시험용 설비를 갖추거나 이를 사용할 수 있음을 확인할 수 있는 증빙서류

(2) 시행규칙 제14조의7 제2항에 따라 시험기관으로 지정받고자 하는 자가 제출하는 국토교통부 장관이 정하는 서류는 다음과 같다.

① 규칙 별표2의 기술인력 요건이 갖추어졌음을 증명 또는 확인할 수 있는 서류

② 규칙 별표2의 시설 및 장비요건이 갖추어졌음을 증명 또는 확인할 수 있는 서류

③ 규칙 제14조의7 제3항에 따른 현장평가를 받고자 하는 일정을 확인할 수 있는 서류

④ 국제표준(ISO/IEC 17025)에 적합한 품질관리규정 서류

(3) 다음의 어느 하나에 해당되는 자는 시험기관 지정신청을 할 수 없다.

① 시험기관 지정취소로 판정된 날로부터 1년이 경과되지 않은 법인 또는 단체

② 항공보안장비 시험결과 보고서, 성적서 등의 문서를 허위로 발급한 법인 또는 단체

(4) 시험기관으로 지정받고자 하는 자는 시행규칙 제14조의7 제1항과 제2항에 따른 서류를 구비하여 국토교통부장관에게 제출하여야 한다.

(5) 국토교통부장관은 시험기관 지정에 필요한 해당 서류가 구비되었는지 확인하고 시험기관 지정신청 접수일로부터 15일 이내에 시행규칙 제14조의7 제3항에 따른 심사계획서를 작성하여 지정신청자에게 알려야 한다.

4) 심사위원회 구성운영

(1) 시행규칙 제14조의9에 따라 국토교통부장관은 시험기관 지정에 관한 사항을 심사하기 위해 시험기관 지정심사위원회를 구성·운영할 수 있다.

(2) 심사위원회는 위원장 1명을 포함한 10인 이내로 구성하여야 하며 위원장은 심사위원 중 한명으로 국토교통부장관이 임명한다.

(3) 심사위원회는 당연직 위원 및 선임직 위원으로 구성하며 국토교통부장관이 지정한 평가공무원은 당연직이 된다.

(4) 선임직 위원은 다음 어느 하나네 해당하는 자중에서 국토교통부장관이 임명 또는 위촉한다.

① 항공보안장비를 운영하거나 운영하였던 경험을을 보유한자

② 폭발물의 취급, 저장, 운송에 대한 경험을 보유한자성능평가시험 전부 및 일부 면제 사유의 적절성

③ 항공보안과 관련된 업무나 교육을 수행하거나 수행하였던 자

④ KOLAS 평가사 경험을 보유한자

⑤ 품질경영시스템 심사경력을 보유한 자

⑥ 방사선에 대한 이해도가 높거나 방사선기기 사용 경험을 보유한다.

⑦ 그 밖에 시험기관의 심사에 필요하고 인정되는 자

5) 시험기관의 지정심사

(1) 심사위원회는 시험기관 지정신청이 접수되었을 경우 지정신청서에 첨부된 서류를 검토 후, 다음 사항을 심사하여야 한다.

① 시행규칙 제14조의7 제1항 및 제2항 등에 의한 구비서류 및 그 내용의 적정여부

② 시행규칙 제14조7 제1항의 규정에 의한 지정기준에 적합여부

(2) 심사결과 적합하지 아니한 경우에는 부적합으로 판전하며 평가공무원은 신청서의 구비서류가 미비한 때에는 추가로 제출하게 할 수 있다.

(3) 국토교통부장관은 심사결과가 합격으로 판정되었을 경우에는 법 제27조의4 제1항의 규정에 의하여 시험기관으로 지정하여야 한다.

(4) 국토교통부장관은 시험기관으로 지정할 때에는 시험기관 지정신청을 접수받은 날로부터 1개월 이내에 시행규칙 제14조의7 제4항에 따라 항공보안장비 시험기관 지정서를 신청자에게 교부하고 시행규칙 제14조의7 제4항에 따라 시험기관 지정사실을 공고하여야 한다.

6) 시험기관의 관리감독

(1) 국토교통부장관은 지정된 시험기관이 지정요건에 적합하게 운영되고 있는지 여부를 확인하기 위하여 지정시험기관의 장에게 자료를 제출하게 할 수 있으며, 연 1회이상 시험기관의 감독을 수행할 수 있다.

(2) 국토교통부장관은 시험기관을 관리감독 함에 있어 다음 사항을 확인하여야 한다.

① 조직 및 인력현황

② 품질관리규정의 국제표준(ISO/IEC 17025) 요건 적합성 및 이행여부

③ 시험환경 및 적합성 평가시험에 필요한 설비의 적합성 유지여부

④ 비교숙련도 시험참여 실적 및 시정조치 결과 등

(3) 국토교통부장관은 검사를 실시하는 경우에 검사계획을 7일전까지 시험기관의 장에게 통보해야 하며 긴급하거나 사전에 알렸을 때 검사의 목적을 달성할 수 없다고 인정되는 경우에는 그러하지 아니하다.

7) 시정조치

(1) 시험기관은 관리감독에서 발견된 문제점 및 미흡한 사항에 대하여 해당 내용을 통보받은 날로부터 30일 이내에 시정조치를 완료하여야 하며, 30일내에 시정조치가 불가능한 경우에는 해당 사유와 시정조치방안을 마련하여 국토교통부장관에게 보고하여야 한다.

(2) 시험기관이 지정조치를 하였을 경우 시정조치사항을 국토교통부장관에게 보고하여야 하며, 국토교통부장관은 적합한 시정조치가 이루어졌는데 확인하여야 한다. 필요한 경우 시정조치에 대한 확인을 시험기관 지정 심의위원회가 수행하게 할 수 있다.

8) 시험기관의 지정취소

(1) 국토교통부장관은 시험기관으로 지정한 이후에 당해 시험기관에 다음과 같은 사유가 발생한 경우에는 시행규칙 제14조의8 제2항에 따라 시험기관의 지정을 취소하거나 시험업무를 정지시킬 수 있다.

① 시험기관의 지정요건에 불충족되었을 경우

② 시정조치 결과를 허위로 보고한 경우

③ 성능평가 시험업무를 수행하는 중에 부정한 사항이 있을 경우
④ 성능평가 시험업무를 태만한 경우
⑤ 기타 국토교통부장관이 시험기관으로서 부적합하다고 판단한 경우

(2) 시험기관이 업무를 휴지하거나 폐지하고자 하는 경우에는 1개월전에 이를 국토교통부장관에게 신고하여야 한다.

(3) 시험기관이 주된 사무소의 소재지나 기관의 명칭 등을 변경하고자 하는 경우에는 국토교통부장관에게 이를 신고하여야 한다.

9) 시험기관 운영규정

(1) 법 제27조의4 제1항에 따라 지정된 시험기관은 다음 사항이 포함된 시험기관 운영규정(안)을 마련하여 국토교통부장관에게 제출하여야 하며, 1개월이내에 국토교통부 장관의 승인을 받아 적용하여야 한다, 이를 변경하고자 하는 때에도 같다.

① 시험기관 구성 조직 및 인원
② 시험원의 업무 및 책임
③ 시험수행시 사용될 시설 및 장비
④ 시험시설 및 장비, 시험과정 등의 보안관리
⑤ 시험접수 절차
⑥ 시험 진행현황의 관리
⑦ 시험원의 교육훈련 및 복무수칙
⑧ 시험수행방법 및 절차
⑨ 시험결과 기록의 유지보관
⑩ 자료의 유지관리
⑪ 각종 시험수수료 및 이의 원가자료
⑫ 기타 시험수행에 필요한 사항

2) 항공보안장비 성능검사

시행규칙 제14조의5 법 제27조제2항에 따라 "국토부령으로 정하는 장비의 성능 검사" 란 「물품관리법」 제16조의2제1항에 따른 조달청장이 정한 경제적 사용연수(내용연수)를 연장하여 장비를 계속 사용하고자 하는 경우를 말한다.

장비의 내용연수를 연장하여 장비를 계속 사용하려는 장비운영자는 인증기관에 장비의 내용연수 연장을 확인 받아 운영하여야 하며 내용연수 연장을 위한 성능 검사 기준·방법·절차 등에 관한 사항은 국토교통부장관이 정하여 고시한다.

3) 항공보안장비 정기점검

시행규칙 제14조의6 법 제27조제4항에 따라 국토교통부장관은 매년 제14조의3에 따라 성능 인증을 받은 장비에 대하여 다음 각 호의 성능확인·점검을 실시하여야 하며 국토교통부장관은 필요하다고 인정하는 경우에는 정기점검 이외 수시점검을 실시할 수 있다.

(1) 제14조의2에 따른 장비 제작자의 성능 인증 품질시스템 확인

(2) 제14조의3에 따른 장비 제작자의 성능인증 신청절차 등의 적정성 확인

(3) 성능 인증을 받은 장비(장비 운영자가 사용하는 장비를 말한다)가 제14조의3에 따른 인증 받을 당시의 성능을 유지하고 있는지 여부 점검

(4) 기타 국토교통부장관이 필요하다고 인정하는 사항

법 제27조제4항에 따라 국토교통부장관은 점검 및 시정조치계획의 검토 등을 인증기관으로 하여금 수행하게 할 수 있으며 세부 점검 기준·방법·절차 등에 관한 필요한 사항은 국토교통부장관이 정하여 고시한다.

4) 항공보안장비 시험기관 지정기준

시행규칙 제14조의7 법 제27조의4제2항에서 국토부령으로 정하는 시험기관의 지정기준" 이란 별표와 같으며 시험기관 지정을 받으려는 법인이나 단체(지정신청자)는 정하는 지정기준을 갖추고 항공보안장비 시험기관 지정 신청서에 다음 각 호의 서류를 첨부하여 국토교통부장관에게 제출하여야 한다. 이 경우 담당 공무원은 「전자정부법」 제36조 제1항에 따른 행정정보의 공동이용을 통하여 법인 등기사항증명서(법인인 경우만 해당한다)를 확인하여야 한다.

(1) 성능평가시험 및 성능검사를 위한 조직, 인력 현황, 시험 설비 등을 기재한 사업계획서
(2) 성능평가시험 및 성능검사 등을 수행하기 위한 절차, 방법 등을 기재한 업무규정
(3) 법인의 정관 또는 단체의 규약
(4) 사업자등록증 및 인감증명서(법인인 경우에 한한다)
(5) 제14조의7제1항에 따른 시험기관 지정기준을 갖추었음을 입증하는 서류
(6) 그 밖에 국토교통부장관이 정하는 서류

국토교통부장관은 지정신청서를 제출받은 경우에는 현장평가 등이 포함된 심사계획서를 작성하여 지정신청자에게 통보하고, 그 심사계획에 따라 심사하여야 한다.

지정신청자가 지정기준에 적합하다고 인정하는 때에는 항공보안장비 시험기관 지정서를 발급하고 다음 각 호에 정한 사항을 고시하여야 한다.

(1) 항공보안장비 시험기관의 명칭
(2) 항공보안장비 시험기관의 소재지
(3) 지정 일자 및 지정번호
(4) 업무수행 범위

(5) 그 밖에 국토교통부장관이 정하는 사항

세부 시험기관 지정 및 심사 등에 관한 필요한 사항은 국토교통부장관이 정하여 고시한다.

5. 항공보안장비 시험기관 지정취소

제27조의5(시험기관의 지정취소 등) ① 국토교통부장관은 제27조의4에 따라 시험기관으로 지정받은 법인이나 단체가 다음 각 호의 어느 하나에 해당하는 경우에는 그 지정을 취소하거나 1년 이내의 기간을 정하여 그 업무의 전부 또는 일부의 정지를 명할 수 있다. 다만, 제1호 또는 제2호에 해당하는 때에는 그 지정을 취소하여야 한다.

1. 거짓이나 그 밖의 부정한 방법을 사용하여 시험기관으로 지정을 받은 경우
2. 업무정지 명령을 받은 후 그 업무정지 기간에 성능평가시험을 실시한 경우
3. 정당한 사유 없이 성능평가시험을 실시하지 아니한 경우
4. 제27조제2항에 따른 기준·방법·절차 등을 위반하여 성능평가시험을 실시한 경우
5. 제27조의4제2항에 따른 시험기관 지정기준을 충족하지 못하게 된 경우
6. 성능평가시험 결과를 거짓으로 조작하여 수행한 경우

② 제1항에 따른 지정취소와 업무정지의 기준 등에 관하여 필요한 사항은 국토교통부령으로 정한다.

1) 항공보안장비 시험기관 지정취소

시행규칙 제14조의8 법 제27조의5제2항에서 “국토부령으로 정하는 시험기관의 지정취소와 업무정지의 기준” 이란 별표와 같다.

시험기관의 지정취소와 업무정지 등에 관한 필요한 세부 사항은 국토교통부장관이 정하여 고시하며 시험기관의 지정을 취소하거나 업무정지

처분을 한 경우에는 지체 없이 그 사실을 관보 등에 공고하여야 하고, 시험기관은 그 사실을 인터넷 홈페이지에 기재하여야한다.

2) 인증심사위원회 구성운영

시행규칙 제14조의9 국토교통부장관은 성능 인증제도를 효율적으로 운영하기 위하여 인증심사위원회 및 시험기관지정 심사위원회를 구성하여 운영할 수 있으며 인증심사위원회는 인증기관의 장이 인증심사위원회를 구성 · 운영할 수 있다.
이 규칙에서 정한 사항 외에 인증 심사위원회 및 시험기관지정심사위원회의 구성 및 운영 등 성능 인증제도의 시행에 관한 필요한 세부 사항은 국토교통부장관이 정하여 고시한다.

3) 성능인증 기록관리

시행규칙 제14조의10 법 제27조의3 및 제27조4에 따른 인증기관 또는 시험기관은 인증 · 점검 · 시험 등 이 법에 따라 시행하는 사항에 대하여는 기록(전자장치에 파일 등의 형태로 저장된 기록을 포함한다)하고 보관 및 관리하여야 하며, 시험기관이 그 업무를 하지 아니하게 되었을 경우에는 1개월 이내에 그 모든 자료를 인증기관에 제출하여야 한다.
장비운영자는 매년 1월말까지 사용하고 있는 장비의 내용연수 현황과 내용연수 연장을 위한 성능 검사 현황을 국토교통부장관에게 통보하여야 하며 인증기관으로 하여금 관리하도록 할 수 있다.

6. 수수료

> **제27조의6(수수료)** 제27조제1항에 따라 항공보안장비 성능 인증을 받으려는 자는 국토교통부령으로 정하는 바에 따라 인증기관 및 시험기관에 수수료를 내야 한다.

시행규칙 제14조의11 법 제27조의6에 따라 인증기관 또는 시험기관이 받을 수 있는 수수료는 다음 각 호와 같이 구분하며 수수료 부과기준은 별표 4와 같다.

(1) 성능 인증, 정기 또는 수시점검 등 비용 : 기본료, 직접인건비, 간접비, 직접경비, 기타경비의 비용을 합산하여 산정한 금액

(2) 성능평가시험, 성능 검사 등 비용 : 기본료, 인건비, 재료비, 장비사용료, 출장비, 기타경비의 비용을 합산하여 산정한 금액

장비운영자와 제작자는 제1항에 따른 수수료를 다음 각 호에 따라 인증기관 및 시험기관에 해당 수수료를 납부하여야 하며 수수료 납부금액, 납부기간, 납부방법 등에 대한 세부 사항은 인증기관 또는 시험기관이 따로 정한다.

(1) 제14조의3에 따른 장비의 성능 인증 신청 및 성능평가시험, 인증서 변경 등에 관한 수수료

(2) 제14조의5에 따른 성능 검사 등에 관한 수수료

(3) 제14조의6에 따른 정기 · 수시점검 에 관한 수수료

인증기관 또는 시험기관은 제1항 각 호의 규정에 의한 수수료 외의 별도 부과금을 받을 수 없다.

7. 교육훈련

제28조(교육훈련 등) ① 국토교통부장관은 항공보안에 관한 업무수행자의 교육에 필요한 사항을 정하여야 한다.
② 보안검색 업무를 감독하거나 수행하는 사람은 국토교통부장관이 지정한 교육기관에서 검색방법, 검색절차, 검색장비의 운용, 그 밖에 보안검색에 필요한 교육훈련을 이수하여야 한다.
③ 제2항에 따른 교육기관으로 지정받으려는 자가 갖추어야 하는 시설·장비 및 인력 등의 지정기준에 대하여는 국토교통부령으로 정한다.
④ 국토교통부장관은 교육기관으로 지정받은 자가 다음 각 호의 어느 하나에 해당하는 경우에는 그 지정을 취소할 수 있다. 다만, 제1호에 해당하면 지정을 취소하여야 한다.
1. 거짓이나 그 밖의 부정한 방법으로 교육기관의 지정을 받은 경우
2. 제3항의 지정기준에 미달하게 된 경우. 다만, 일시적으로 지정기준에 미달하게 되어 3개월 내에 지정기준을 다시 갖춘 경우에는 그러하지 아니하다.
3. 교육의 전 과정을 2년 이상 운영하지 아니한 경우
⑤ 교육기관의 지정이나 교육훈련에 관하여 필요한 사항은 국토교통부장관이 정한다.

시행규칙 제15조 법 제28조 제2항에 따라 보안검색교육기관으로 지정받으려는 자는 보안검색교육기관 지정신청서에 다음 각 호의 사항이 포함된 교육계획서를 첨부하여 국토교통부장관에게 제출하여야 한다.

(1) 교육과정 및 교육내용

(2) 교관의 자격 · 경력 및 정원 등의 현황

(3) 교육시설 및 교육장비의 현황

(4) 교육평가방법

(5) 연간 교육계획

(6) 교육규정

법 제28조제2항에 따른 보안검색교육기관의 시설 · 장비 및 인력 등의

지정기준은 별표와 같다.

국토교통부장관은 제출된 신청서류를 심사하여 그 내용이 지정기준에 적합한 경우에는 보안검색교육기관으로 지정하고, 보안검색교육기관 지정서를 발급하여야 하며 보안검색교육기관은 변경이 있는 경우에는 그 변경내용을 국토교통부장관에게 보고하여야 한다.

시행규칙 [별표1] 보안검색교육기관의 시설·장비 및 인력 등의 지정기준(제15조제2항 관련)은 다음과 같다.

1. 시설

가. 교육시설

1) 교육환경 및 보건위생 상 적합한 장소에 설립하되, 그 목적을 실현함에 필요한 다음의 시설을 갖추어야 한다.
   가) 강의실 또는 열람실
   나) 실습 및 실기 등을 요하는 경우에는 이에 필요한 시설 및 설비
   다) 사무실, 화장실, 급수시설 등 보건위생상 필요한 시설 및 설비
   라) 가)부터 다)까지에서 규정한 시설 외에 교육에 필요한 교구 및 설비(전력설비를 포함한다)
2) 항공보안검색요원 초기교육을 실시한 후 공항시설 또는 모의공항시설을 이용하여 직무교육(OJT)을 할 수 있는 조건을 구비하여야 한다.

나. 단위시설의 기준

1) 강의실 면적은 60제곱미터 이상으로 하되, 1제곱미터당 1.2명 이하가 되도록 할 것
2) 실습실 면적은 45제곱미터 이상일 것
3) 화장실은 남녀별로 구분되어야 하고, 급수시설은 상수도를 사용하는 경우를 제외하고는 그 수질이 「먹는물 수질기준 및 검사 등에 관한

규칙」 제2조에 따른 수질기준에 적합할 것

4) 채광시설, 환기시설 및 냉난방시설은 보건위생상 적절한 것이어야 하고, 야간교육을 하는 경우에는 조명시설은 책상면과 칠판면의 조도가 150럭스 이상일 것

5) 방음시설은 「소음 · 진동관리법」에 따른 생활소음 규제기준에 적합하여야 하며, 소방시설은 「소방기본법」에 따른 소화기구 등 방화 및 소방에 필요한 시설을 갖출 것

2. 장비

가. 검색교육을 실시할 수 있는 X-ray, 문형금속탐지기 및 휴대용 금속탐지기를 각 1대 이상 보유할 것

나. 보안검색교육을 위한 교육훈련 프로그램(CBT)을 보유할 것

다. 교육용 위해물품(모의폭발물, 도검류 등)을 30종 이상 보유할 것

라. 시청각 장비로서 TV, VTR, OHP, 빔프로젝트 등을 보유할 것

마. 실습용 컴퓨터를 개인당 1대 이상 보유할 것

바. 국제민간항공기구(ICAO), 국제항공운송협회(IATA) 등에서 발간하는 보안교육 자료를 10종 이상 보유할 것

3. 인력

가. 교관의 자격: 다음 중 어느 하나에 해당하는 자로서 국제민간항공기구, 국제항공운송협회 등 관련 전문교육기관에서 교관 교육과정을 이수한 자

1) 항공보안 관련 업무경력 3년 이상인 자

2) 보안검색장비 관리, 유지 또는 보수경력이 3년 이상인 자

3) 보안장비 제작사에서 해당 과정에 맞는 교육을 이수한 자

나. 교관 및 행정요원의 수: 다음의 기준을 모두 갖출 것

1) 전임교관 3명 이상. 다만, 교관 1명당 주 20시간 이내의 교육을 담당하여야 한다.
2) 행정요원 1명 이상
3) 보조교관 1명 이상(필요한 경우만 해당한다)

(국토교통부 예규) 국가민간항공보안 교육훈련지침

1) 목적

이 지침은 항공보안법 제28조 제1항 · 제5항 및 국가항공보안계획 10.2.6에 따라 항공보안업무 수행자의 교육훈련에 필요한 사항을 정함을 목적으로 한다.

2) 용어정의

(1) "보안검색(Security Screening)"이란 불법방해행위를 하는데 사용될 수 있는 무기 또는 폭발물 등 위험성이 있는 물품을 탐지 및 수색하기 위한 행위를 말한다.
(2) "불법방해행위(Act of unlawful Interference)"란 항공기의 안전운항을 저해할 우려가 있거나 운항을 불가능하게 하는 행위로서 「항공보안법」(이하 "법"이라 한다) 제2조제8호에 따른 행위를 말한다.
(3) 시설과 항공기의 안전운항을 위해 공항운영자가 국토교통부장관으로부터 승인을 받아 관리 · 운영하는 보안계획을 말한다.
(4) "항공운송사업자 자체 보안계획(Airline security programme)"이란 항공기의 안전운항을 위해 항공운송사업자가 국토교통부장관에게 승인을 받아 관리 · 운영하는 보안계획을 말한다.
(5) "공항보안책임자"란 공항안전 및 보안업무 등에 대한 지도 · 감독업무를 총괄 수행하는 자로서 공항운영자가 지정한 자를 말한다.

(6) “공항보안감독자”란 공항안전 및 보안업무 등에 대한 지도·감독업무를 수행하는 자로서 공항보안책임자의 추천을 받아 공항운영자가 지정한 자를 말한다.

(7) “항공사보안책임자”란 항공사 안전 및 보안업무 등에 대한 지도·감독업무를 수행하는 자로서 항공운송사업자가 지정한 자를 말한다.

(8) “항공사보안감독자”란 항공사 안전 및 보안업무 등에 대한 지도·감독업무를 수행하는 자로서 항공사보안책임자의 추천을 받아 항공운송사업자가 지정한 자를 말한다.

(9) “보안검색감독자 또는 항공경비감독자”란 보안검색요원 또는 항공경비요원의 업무 수행실태 등을 감독하는 자로서 공항운영자 및 항공운송사업자가 지정한 자를 말한다.

(10) “항공보안교관”이란 이 지침에 따라 항공전문교육기관 및 보안검색교육기관에서 교육·강의를 담당하는 자를 말한다.

(11) “사내보안교관”란 이 지침에 따라 공항운영자등이 자체 보안 교육계획에 의하여 보안교육을 실시하는 사내직원을 말한다.

(12) “보안검색요원”이란 불법방해행위를 하는데 사용될 수 있는 무기 또는 폭발물 등 위험성이 있는 물품을 탐지 및 수색하기 위한 보안검색 업무를 수행하는 자를 말한다.

(13) “항공경비요원”이란 공항 내의 공항시설 또는 항공사의 중요시설, 항공기 등을 보호하고, 보호구역의 출입을 통제하는 업무와 승객 아닌 자 및 물품 등에 대한 검색 또는 신원확인 업무를 수행하는 자를 말한다.

(14) “폭발물처리요원”이란 폭발물의 발견 또는 신고 접수 시 초동 조치를 취하고, 폭발물 해체 작업 수행을 위하여 공항운영자등이 지정한 자를 말한다.

(15) “폭발물 위협분석관”이란 폭발물의 위협분석을 위하여 공항보안책임자나 항공사보안책임자의 추천을 받아 공항운영자나 항공운송사업자가 지정한 자를 말한다.

(16) "항공안전보안장비 유지보수요원"이란 「항공안전보안장비 종류, 성능 및 운영 기준」 제8조에 따라 검색장비를 관리·유지하기 위하여 보안검색장비 운용자가 지정한 자를 말한다.

3) 적용범위

이 지침은 법 제10조제2항에 따라 자체 보안계획을 수립하는 공항운영자, 항공운송사업자, 항공기취급업체, 항공기정비업체, 공항상주업체, 항공여객·화물터미널운영자 등(이하 "공항운영자등"이라 한다)에 대하여 적용하며, 그 교육훈련 대상자는 다음 각 호와 같다.

(1) 공항보안책임자 또는 공항보안감독자
(2) 항공사보안책임자 또는 항공사보안감독자
(3) 보안검색감독자 또는 항공경비감독자
(4) 항공보안교관 및 사내 보안교관
(5) 보안검색요원
(6) 항공경비요원
(7) 항공기승무원
(8) 화물보안 업무요원
(9) 폭발물처리요원
(10) 폭발물 위협분석관
(11) 항공교통관제사
(12) 탑승수속 담당 직원
(13) 공항운영자 및 항공운송사업자의 전화 접수자 및 안내요원
(14) 공항운영자의 보안 유관 부서의 장 또는 이와 동등한 직급을 가진 자
(15) 항공운송사업자의 보안 유관 부서의 장 및 중간관리자
(16) 공항운영자 및 항공운송사업자의 중간관리자급
(17) 화물터미널운영자의 각 부서의 장 또는 이와 동등한 직급을 가진 자

(18) 기내식 시설 운영자 각 부서의 장 또는 이와 동등한 직급을 가진 자
(19) 지상조업체 조직내의 각 부서의 장 또는 이와 동등한 직급을 가진 자
(20) 급유시설 조직내의 각 부서의 장 또는 이와 동등한 직급을 가진 자
(21) 공항 및 항공기 청소업체의 각 부서의 장 또는 이와 동등한 직급을 가진 자
(22) 공항운영자의 공항 운영 관련 근무 직원
(23) 승객운송 직원, 항공기 정비사
(24) 승객과 위탁수하물의 일치여부 확인 직원 및 위탁수하물 수송허가 직원
(25) 항공운송사업자의 총기류 등 무기류 운송 접수 담당 직원
(26) 화물터미널 운영 요원
(27) 기내식 요원, 지상조업체 직원, 급유업체 요원, 공항지역 및 항공기 청소요원
(28) 이동지역 안전관리자
(29) 공항운영자, 항공운송사업자 등 일반 직원
(30) 항공안전보안장비 유지보수요원
(31) 면세점 등 보호구역내 상주업체(부서)의 장 또는 이와 동등한 직급을 가진 자 및 그 직원

4) 항공보안 교육훈련 관련 국가정책 및 국토교통부 책임

(1) 국가항공보안 교육훈련의 기본방침은 다음 각 호와 같다.

① 항공보안 수준 표준화
② 위협증가시 신속한 보안 강화능력 배양
③ 최신 항공보안 변화에 대한 적극 대응
④ 위기사태 발생시 신속한 대응 능력 함양

⑤ 국제적 수준에 맞는 항공보안 체제 유지
⑥ 현장적응력이 강한 전문 보안요원 양성
⑦ 항공 관련 업무 수행자에 대한 보안 의식 함양

(2) 국토교통부장관은 국가민간항공보안 교육훈련지침을 제정·시행하며 효율적인 교육훈련을 위하여 필요한 조사·연구를 실시하며, 공항운영자, 항공운송사업자, 항공보안 교육전문 훈련기관, 그 밖의 관련조직 등의 교육훈련계획 수립과 운영에 필요한 사항을 지도한다.

(3) 국토교통부장관은 항공보안 교육훈련의 발전을 위하여 필요한 경우에는 항공보안 관계 전문가를 자문위원으로 위촉할 수 있으며 효율적인 교육훈련기준을 개발하고 정보를 수집 교환하기 위하여 국제민간항공기구 및 외국 정부 등과 협력하며, 다른 체약국으로부터 교육훈련 정보 제공을 요청 받은 경우에는 이를 제공할 수 있다.

(4) 국토교통부장관은 교육훈련지침을 관리·시행하고, 보안교육 업무를 조정할 보안교육훈련조정관을 지정하여 다음 각 호의 업무를 수행하게 한다.

① 공항운영자 등의 항공보안 교육훈련 교과과정 검토 및 조정
② 교육기법 및 교육장비에 대한 검토 및 조정
③ 교육훈련지침의 효율성 평가
④ 향후 보안 교육관련 정책 방향 제시
⑤ 소속기관에서 실시하는 교육훈련에 관한 지도·감독
⑥ 기타 협조 및 협력체제 유지를 위한 공항운영자등의 보안 교육훈련 조정자 및 교관들과의 정기적인 회의 개최

5) 교육훈련과정의 구분

(1) 항공보안업무 수행자에 대한 교육 훈련과정은 담당 직무에 따라 다음 각 호와 같이 구분하여 시행한다.

① 항공보안 관련 신규 채용자 또는 최초 임명자 등에게 직무를 부여하기 이전에 직무와 관련한 기본적인 지식과 기량을 전수하기 위한 초기교육(Initial Training)

② 초기교육을 이수한 자를 대상으로 업무의 시범 및 관찰과 실제업무의 수행을 통하여 받는 직무교육(OJT, On-the-Job Training)

③ 소관 업무 내용의 변경 또는 추가와 신기술의 도입 등에 따라 필요한 지식과 기량을 전수하기 위하여 정기적으로 실시하는 정기교육(Recurrent Training)

(2) 공항운영자 등은 항공보안업무 수행자의 보안의식 제고와 보안업무 능력향상 등을 위해 필요한 경우에는 교육과정 외의 특별교육과정을 개설하여 운영할 수 있다.

6) 항공보안교육기관 및 보안검색교육기관

(1) 국토교통부장관은 항공보안업무 수행자의 전문성 제고를 위하여 다음 각 호의 교육과정을 「운항기술기준」에 따라 지정한 항공훈련기관에서 실시하게 할 수 있다.

① 항공보안 교관 교육과정

② 국토교통부장관이 인정하는 ICAO 항공보안 교육 과정

③ 항공보안감독관 초기교육 또는 정기교육 과정

④ 공항 및 항공사보안책임자·감독자 등의 초기 또는 정기교육과정

⑤ 그 밖에 국토교통부장관의 승인을 받은 특별교육 과정

(2) 보안검색교육기관은 다음 각 호의 교육을 실시한다.

① 보안검색요원의 초기·직무 또는 정기교육과정

② 보안검색감독자 초기 또는 정기교육과정

③ 항공경비요원 초기 또는 정기교육과정

④ 항공경비감독자 초기 또는 정기교육과정

⑤ 공항 및 항공사 보안책임자 및 감독자 등의 초기 또는 정기교육과정 그 밖의 특별교육 과정

7) 보안검색교육기관의 교육훈련지침 및 평가방법

(1) 보안검색교육기관은 별표 2에 따른 훈련지침을 준수하여 교육을 실시하여야 하며 시행규칙 제15조 제1항 제4호에 따른 교육평가방법은 다음 각 호에 따른다.

① 시험과목, 시험의 실시요령, 판정기준, 시험문제출제, 시험방법 · 관리 · 보관 · 시험장, 시험감독 및 채점 등은 자체 실정에 맞게 보안검색교육기관의 장이 정한다.

② 교육생은 총 교육시간의 90퍼센트 이상 출석하여야 하고, 성적은 100점 만점의 경우 80점 이상을 득하여야 수료할 수 있다. 다만, 컴퓨터교육(CBT) 형태의 보안검색훈련 프로그램으로 평가할 경우에는 해당 프로그램별 평가기준에 따른다.

8) 교육훈련 실시 및 평가

(1) 교육대상자가 속한 공항운영자등은 교육 중 해당 교육을 자체적으로 실시하거나 국토교통부장관이 지정한 전문 교육기관에 위탁하여 교육을 실시한다. 다만, 보안검색감독자 및 보안검색요원에 대하여는 법 제28조에 따라 국토교통부장관이 지정한 교육기관에 위탁하여 교육을 실시한다.

(2) 다음 각 호의 교육은 반드시 평가를 실시하여 일정 점수이상을 획득한 자에 한정하여 교육을 이수한 것으로 한다.

① 항공보안교관 교육과정

② 항공보안감독관 초기교육 과정

③ 공항보안감독자 및 항공사보안감독자 초기교육 과정

④ 보안검색감독자 및 항공경비감독자 초기교육 과정

⑤ 보안검색요원, 항공경비요원 초기교육, 직무교육 및 정기교육과정

9) 보안검색요원 등에 대한 자격인증

(1) 보안검색교육기관의 장은 국가항공보안계획제10.2호에 따라 항공보안교관 · 보안검색요원 · 항공경비요원에 대한 자격인증을 시행하여야 한다.

(2) 보안검색교육기관의 장은 자격을 인증한 항공보안교관 · 보안검색요원 · 항공경비요원에 대하여 별지 제2호서식의 인증서를 발급하여야 하며 자격인증을 위해 법 제33조제1항에 따라 지정한 항공보안감독관이 입회할 수 있도록 하여야 한다.

10) 정기교육 미 이수시 조치

(1) 정기교육 대상자는 초기교육 또는 정기교육을 수료한 날이나 자격인증을 받은 날부터 1년 이내에 정기교육을 이수하여야 한다.

(2) 정기교육을 부득이한 사유로 이수하지 못한 사람이 1년이 경과한 날부터 30일 이내에 정기교육을 이수한 경우에는 1년 이내에 정기교육을 이수한 것으로 본다.

(3) 정기교육 대상자가 정기교육을 이수하지 못한 경우 해당 업무의 수행자격은 정지되며, 자격이 정지된 이후 6개월 이내에 정기교육을 이수하면 자격을 회복할 수 있다. 다만, 해외 파견 등 불가피한 사유로 교육을 이수할 수 없는 경우에는 그 기간 중 1년의 범위에서 자격을 회복할 수 있는 정기교육 이수기간에서 제외한다.

11) 항공보안 교관의 자격 · 경력 등

(1) 시행규칙 제15조 제1항 제2호 및 운항기술기준에 따른 교관의 자격 · 경력 등은 다음 각 호의 어느 하나에 해당하는 자로서 국제민간항공기구(ICAO), 국제항공운송협회(IATA), 미국교통보안청(TSA), 항공훈련기관에서 교관교육과정을 이수한 자이어야 한다.

① 항공보안관련 업무 경력 3년 이상인 자
② 보안검색장비 관리, 유지 또는 보수경력이 3년 이상인 자
③ 보안장비 제작사에서 해당과정에 맞는 교육을 이수한 자

(2) 전임 교관 이외의 교관은 항공보안 관련 기획업무 또는 해당 분야에 2년 이상 경험을 가진 자로서 국토교통부장관 또는 교육기관의 장이 임명하는 자를 말한다.

(3) 항공기 승무원, 탑승수속 직원, 항공교통관제사, 화물보안 업무 요원(화물보안검색요원은 제외한다)등에 대하여 항공보안 교육을 자체적으로 실시하는 경우 교관의 자격기준은 다음 각 호의 어느 하나와 같다.

① 국제민간항공기구(ICAO), 국제항공운송협회(IATA), 미국 교통보안청(TSA), 항공훈련기관의 교관 교육과정을 이수한 자로 항공보안 경력이 1년 이상인 자
② 항공보안 업무 또는 해당 분야실무 경험 2년 이상인 자 중 기관의 장 또는 소속의 장이 임명한 자

(4) 교육기관의 장은 항공보안교관의 자질 향상과 교육의 효율성 제고를 위하여 국제민간항공기구(ICAO), 국제항공운송협회(IATA), 미국 교통보안청(TSA) 및 항공훈련기관 등에서 실시하는 세미나, 국제회의, 교육 등에 교관들을 2년에 1회 이상 참여하도록 하여야 한다.

12) 공항보안책임자 및 공항보안감독자

(1) 공항운영자는 보안책임자나 감독자를 지정하려면 별표 4의 공항보안책임자 초기교육 과정을 이수하였거나 지정 후 6개월 안에 이수하도록 하여야 한다.

(2) 국제민간항공기구(ICAO), 국제항공운송협회(IATA), 미국 교통보안청(TSA) 등에서 실시하는 항공 또는 공항보안 관리자 과정을 이수한 경우에는 공항보안책임자 초기교육을 이수한 것으로 본다.

(3) 공항운영자는 보안책임자 또는 감독자에 대하여 별표 4의2의 정기교육 과정을 이수하도록 하여야 한다. 다만, 공항보안책임자가 국제민간항공기구(ICAO), 국제항공운송협회(IATA), 아시아태평양경제협력체(APEC) 등에서 주관하는 항공보안세미나, 항공보안 관련 국제심포지엄 또는 관련 국제회의에 2일 이상 참석한 경우에는 정기교육을 이수한 것으로 본다.

13) 항공사보안책임자 및 항공사보안감독자

(1) 항공운송사업자가 보안책임자 또는 감독자를 지정하려면 별표 5의 초기교육 과정을 이수하였거나 지정 후 6개월 안에 이수하도록 하여야 한다.

(2) 보안책임자 또는 감독자가 국제민간항공기구(ICAO), 국제항공운송협회(IATA), 미 교통보안청(TSA) 등에서 실시하는 항공사의 보안관리자 과정을 이수한 경우에는 초기교육을 이수한 것으로 본다.

(3) 항공운송사업자는 보안책임자 및 감독자에 대하여 별표 5의2의 정기교육 과정을 이수하도록 하여야 한다. 다만, 항공사보안책임자가 국제민간항공기구(ICAO), 국제항공운송협회(IATA), 아시아태평양경제협력체(APEC) 등에서 주관하는 항공보안세미나, 항공보안 관련 국제 심포지엄 또는 관련 국제회의에 2일 이상 참석한 경우에는 정기교육을 이수한 것으로 본다.

14) 보안검색감독자 및 항공경비감독자

(1) 공항운영자등은 보안검색 초기교육과정 및 별표 6의 초기교육을 이수한 자를 보안검색감독자로 지정한다. 다만, 교육 일정 등의 사유로 인하여 별표 6의 교육과정 이수가 곤란한 경우에는 지정한 날로부터 3개월 안에 이수하도록 하여야 하며 보안검색감독자에 대하여 별표 6의2에 따른 정기교육을 이수하도록 하여야 한다.

(2) 공항운영자등은 항공경비 초기교육과정 및 별표 7의 초기교육을 이수한 자를 항공경비감독자로 지정한다. 다만, 교육 일정 등의 사유로 인하여 별표 7의 교육과정 이수가 곤란한 경우에는 지정한 날부터 3개월 안에 이수하도록 하여야 하며 항공경비감독자에 대하여 별표 7의2에 따른 정기교육을 이수하도록 하여야 한다.

15) 보안검색요원

(1) 공항운영자등은 보안검색요원이 검색 업무를 수행하기 전에 보안검색교육기관으로부터 별표 8에 따른 보안검색요원 초기교육 및 별표 8의2의 직무교육 이수 여부를 확인한 후에 검색업무를 수행하도록 하여야 하며 보안검색요원에 대하여 연 1회 이상 별표 8의3의 정기교육을 이수하도록 하여야 한다.

(2) 공항운영자등은 보안검색요원이 보안검색업무를 수행하는 중에 국토교통부장관이 인정하는 관계기관이나 공항운영자등이 실시하는 불시평가에서 합격하지 못한 경우에는 보안검색교육기관에서 8시간 이상 재교육을 받은 후에 보안검색업무를 수행하도록 하여야 한다. 이 경우 정기교육을 이수한 것으로 본다.

16) 항공경비요원

(1) 공항운영자등은 항공경비요원에 대하여 별표 9와 별표 9의2의 초기교육 및 직무교육을 이수하도록 하여야 하며 항공경비요원에 대하여 별표 9의3에 따른 정기교육을 이수하도록 하여야 한다. 다만, 경비업법 및 청원경찰법에 따라 매월 실시하는 교육에 정기교육 내용이 포함된 경우에는 정기교육을 이수한 것으로 본다.

(2) 공항운영자등은 항공경비요원이 항공경비업무를 수행하는 중에 국토교통부장관이 인정하는 관계기관이나 공항운영자등이 실시하는 불시평가에서 합격하지 못한 요원에 대하여는 보안검색교육기관에서 8시간 이상 재교육을 받은 후 항공경비업무를 수행하도록 하여야 한다. 이 경우 정기교육을 이수한 것으로 본다.

(3) 항공경비요원 중 상주직원 출입초소에서 X-ray 검색장비를 사용하여 X-ray 판독업무를 수행하는 자는 보안검색요원 초기교육, 직무교육 및 정기교육을 이수하여야 한다.

17) 운항 · 객실승무원, 탑승수속직원 및 유지보수요원

(1) 항공운송사업자는 승무원에 대하여 별표 10과 별표 10의2의 교육을 이수하도록 하며, 탑승권 발급업무를 수행하는 직원에 대하여는 별표 11과 별표 11의2의 교육을 이수하도록 하여야 한다.

(2) 공항운영자등은 항공안전보안장비의 유지보수요원에 대하여 별표 12와 별표 12의 2의 초기교육 및 정기교육을 이수하도록 하여야 한다. 다만, 항공안전보안장비 종류, 운영 및 유지관리기준(국토교통부 고시) 제10조제1호에 해당하는 자는 초기교육을 이수한 것으로 본다.

18) 화물보안 업무요원

공항운영자등은 공항에서 화물보안 검색업무를 수행하는 자에게 보안검색요원 초기교육, 직무교육 및 정기교육을 이수하게 하여야 하며, 보안검색 외의 화물보안관련 업무를 수행하는 자에 대하여는 별표 13과 별표 13의2의 초기교육 및 정기교육을 이수하도록 하여야 한다.

19) 폭발물처리요원 및 폭발물처리분석관

(1) 공항운영자등이 폭발물처리요원을 채용하는 경우에는 군 또는 공항, 보안관련 조직에서 폭발물처리 또는 생화학처리업무를 4년 이상 직접 수행한 경력이 있는 자를 대상으로 하고, 채용된 폭발물 처리요원에 대하여는 별표 14에 따른 폭발물 처리요원 직무교육을 이수하도록 하여야 한다.

(2) 공항운영자등은 폭발물처리요원에게 별표 14의2에 따른 정기교육을 이수하도록 하여야 한다. 다만, 해당 연도에 국가정보원, 국방부, 경찰청 등에서 실시하는 폭발물처리관련 교육, 정부 또는 국제민간항공기구(ICAO) 등 국제기구에서 주관하는 대테러 워크숍 및 세미나에 참석한 경우에는 정기교육을 이수한 것으로 본다.

(3) 공항운영자등은 폭발물 위협 분석자에 대하여 별표 15와 별표 15의2의 초기교육 및 정기교육을 이수하도록 하여야 한다.

20) 항공교통관제사

(1) 국토교통부장관 또는 공항운영자는 항공교통관제사에 대하여 임용 후 6개월 안에 별표 16의 초기교육을 이수하도록 하여야 한다. 다만, 교육과정이 개설되어 있지 않은 경우에는 그러하지 아니하다.

(2) 국토교통부장관 또는 공항운영자는 항공교통관제사에 대하여 별표 16의2의 정기교육을 이수하도록 하여야 한다. 다만, 한국공항공사 항공기술훈련원 항공교통관제사 교육과정이나 해당 항공교통관제사의 소속기관이 월 1회 이상 실시하는 자체교육에서 별표 16의2의 교육내용이 포함된 경우에는 정기교육을 이수한 것으로 본다.

21) 공항운영자등의 전화접수자 및 안내요원

공항운영자등은 폭발물의 위협을 받을 수 있는 전화 접수자 및 안내요원에 대하여 별표 17의 폭발물 위협 대응에 대한 교육을 이수하도록 하여야 한다.

22) 보안 유관부서 직원들에 대한 교육

(1) 공항운영자등은 다음 각 호의 어느 하나에 해당하는 직원에 대해서는 별표 18의 교육을 이수하도록 하여야 한다.

① 공항운영자의 각 부서의 장 또는 이와 동등한 직급을 가진 자
② 항공운송사업자의 보안 유관 부서의 장 및 중간관리자
③ 공항운영자 및 항공운송사업자의 중간관리자급
④ 화물터미널운영자 각 부서의 장 또는 이와 동등한 직급을 가진 자
⑤ 기내식시설 운영자 각 부서의 장 또는 이와 동등한 직급을 가진 자
⑥ 지상조업체 조직 내의 각 부서의 장 또는 이와 동등한 직급을 가진 자
⑦ 급유시설 조직 내의 각 부서의 장 또는 이와 동등한 직급을 가진 자
⑧ 공항 및 항공기 청소업체의 각 부서의 장 또는 이와 동등한 직급을 가진 자
⑨ 면세점 등 보호구역내 상주업체(부서)의 장 또는 이와 동등한 직급을 가진 자

(2) 제1항에 따른 직원 외의 다음 각 호의 어느 하나에 해당하는 직원에 대하여는 별표 18의2의 교육을 이수하도록 하여야 한다.

① 공항운영자의 공항 운영 관련 근무 직원
② 승객 운송 직원, 항공기 정비사
③ 승객과 위탁수하물의 일치여부 확인 직원 및 위탁수하물 수송허가 직원

④ 항공운송사업자의 총기류 등 무기류 운송 접수 담당 직원
⑤ 화물터미널 운영 요원
⑥ 기내식 요원
⑦ 지상조업체 요원
⑧ 급유업체 요원
⑨ 이동지역 안전관리자
⑩ 공항 지역 청소요원
⑪ 항공기 청소요원
⑫ 면세점 등 보호구역내 상주업체(부서)의 직원

8. 보안검색요원 기록유지

제29조(검색기록의 유지) 공항운영자 및 항공운송사업자 또는 보안검색을 위탁받은 검색업체는 검색요원의 업무, 현장교육훈련 기록 등의 보안검색에 관한 기록을 국토교통부령으로 정하는 바에 따라 작성·유지하여야 한다.

시행규칙 제16조 법 제29조에 따라 공항운영자 · 항공운송사업자 또는 보안검색을 위탁받은 검색업체는 다음 각 호의 사항이 포함된 보안검색에 관한 기록을 작성하여 1년 이상 보존하여야 하며 전자기록물로 보존할 수 있다.

(1) 보안검색업무를 수행한 항공보안검색요원 · 감독자의 성명 및 근무시간
(2) 항공보안장비의 점검 및 운용에 관한 사항
(3) 법 제21조에 따른 무기 등 위해물품 적발 현황 및 적발된 위해물품의 처리 결과
(4) 항공보안검색요원에 대한 현장교육훈련 기록
(5) 그 밖에 보안검색업무 수행 중에 발생한 특이사항

제7장 항공보안 위협에 대한 대응

1. 항공보안 위협정보

> **제30조(항공보안을 위협하는 정보의 제공)** ① 국토교통부장관은 항공보안을 해치는 정보를 알게 되었을 때에는 관련 행정기관, 국제민간항공기구, 해당 항공기 등록국가의 관련 기관 및 항공기 소유자 등에 그 정보를 제공하여야 한다.
> ② 제1항에 따른 정보 제공의 절차 및 협력사항 등에 관한 세부 사항은 국토교통부령으로 정한다.

시행규칙 제17조 법 제30조에 따라 국토교통부장관이 정보를 제공하여야 할 대상은 다음 각 호와 같다.

(1) 시행령 제2조제2항제1호에 따른 행정기관

(2) 해당 항공기 등록국가 및 운영국가의 관련 기관

(3) 항공기 승객이 외국인인 경우 해당 국가의 관련 기관

(4) 국제민간항공기구(ICAO)

2. 국가항공보안 우발계획

제31조(국가항공보안 우발계획 등의 수립) ① 국토교통부장관은 민간항공에 대한 불법방해행위에 신속하게 대응하기 위하여 국가항공보안 우발계획을 수립·시행하여야 한다.
② 공항운영자등은 제1항의 국가항공보안 우발계획에 따라 자체 우발계획을 수립 · 시행하여야 한다.
③ 공항운영자등은 제2항에 따라 자체 우발계획을 수립 또는 변경하는 경우에는 국토교통부장관의 승인을 받아야 한다. 다만, 국토교통부령으로 정하는 경미한 사항을 변경하는 경우에는 그러하지 아니하다.
④ 제1항부터 제3항까지의 규정에 따른 국가항공보안 우발계획 및 자체 우발계획의 구체적인 내용, 수립기준 및 승인절차 등에 관하여 필요한 사항은 국토교통부령으로 정한다.

1) 우발계획 수립

시행규칙 제18조 법 제31조제1항에 따른 우발계획에는 다음 각 호의 사항이 포함되어야 한다.

(1) 시행령 제2조제2항제1호에 따른 행정기관의 역할
(2) 항공보안등급 발령 및 등급별 조치사항
(3) 불법방해행위 대응에 관한 기본대책
(4) 불법방해행위 유형별 대응대책
(5) 위협평가 및 위험관리에 관한 사항
(6) 그 밖에 항공보안에 관하여 필요한 사항

공항운영자 등이 법 제31조제2항에 따라 수립하는 자체 우발계획에는 다음 각 호의 구분에 따른 사항이 포함되어야 한다.

(1) 공항운영자의 자체 우발계획
　① 시행령 제2조제2항제1호에 따른 행정기관의 역할
　② 공항시설 위협시의 대응대책

③ 항공기 납치시의 대응대책
④ 폭발물 또는 생화학무기 위협시의 대응대책

(2) 항공운송사업자의 자체 우발계획
① 공항시설 위협시의 대응대책
② 항공기납치 방지대책
③ 폭발물 또는 생화학무기 위협시의 대응대책

(3) 항공기취급업체 · 항공기정비업체 · 공항상주업체(보호구역 안에 있는 업체만 해당), 항공여객 · 화물터미널 운영자, 도심공항터미널을 경영하는 자의 자체 우발계획
① 공항시설 위협시의 대응대책
② 폭발물 또는 생화학무기 위협시의 대응대책

2) 우발계획 승인 및 변경

시행규칙 제18조의2 국토교통부장관 또는 지방항공청장은 법 제31조제3항 본문에 따라 자체 우발계획을 승인하려는 경우에는 다음 각 호의 사항을 검토하여야 한다.

(1) 우발계획과의 적합성
(2) 법 제3조에 따른 국제협약 및 「국제민간항공협약」 부속서 17 등과의 적합성

법 제31조제3항 단서에서 "국토교통부령으로 정하는 경미한 사항"이란 다음 각 호의 사항을 말한다.

(1) 기관 운영에 관한 일반현황의 변경
(2) 기관 및 부서의 명칭 변경
(3) 항공보안에 관한 법령, 고시 및 지침 등의 변경사항 반영

공항운영자등은 자체 우발계획을 법 제10조제2항에 따른 자체 보안계획에 포함하여 국토교통부장관의 승인을 받을 수 있다.

3. 보안조치

> **제32조(보안조치)** 국토교통부장관은 민간항공에 대한 위협에 신속한 대응이 필요한 경우에는 공항운영자등에 대하여 필요한 조치를 할 수 있다.

4. 항공보안 감독

> **제33조(항공보안 감독)** ① 국토교통부장관은 소속 공무원을 항공보안 감독관으로 지정하여 항공보안에 관한 점검업무를 수행하게 하여야 한다.
> ② 국토교통부장관은 대통령령으로 정하는 바에 따라 관계 행정기관과 합동으로 공항 및 항공기의 보안실태에 대하여 현장점검을 할 수 있다.
> ③ 국토교통부장관은 제1항 및 제2항에 따른 점검업무의 수행에 필요하다고 인정하는 경우에는 공항운영자등에게 필요한 서류 및 자료를 제출하게 할 수 있다.
> ④ 국토교통부장관은 제1항 및 제2항에 따른 점검 결과 그 개선이나 보완이 필요하다고 인정하는 경우에는 공항운영자등에게 시정조치 또는 그 밖의 보안대책 수립을 명할 수 있다.
> ⑤ 제1항 또는 제2항에 따라 점검을 하는 경우에는 점검 7일 전까지 점검일시, 점검이유 및 점검내용 등에 대한 점검계획을 점검 대상자에게 통지하여야 한다. 다만, 긴급한 경우 또는 사전에 통지하면 증거인멸 등으로 점검 목적을 달성할 수 없다고 인정하는 경우에는 그러하지 아니하다.
> ⑥ 항공보안 감독관은 항공보안에 관한 점검업무 수행을 위하여 필요한 경우에는 항공기 및 공항시설에 출입하여 검사할 수 있다.
> ⑦ 제1항, 제2항 및 제6항에 따라 점검을 하는 공무원은 그 권한을 표시하는 증표를 지니고 이를 관계인에게 보여주어야 한다.
> ⑧ 제1항에 따른 항공보안 감독관의 지정·운영 및 점검업무 등에 대한 세부 사항은 국토교통부령으로 정한다.

항공보안 감독관이 항공보안에 관한 점검업무 수행을 위하여 필요한 경우 항공기, 공항시설 등에 출입하여 검사할 수 있는 권한을 부여하고 있다. 국가 항공보안 수준관리 지침에 근거한 항공보안 감독관의 출입·검사 권한을 법률로 명시한 것으로, 「국제민간항공협약 부속서」의 이행을 위하여 지침으로 운영되는 사항의 법률적 근거를 마련하여 국제민간항공협약의 표준 및 권고사항에 대한 이행조치를 강화하는데 필요한 조치를 포함하였다

1) 합동 현장점검 실시

시행령 제19조의3 법 제33조제2항에 따라 국토교통부장관이 관계 행정기관과 합동으로 현장점검을 실시할 수 있는 경우는 다음 각 호와 같다.

(1) 국가원수 또는 국제기구의 대표 등 국내외 중요인사가 참석하는 국제회의가 개최되는 경우

(2) 올림픽경기대회·아시아경기대회 또는 국제박람회 등 국제행사가 개최되는 경우

(3) 국내외 정보수사기관으로부터 구체적 테러 첩보 또는 보안위협 정보를 알게 된 경우

(4) 제1호부터 제3호까지에서 규정한 경우 외에 공항시설 및 항공기의 보안 유지를 위하여 국토교통부장관이 필요하다고 인정하는 경우

합동으로 현장점검을 실시하려는 행정기관은 그 필요성 및 점검항목 등에 관하여 미리 국토교통부장관과 협의하여야 한다. 다만, 긴급을 요하는 경우에는 그러하지 아니하다.

2) 감독관 운영

시행규칙 제19조 감독관은 국토교통부장관 또는 지방항공청장의 명에 따라 공항운영자등의 항공보안에 관한 업무를 점검하여야 하며 감독관이 항공보안 점검을 하는 경우에는 공항운영자등의 정상적인 업무수행

을 방해하여서는 아니 된다.
감독관은 점검결과 항공보안에 관한 법령에 위반한 사실을 발견한 때에는 지체 없이 국토교통부장관 또는 지방항공청장에게 보고하여야 한다. 다만, 긴급한 조치가 필요한 때에는 현장조치 지시를 하고 국토교통부장관 또는 지방항공청장에게 보고하여야 한다.
이 규칙에서 정한 사항 외에 감독관의 지정·운영 및 점검활동 등의 필요한 사항은 국토교통부장관이 정한다.

(국토교통부 예규) 국가항공보안 수준관리지침

1) 목적

이 지침은 항공보안법 제33조 및 시행규칙 제19조 제4항에 따라 항공보안 점검활동 등의 수준관리에 관하여 필요한 사항을 규정함을 목적으로 한다.

2) 방침

국가항공보안 수준관리 지침의 수행 방침은 다음 각 호와 같다.
(1) 보안지침 및 절차의 효과적인 시행 확인
(2) 국가 항공보안 관련 지침의 준수여부 확인
(3) 법령·규정 등의 지속적인 제·개정을 통한 효율성 확보
(4) 국가항공보안계획의 적정성과 효율성 점검
(5) 국가민간항공보안 교육훈련지침에 따른 적절한 교육 이수여부 확인
(6) 적절한 불법방해행위 조사
(7) 불법방해행위 발생즉시 보안대책 및 통제에 대한 검토 및 재평가 실시

3) 적용범위

이 지침의 적용대상은 다음 각 호와 같다.

(1) 공항운영자(용역업체를 포함한다)

(2) 대한민국에 취항하는 모든 국내외 항공운송사업자(용역업체를 포함한다)

(3) 항공기취급업체 · 공항상주업체 · 항공화물터미널운영자 · 도심공항터미널운영자 등

(4) 항공교통관제기관

(5) 그 밖에 국토교통부장관이 정하는 사업자

4) 적용규정

국가항공보안 수준관리를 위하여 이 지침에서 정하는 사항 외에는 다음 각 호의 국내 · 외 규정 및 국제협약에 따른다.

(1) 국내법규 및 규정

① 항공보안법

② 항공사업법, 항공안전법, 공항시설법

③ 국가보안시설 및 보호장비 관리지침

④ 국가항공보안계획

⑤ 국가항공보안 우발계획

⑥ 공항건설 및 유지 · 보수에 관한 지침

⑦ 교육훈련지침

⑧ 항공보안감독관 업무규정

⑨ 항공보안장비 종류, 운영 및 유지관리기준

⑩ 항공기내 보안에 관한 표준운영지침

⑪ 상용화주 항공화물 보안기준

⑫ 액체 · 분무 · 겔류 보안통제지침

(2) ICAO 부속서 및 관련 규정

① 국제민간항공 협약 부속서 17

② 국제민간항공기구 발행 "불법방해행위로부터 민간항공 보호를 위한 ICAO 보안지침서"

③ 국제민간항공기구 발행 긴급조치

5) 관계기관의 역할

국가항공보안 수준관리를 위한 관련기관의 업무는 다음 각 호와 같다.

(1) 국가정보원

① 불법행위 대응 능력 배양을 위한 항공보안 점검, 불시평가 관련 기법의 연구 발전

② 점검 및 불시평가 관련 기술·교육훈련 등 지원

③ 기타 항공보안 점검·불시평가 관련 기법의 연구발전

④ 점검 및 불시평가 실시

⑤ 공항 상주기관 합동점검반 편성·운영

(2) 국토교통부

① 국가 항공보안 수준관리 지침 수립 및 관리

② 국가 항공보안 수준 관리 대책 시행 관리, 감독

③ 국가 항공보안 수준관리를 위한 인적, 물적 자원 및 재정 확보

④ 현장조사, 보안평가, 보안점검 및 불시평가의 실시

⑤ 항공보안감독관 운영

⑥ 항공보안수준관리관련 국제민간항공기구와의 연락 및 협력 업무

⑦ 공항운영자, 항공사 등의 자체 점검 실시 여부에 대한 감독

(3) 공항운영자, 보안검색 업무를 수행하는 항공사, 도심공항터미널 운영자 또는 항공기취급업체 등의 업무는 다음 각 호와 같다.

① 국가항공보안 수준관리 지침에 따른 자체 수준관리 계획의 수립 · 이행
② 자체 점검 및 불시평가 요원 임명
③ 자체 점검 및 불시평가 요원에 대한 교육실시
④ 기타 공항 점검 및 불시평가 관련 업무

6) 보안점검

(1) 국토교통부장관은 항공보안감독관으로 하여금 공항운영자 및 항공사 등에 대하여 연간 감독계획에 따라 보안평가, 보안점검, 현장조사 및 불시평가 등의 점검활동을 수행하게 하여야 한다.
(2) 국토교통부장관은 항공보안법 제33조제2항에 따라 제1항에 따른 보안점검 등을 관계기관과 합동으로 실시할 수 있다.
(3) 국토교통부장관이 특별히 필요하다고 인정하는 경우에는 제1항에 따른 점검 이외에 관계기관과 합동 또는 단독으로 특별점검을 실시 할 수 있다.
(4) 공항운영자, 항공사, 항공화물터미널운영자 및 도심공항터미널운영자 등은 보안검색 수행 실태 등을 확인하기 위하여 보안검색위탁업체, 기내식 제조업체 등에 대하여 자체 보안점검 및 불시평가 등을 실시한다.
(5) 제1항에 따라 보안점검 등을 실시하는 경우에는 점검 7일전에 점검계획을 점검대상자에게 통지하여야 한다. 다만, 불시평가의 경우에는 사전에 통지하지 아니하고 실시할 수 있다.
(6) 국토교통부장관은 제1항 및 제3항에 따른 점검일정 및 결과를 필요한 경우 국가정보원장에게 제공한다.
(7) 국토교통부장관은 점검활동을 수행하는 경우 국가항공보안 우발계획에 따른 위험평가 및 위협분석 또는 항공보안 위해요소 진단 결과를 반영하여 점검 횟수 및 우선순위를 조정할 수 있다.

(8) 항공보안감독관은 점검활동을 수행하려는 경우 다음 각 호의 사항을 포함한 점검계획을 소속 기관장에게 보고 후 실시하여야 한다.

① 점검 목적
② 점검 대상
③ 점검 기간
④ 점검관
⑤ 주요 점검 항목
⑥ 그 밖에 점검활동 수행에 필요한 물품

7) 점검활동 수행자 및 항공보안감독관 권한

(1) 보안평가, 보안점검, 현장조사 및 불시평가를 수행할 수 있는 사람은 다음 각 호와 같다. 다만, 불시평가의 경우에는 제1호의 사람 또는 제1호의 항공보안감독관이 요청하는 사람만이 실시할 수 있다.

① 항공보안법 제33조제1항에 따라 지정된 항공보안감독관
② 항공보안감독관과 같이 합동으로 참여하는 관계기관 공무원, 공항 및 항공사 보안책임자 또는 감독자
③ 그 밖에 국토교통부장관이 지정하는 사람

(2) 현장조사, 보안평가, 보안점검 및 불시평가를 수행하는 항공보안감독관의 권한은 다음 각 호와 같다.

① 보안절차를 점검할 목적으로 국가에 등록되었거나 운용중인 항공기를 점검하거나 구치할 수 있는 권한
② 공항에 대한 전부 또는 부분 점검할 수 있는 권한
③ 보안대책 및 절차 효율성에 대한 점검 및 불시평가를 할 수 있는 권한
④ 공항운영자, 항공사 또는 공항 상주업체 등에게 점검업무 수행에 필요한 자료를 요구할 수 있는 권한
⑤ 점검업무 수행을 위하여 항공기 및 공항시설에 출입하여 검사할 수 있는 권한

⑥ 임무수행을 위해 필요한 무전기, 카메라, 음성 및 영상기록 장치, 사전 승인된 무기, 모의 폭발물 등과 같은 장비를 공항 보호구역 또는 항공기 위탁수하물칸으로 반입 및 운반할 수 있는 권한

⑦ 보안기준이나 보안절차 점검을 위하여 관련자에 대한 질문을 할 수 있는 권한

8) 사전 및 사후 브리핑 실시

(1) 보안평가, 현장조사, 보안점검 및 불시평가를 실시하는 책임자는 제9조에 따른 점검활동 수행자들에게 점검 목적, 주안점 및 점검대상의 보안현황 등에 대하여 사전 브리핑을 실시한다.

(2) 불시평가를 실시하는 책임자는 불시평가 실시 전에 불시평가 수행자에게 다음 각 호의 사항에 대한 특별 사전 교육을 실시하여야 한다.

① 불시평가 계획

② 공항 구조 및 보안통제 특성

③ 불시평가 물품 사용방법 및 회수절차

④ 불시평가 시 준수사항

⑤ 불시평가 성공 또는 실패 시 대처법

(3) 공항 보안책임자, 항공사 보안책임자 또는 관련 조직의 책임자는 점검활동 수행자가 제1항 및 제2항에 따른 보안점검 등을 위하여 필요한 자료를 요청하는 경우 이에 협조하여야 한다.

(4) 점검활동 수행자가 제1항에 따른 보안평가 등을 종료한 때에는 점검지연으로 인한 시간부족 등 불가피한 경우를 제외하고는 주요 점검결과 및 점검 중 특이사항 등에 대하여 사후 브리핑을 실시하여야 한다.

9) 불시평가 사전 통보

(1) 불시평가 실시 책임자는 불시평가를 실시하기 전 실제 상황으로 오인하여 공항 또는 항공기 운항의 혼란을 초래하는 것을 방지하기 위해 공항 또는 항공사 책임자에게만 그 내용을 사전에 통보한 후 실시할 수 있다.

(2) 불시평가를 사전에 통보받은 공항 또는 항공사 보안책임자는 이 내용을 관련 책임자만이 알 수 있도록 관리하며 불시평가를 받는 보안검색요원 또는 보안요원에게 해당 사실을 누설하여서는 아니 된다.

10) 문제점 관련 시정조치 등

(1) 국토교통부장관은 점검활동 중 확인된 보안상 취약점 또는 규정 위반사항 등에 대해서는 점검대상자에게 확인서를 작성하도록 하고, 긴급한 경우에는 현장에서 시정조치를 명하여야 한다.

(2) 점검활동 결과 나타난 문제점에 대한 시정조치 등의 우선순위는 다음 각 호와 같다.

① 시정조치 : 발견된 문제점이 항공보안에 심각한 결과를 초래할 우려가 있거나, 항공보안에 심각하지는 않지만 법 또는 규정에 위반되는 경우

② 개선권고 : 항공보안 법령 및 규정 등을 위반 또는 규정하고 있지 않으나, 개선 조치할 경우 항공보안에 유익한 결과를 가져오는 방법을 제시하고자 할 경우

③ 현장시정 : 항공보안에 직접적인 영향을 미치지 아니하는 경미한 보안 저해요소로 단기간 내에 시정이 가능한 경우

(3) 공항운영자 및 항공사 등은 점검결과를 통보받은 날부터 7일 이내에 시정조치 사항 등에 대하여 이의 신청을 할 수 있으며, 국토교통부장관은 이의 신청이 접수된 날로부터 15일 이내에 검토 결과를 회신하여야 한다.

11) 점검결과 보고서 보존 및 점검결과 공개 금지

(1) 점검활동 수행자는 제8조에 따라 현장조사, 보안평가, 보안점검 및 불시평가 등을 실시한 경우 점검결과 보고서를 작성하여야 한다.

(2) 제1항에 따라 작성한 보고서는 최소 3년 이상 보존하여야 한다. 다만, 시정 조치가 완료되지 않은 사항이 있는 보고서 또는 점검표는 조치가 완료될 때까지 보존한다.

(3) 점검활동 책임자 및 수행자는 점검활동 과정에서 얻은 정보와 점검활동의 결과를 항공보안업무 관련 이외의 사람에게 공개하거나 제공하여서는 아니 된다. 다만, 다음 각 호에 해당하는 경우에는 그러하지 아니하다.

① 다른 법률에 따라 공개 또는 제공을 요청받은 경우
② 소속 기관의 장에게 보고하기 위한 경우
③ 수검자에게 통보하는 경우

12) 위임업무 점검

(1) 국토교통부장관은 항공보안법 시행령 제20조에 따라 지방항공청장에게 위임한 업무와 지방항공청장이 실시한 자체 감독활동에 대하여 연 1회 이상 점검을 실시하여야 한다.

(2) 제1항에 따라 점검을 하는 경우에는 점검 7일 전까지 점검일자, 점검내용 및 점검관 등에 대한 점검계획을 지방항공청장에게 통보하여야 한다.

(3) 점검관은 점검 종료 7일 이내에 점검결과를 작성하여 국토교통부장관에게 보고하고, 그 결과를 지방항공청장에게 통보하여야 한다.

(4) 제3항에 따라 점검결과를 통보받은 지방항공청장은 지적사항이 있는 경우 통보 받은 날부터 20일 이내에 지적사항에 대한 개선조치 계획 또는 조치결과를 국토교통부장관에게 제출하여야 한다.

(5) 국토교통부장관은 제4항에 따른 개선조치 계획 또는 조치결과에 대한 이행실태 확인이 필요한 경우 확인점검을 실시할 수 있다.

13) 현장보안확인(Field Security Check)

(1) 현장보안확인은 다음 각 호의 사항을 파악하기 위하여 실시한다.
① 공항 또는 항공사의 보안운영 실태
② 항공보안장비 유지 · 보수 실태
③ 보안검색 업무 수행 실태
④ 보호구역 출입증 패용 및 통제 실태

(2) 현장보안확인 대상은 다음 각 호와 같다.
① 공항운영자
② 항공사
③ 항공화물터미널운영자 및 공항상주업체
④ 지상조업체(필요한 경우에 한한다)

(3) 현장보안확인 업무는 항공보안감독관 또는 지방항공청장이 지정한 지방항공청 소속 직원이 실시한다.

(4) 현장보안확인은 별표 1의 점검표에 따라 실시한다.

(5) 현장보안확인은 각 항목에 대하여 주 2회 이상 실시한다.

(6) 현장보안확인을 실시한 점검관은 그 결과를 지방항공청장에게 보고한다.

(7) 제1항에 따라 보고를 받은 지방항공청장은 보안사건 또는 항공보안장비 고장 등 보안업무 수행 상 중대한 영향을 미치는 사항이 있는 경우 즉시 국토교통부장관에게 보고하며, 그러하지 않은 경우 월 1회 보고한다.

14) 현장조사(Survey)

(1) 현장조사는 다음 각 호의 사항을 파악하기 위하여 실시한다.
① 국가항공보안계획 수정에 필요한 보안 요건을 파악

② 공항 및 항공기 운영에 대한 보안실태 파악
③ 공항운영자, 항공사 등의 상존위협, 보안 취약점 파악 및 항공보안 증진
④ 항공기납치, 파괴행위, 폭발물 위협 등 불법방해행위에 대한 취약요소 유무 파악

(2) 현장조사의 대상은 다음 각 호와 같다.
① 공항운영자
② 항공사
③ 항공화물터미널운영자, 공항상주업체 및 도심공항터미널운영자
④ 지상조업체(필요한 경우에 한한다)

(3) 현장조사는 최소 2년에 1회 이상 실시하며, 국토교통부장관이 필요하다고 판단할 경우 추가로 실시할 수 있다.

(4) 현장조사에서 확인하여야 하는 사항은 다음 각 호와 같다.
① 공항보안계획(Airport Security Program)
② 지방항공보안협의회(Airport Security Committee)
③ 위탁수하물 처리절차(Baggage Handling Procedures)
④ 승객처리절차(Passenger Handling Procedures)
⑤ 탑승객 검색(Pre-Board Passenger Screening)
⑥ 에어사이드 출입 통제절차(Airside Access Control)
⑦ 일반지역과 에어사이드간의 울타리(Landside/Airside Barrier)
⑧ 공항감시 TV 및 경보장치(CCTV and Alarm)
⑨ 주요시설보호(Vital Facilities Protection)
⑩ 화물(Cargo)
⑪ 기내식(Catering)
⑫ 공항우발계획(Airport Contingency Procedures)
⑬ 보안조명(Security Light)
⑭ 공항운영자, 항공사 등의 자체점검 · 불시평가(Inspection and Test)
⑮ 항공사 보안계획(Airline Operators Security Program)

⑯ 미 탑승 승객 및 하기승객절차(No Show/Off-Load Passengers)
⑰ 보안훈련(Security Exercises)
⑱ 교육(Training)

(5) 현장조사는 별표 2의 현장조사표에 따라 실시한다.

15) 보안점검(Inspection)

(1) 보안점검의 대상은 다음 각 호와 같다.
① 공항운영자
② 항공사(국적항공기가 운항하는 해외지사 포함)
③ 항공화물터미널운영자, 공항상주업체, 지상조업체 및 도심공항터미널운영자
④ 항공교통관제기관
⑤ 그 밖의 항공관련 운영자

(2) 점검주기는 다음 각 호와 같다.
① 공항(항공사, 공항상주업체 등 포함)은 1년에 1회 이상 실시
② 국적항공기 및 국내 취항 외국항공기가 운항하는 해외공항에 대하여 실시하되 대상공항은 매년 다음 각 목을 고려하여 정한다.
㉮ 신규 취항공항
㉯ 항공보안사고 또는 사건이 발생하였던 공항
㉰ 국내 여행객들이 많이 이용하는 공항
㉱국가정보원 등 정보기관에서 정한 취약공항
㉲ 항공에 대한 위협 증대 공항

(3) 보안점검 시 확인하여야 하는 사항은 다음 각 호와 같다.
① 공항운영자
㉮ 우발계획 수립 및 훈련 실시
㉯ 항공보안조직의 구성·업무 및 보안책임자의 지정 등
㉰ 항공보안에 관한 정보의 전달 및 보고절차

㉣ 항공보안에 관한 교육훈련 계획 및 실적
㉤ 공항시설의 경비대책
㉥ 보호구역의 지정 및 출입통제 절차
㉦ 승객·휴대물품 및 위탁수하물에 대한 보안검색 실시 및 운영상태
㉧ 보호구역외 공항상주업체의 항공보안관리 실태
㉨ 보안장비의 관리 및 운용 실태
㉩ 보안검색 실패 등에 대한 대책
㉪ 보안검색 기록의 작성·유지 상태
㉫ 그 밖에 항공보안에 관한 사항

② 항공사

㉮ 우발계획 수립 및 훈련 실시
㉯ 항공보안조직의 구성·업무 및 보안책임자의 지정 등
㉰ 항공보안에 관한 정보의 전달 및 보고절차
㉱ 항공보안에 관한 교육훈련 계획 및 실적
㉲ 항공기 운항을 위해 항공사가 관리·운영하는 항공보안 시설물에 대한 보안대책
㉳ 항공기 보안대책 수립 및 이행상태
㉴ 기내식 시설 및 기내 물품 관리 운영 상태
㉵ 화물에 대한 보안검색 실시 및 이행상태
㉶ 위해물품 탑재 및 운송 대책 수립 및 이행상태
㉷ 승객 및 수하물에 대한 일치 여부 이행상태 확인
㉸ 보안장비의 관리 및 운용 실태
㉹ 직원에 대한 출입증 관리 실태
㉺ 그 밖에 항공보안에 관한 사항

③ 항공기취급업체 등

㉮ 우발계획 수립 및 훈련 실시
㉯ 항공보안조직의 구성·업무 및 보안책임자의 지정
㉰ 항공보안에 관한 교육훈련 계획 및 실적

㉣ 직원에 대한 출입증 관리 실태
㉤ 그 밖에 항공보안에 관한 사항

④ 항공교통관제기관
㉮ 자체 보안계획 수립
㉯ 항공보안업무 담당 조직 구성·세부업무 및 보안책임자 지정
㉰ 항공보안에 관한 교육훈련
㉱ 항공보안에 관한 정보의 전달 및 보고 절차
㉲ 해당 시설의 경비보안
㉳ 항공보안장비의 관리 및 운용
㉴ 공항 보호구역 출입증 관리
㉵ 항공교통관제기관에 대한 불법방해행위 방지를 위한 통신수단, 항행 및 탐지 인프라 등 시설보안
㉶ 항공고시보(NOTAM) 등 항행안전정보 전파체계의 보안
㉷ 그 밖에 항공보안에 관하여 필요한 사항

(4) 보안점검은 별표 13부터 별표 14까지의 보안점검표를 사용하여 실시한다.

16) 불시평가(Test)

(1) 불시평가에서 확인하여야 하는 사항은 다음 각 호와 같다.
① 국가 항공보안 관련 규정 준수 여부 불시확인
② 보안 업무 수행 능력 확인
③ 보안요원에 대한 근무 태세 확인
④ 보안요원 취약점 파악
⑤ 비상시 대응 여부 파악

(2) 불시평가의 대상은 다음 각 호와 같다.
① 공항운영자
② 항공사

③ 항공화물터미널운영자, 공항상주업체 및 도심공항터미널운영자
④ 지상조업체(필요한 경우에 한한다)

(3) 불시평가는 공항운영자, 항공사 및 도심공항터미널운영자의 보안 업무 수행 실태를 확인하기 위하여 다음 각 호의 사항에 대하여 연 1회 이상 실시한다.
① 승객 및 휴대물품 검색 방법
② 위탁수하물 검색 방법
③ 출입통제 절차
④ 항공기 보안
⑤ 화물보안
⑥ 기내식 보안 운용 실태
⑦ 보안장비 운용 실태

(4) 불시평가는 다음 각 호의 조건에 따라 실시한다.
① 항공보안법 및 관련지침 등에 따라 적합하게 실시
② 대중의 안전을 저해하지 않도록 실시
③ 항공기 및 공항 시설 등에 대하여 위험이 발생하지 않도록 실시
④ 재산상의 손실이 발생되지 않도록 실시
⑤ 운영상 문제가 발생되지 않도록 실시
⑥ 지정된 점검요원에 의하여 실시

(5) 불시평가에서 나타난 문제점에 대하여는 다음 각 호와 같이 조치한다.
① 불시평가 물품을 검색하는데에 사용한 장비의 정상 작동 여부 확인
② 장비가 정상 작동되었을 경우 해당 보안검색요원에 대하여는 다음 각 목과 같이 조치
㉮ 지정된 교육기관에서 교육훈련지침 제20조제3항에 따른 교육 실시
㉯ 교육평가 후 일정 성적 이상을 획득한 경우 근무 복귀

③ 장비가 비정상 작동되었을 경우 다음 각 목과 같이 조치
㉮ 장비의 운용을 중지하고 대체 검색방법으로 전환
㉯ 장비 유지보수 담당 부서에 통보
㉰ 장비 점검 보수 후 재사용

(6) 항공보안감독관 등은 불시평가를 효율적으로 수행하기 위하여 국제민간항공기구 보안지침서(Doc 8973)를 활용할 수 있다.

(7) 항공보안감독관, 공항운영자, 항공사 또는 도심공항터미널운영자가 불시평가를 실시하기 위하여 사용할 수 있는 물품은 다음 각 호와 같다.

① 실제 작동되지 아니하고, 플라스틱 또는 합성수지 재질로 만들어진 모의 총기류
② 폭발물질을 포함하지 아니하고, 실제 폭파되지 아니하는 불시평가 물품이라는 표시를 한 모의 폭발물장치

(8) 제1항에 따른 불시평가 물품을 사용하려는 자는 사전에 국토교통부장관의 승인을 받아야 한다.

(9) 제2항에 따라 불시평가 물품을 승인받으려는 자는 다음 각 호의 서류를 국토교통부장관에게 제출하여야 한다.

① 불시평가 물품 종류
② 불시평가 물품 사진
③ 관리책임자 명단
④ 불시평가 물품 보관 및 운용절차

(10) 불시평가 수행자는 보안검색요원이 불시평가 물품을 발견한 경우 즉시 신분을 공개하여야 한다.

17) 보안평가(Audit)

(1) 보안평가의 대상은 다음 각 호와 같다.

① 공항운영자
② 국적 항공사
③ 해외공항

(2) 보안평가는 최소 2년에 1회 이상 실시할 수 있다.

(3) 보안평가는 다음 각 호의 절차에 따라 실시한다. 다만, 해외공항 보안평가를 실시하는 경우에는 제7호를 생략할 수 있다.
① 평가계획 통보
② 사전조사 실시
③ 평가팀원 구성
④ 서류검토 및 현장점검
⑤ 결과 분석 및 결과보고서 작성
⑥ 시정 조치
⑦ 조치결과 확인

(4) 보안평가에서 확인하여야 하는 사항은 다음 각 호와 같다.
① 공항운영자
㉮ 자체 보안계획 수립 및 개정
㉯ 국가항공보안계획 반영 적정성
㉰ 보호구역 출입통제 및 보호대책
㉱ 승객, 휴대수하물 및 위탁수하물 보안검색 대책
㉲ 항공시설 경비대책
㉳ 보안사고 및 대테러 대응능력
㉴ 항공보안업무 종사자 교육훈련 실적
㉵ 자체 수준관리 활동
② 국적 항공사
㉮ 자체 보안계획 수립 및 개정
㉯ 국가항공보안계획 반영 적정성
㉰ 항공기 보호 및 기내보안대책
㉱ 항공화물 보안검색 대책
㉲ 보안사고 대응능력
㉳ 항공보안업무 종사자 교육훈련 실적
㉴ 자체 수준관리 활동
③ 해외공항
㉮ 공항 출입통제
㉯ 승객·휴대물품 보안검색

㉰ 위탁수하물 보안검색
㉱ 화물·우편물 보안
㉲ 공항 수준관리
㉳ 국적 항공사 및 국내취항 외국적항공사의 항공기 보안
㉴ 기타 국제민간항공기구 부속서 17(항공보안) 표준 및 권고사항 이행여부 등

(5) 국토교통부장관은 국가 중요 시설 및 장비에 대한 보안평가를 국가정보원장이 요청하는 경우 합동으로 실시할 수 있다.

18) 보안사고 조사

(1) 국토교통부장관은 민간항공에 대한 불법방해행위 또는 민간항공 보안에 대한 중요한 위반사항이 발생한 경우 보안사고 조사를 실시하여야 한다.

(2) 보안사고 조사는 다음 각 호의 사항에 대하여 파악하고, 필요한 조치를 한다.
① 사고발생 경위
② 위반사건에 대한 취약점 파악 및 해당 사고의 설명
③ 위반사항에 대한 책임자 또는 기관 파악
④ 법률 또는 하위법령 등 관련 규정을 위반하여 불법행위를 야기 시켰는지에 대한 조사 및 제재조치

(3) 국토교통부장관은 보안사고 조사 보고서에 재발 방지를 위한 추가 조치 방안 및 시행 책임을 명확히 규정한다.

(4) 보안사고 조사는 국토교통부장관이 지정한 항공보안감독관이 실시하며, 사고 조사 대상 부서에서 신원확인을 요구하는 경우 신분증 또는 관련문서를 제시하여야 한다.

(5) 보안사고 조사는 국가정보원장이 요청하는 경우 국가정보원장이 지정한 자와 합동으로 실시할 수 있으며, 타 체약국 국민이 관련된 경우 해당국가의 전문 조사요원과 합동으로 실시할 수 있다.

(6) 사고 조사를 수행하는 자(이하 "사고조사관"이라 한다)는 공항 또는 항공사의 보안 요건을 준수하며 출입·조사를 수행한다. 다만, 불가피한 사유가 있는 경우로서 국토교통부장관이 인정하는 경우에는 그러하지 아니하다.

(7) 사고조사관은 안전 및 보안 규정을 준수하는 범위내에서 조사를 한다.

19) 조사보고서 작성 및 사고조사관 권한

(1) 사고조사관은 보안사고 조사를 종결한 때에 다음 각 호의 사항이 포함된 사고조사보고서를 작성하여 국토교통부장관에게 보고하여야 한다.

① 사고 개요
② 사실 정보
③ 원인 분석
④ 사고조사 결과
⑤ 제13조에 따라 시정조치 또는 개선권고 할 사항

(2) 국토교통부장관은 필요한 경우 보안사고 조사보고서 요약본을 작성하도록 하여 보관하게 할 수 있으며, 관련 국가에서 요청하는 경우 이를 제공할 수 있다.

(3) 사고조사관은 보안사고 조사를 실시하는 동안 항공보안감독관증 또는 사고조사관임을 증명할 수 있는 서류를 휴대하여야 한다.

(4) 사고조사관은 위법적인 방법으로 조사를 하여서는 아니 된다.

(5) 사고조사관의 권한은 다음 각 호와 같다.

① 보안조사를 위한 모든 지역 출입
② 모든 관련자에 대한 질문 및 조사
③ 조사를 위한 장비 휴대
④ 확인서 징수 및 시정명령서 발행
⑤ 조사와 관련한 공항 및 항공기, 기타 부대 시설에 대한 사진 촬영 및 담당자 인터뷰 녹음

(6) 보안사고와 관련하여 조사를 받는 사람은 다음 각 호의 행위를 하여서는 아니 된다.
① 고의적으로 사고조사관의 업무를 방해 또는 제지
② 사고조사관이 요청하는 자료 또는 정보 제공 고의 거절
③ 허위 정보의 제공

20) 모의 훈련(Exercise)

(1) 공항운영자는 국가항공보안계획에 따른 모의훈련을 실시하여야 하며, 항공사 및 지상조업체의 장 등 관련자는 모의훈련에 적극 협조하여야 한다.

(2) 공항운영자는 다음 각 호의 목적을 달성하기 위하여 모의 훈련을 실시한다.
① 공항 또는 항공기 테러와 관련된 모든 부서 및 관련기관의 대응능력향상
② 우발계획 대응 절차 숙지
③ 비상장비 및 통신 장비 시험운용 및 상태점검
④ 최단시간내 항공기 운항 및 공항운영 정상화
⑤ 수립된 공항, 항공사 우발계획의 취약점 확인 및 수정

(3) 공항운영자는 모의훈련을 끝낸 경우에는 해당 기록을 최소 3년간 보존하여야 하며 국가항공보안계획에 따른 보안 효율성을 확보하기 위하여 공항운영자가 실시하는 모의훈련에 대한 지도 감독을 실시한다.

(4) 국토교통부장관은 모의훈련에서 문제점을 확인한 경우 공항운영자 및 항공사 등에 대하여 필요한 조치를 요구할 수 있으며 대테러와 관련한 모의훈련을 실시하는 경우 국가정보원장과 협의하여야 하며, 그 밖의 모의훈련에 관하여는 필요한 경우에 협의할 수 있다.

(5) 모의 훈련의 종류와 시행주기는 다음 각 호와 같다.

① 종합훈련은 항공기 납치, 폭발물 위협 등 불법방해행위 대응과 관련된 기관이 참여하여 실제 테러 상황과 유사한 환경을 설정하여, 국가항공보안 우발계획에서 정한 기관별 임무 수행 및 대응 상황을 점검하는 훈련으로 2년에 1회 정기적으로 실시하며, 세부사항은 관계기관과 협의한다.

② 부분훈련은 항공기 납치, 폭발물 위협 등과 관련된 특정부분에 대한 조직별 대응훈련, 새로운 장비나 기술 시험, 평가를 위하여 실시하며, 또한 종합훈련 시행 과정에서 발견된 취약점, 문제점을 시정하기 위해 공항 운영자 등이 관계기관과 협의하여 2년에 1회 이상 정기적으로 실시하며, 실시 시기는 가능한 한 제1항의 훈련이 실시되지 않는 해에 실시한다.

③ 도상훈련은 종합훈련시 발생되는 비용이나 공항 운영의 피해없이 비상 대응 조직의 대응능력을 불시평가하는 훈련으로 공항비상운영센터 내에서 관련 기관의 대표자들이 참석하여 도면과 가상시나리오에 의한 대응훈련을 실시하며, 공항운영자 등이 관계기관과 협의하여 1년에 1회 이상 정기적으로 실시한다.

(6) 종합훈련 등과 관련하여 관계기관은 적극적으로 지원하여야 하며, 훈련과 관련된 관계기관별 임무는 다음 각 호와 같다.

① 국토교통부

㉮ 훈련에 대한 종합적인 지침 제공

㉯ 기타 훈련관련 요건 및 세부지침 제공

㉰ 훈련 일정 등의 관리 · 조정

㉱ 훈련과 관련한 항공교통 관제업무 등의 지원

㉲ 훈련시나리오 작성 · 검토 지원

㉳ 기타 관련 사항 지원

② 공항운영자

㉮ 관계기관과 협의하여 훈련 계획 수립 · 주관

㉯ 비상운영센터 가동 등 필요 장비 및 인력 확보
㉰ 훈련에 따른 항공기 파손 및 손괴에 대한 손해배상 조치(귀책사유가 공항운영자에게 있을 경우에 한한다)
㉱ 기타 종합적인 훈련 준비 및 시행업무 수행

③ 국가정보원
㉮ 훈련관련 일정, 규모, 실시방법 등 전반적인 사항을 조정·통제 및 대외기관 협력
㉯ 훈련시나리오 작성, 검토 등의 지원
㉰ 기타 관련 조정 업무 담당

④ 경찰청(공항 경찰대)
㉮ 가능한 범위내에서 경찰특공대 및 탐지견 등의 인력 및 장비 지원
㉯ 훈련에 필요한 경우 대테러 협상실무요원, 통역요원 등 지원
㉰ 훈련시나리오 작성, 검토 등의 지원
㉱ 기타 관련 인력을 가능한 범위내에서 지원

⑤ 군(기무사령부 포함)
㉮ 가능한 범위내에서 대테러 전문 특공대·항공기 등 필요 장비 및 인원 지원
㉯ 시나리오 작성 지원
㉰ 화생방 테러 훈련시 제독전문 부대 지원
㉱ 기타 훈련관련 사항 지원

⑥ 법무부(출입국관리사무소)
㉮ 훈련에 필요한 출입국 관리 전문 인력 지원
㉯ 훈련 시나리오 작성 지원
㉰ 기타 훈련관련 사항 지원

⑦ 관세청
㉮ 훈련에 필요한 세관 인력 및 협력사항 지원
㉯ 훈련 시나리오 작성 지원
㉰ 기타 훈련관련 사항 지원

⑧ 항공사

㉮ 종합훈련시 훈련에 주도적으로 참여하며, 항공기 필요시 안전이 확보된 범위내에서 자사 보유 항공기 지원

㉯ 기타 훈련 관련 인력 및 장비를 가능한 범위내에서 지원

㉰ 훈련 시나리오 작성시 참여 · 지원

⑨ 지상조업체 등

㉮ 훈련관련 인력 및 장비를 가능한 범위내에서 지원

㉯ 훈련 시나리오 작성시 참여 · 지원

㉰ 기타 필요사항 지원

21) 신원조사 및 채용기준 등

(1) 국토교통부장관은 공항운영자, 항공사 및 도심공항터미널운영자의 보안검색요원 또는 항공경비요원에 대한 교육훈련 실시를 감독하여야 한다.

(2) 보안검색요원 또는 항공경비요원(보안검색요원 등)을 채용하려는 자는 채용대상자의 신원 및 범죄 사실 등을 포함한 이전 경력을 확인하기 위하여 신원조사를 실시하여야 한다.

(3) 보안검색요원 등을 채용한 자는 해당 보안검색요원 등이 신원조사 기준을 지속적으로 충족하는지 확인하기 위하여 경찰 등 관계기관과 협의하여 5년에 1회 이상 정기적으로 신원조사를 다시 실시한다.

(4) 보안검색요원 등을 채용하고자 하는 자는 지원자로부터 다음 각 호의 사항이 포함된 신청서를 접수하여야 한다.

① 일반사항(성명, 주민등록번호, 주소, 전화번호)

② 최근 5년 이내의 경력

③ 보안 관련 교육

④ 기입된 정보가 완전하고 정확하다는 서약

⑤ 지원자가 범죄를 저지른 사실이 없다는 서약 단, 경범죄, 경미한 교통사고 등은 제외한다.

⑥ 지원자 서명
⑦ 최근 1년 이내에 촬영한 사진

(5) 보안검색요원 등을 채용한 자는 제1항에 따라 제출된 신청서를 해당자가 근무하는 동안 보관하여야 하며, 점검 등을 위하여 항공보안감독관 등이 요구하는 경우 제공하여야 한다.

(6) 보안검색요원 등을 채용하고자 하는 자는 지원자에 대하여 다음 각 호의 내용을 인식시키거나 확인하기 위하여 면담을 실시한다.
① 성격
② 신청서 서약의 의미
③ 이전 직장 퇴직 사유
④ 확인되지 않은 직장 경력이 있는지 여부
⑤ 항공보안 당국에서 요구하는 추가 관련 정보
⑥ 지원자 경력 또는 제공된 정보에 대하여 확인이 곤란한 경우 다음 각 목 1의 자료를 요청할 수 있다.
㉮ 증빙을 확보할 수 있는 보증인
㉯ 독립적으로 확인 가능한 증빙서류

(7) 보안검색요원의 신체 및 건강 등 자격기준은 국가항공보안계획 부록 3에 따르며 다음 각 호와 같다.
① 나이 : 만 18세 이상
② 국적 : 대한민국
③ 건강상태
㉮ 정신적 · 육체적으로 양호한 상태일 것
㉯ 신체요건
㉠ 두부 · 안면 · 경부 · 몸통 또는 사지에 검색업무 수행에 지장을 주는 변형 · 기형 또는 기능장애가 없을 것
㉡ 양쪽 눈이 교정하지 않은 상태에서 0.2이상 이거나, 양쪽 눈이 교정안경에 의하여 교정한 경우 0.8이상 일 것
㉢ 색맹 또는 색각이 아닐 것

㉣ 후각 및 청력이 정상일 것
㉤ 말하고 쓰는 능력이 정상일 것
㉥ 약물 의존 또는 알코올중독이 없을 것

④ 신원조사
㉮ 채용 전 반드시 신원조사 실시
㉯ 신원조사와는 별도로 최근 5년간의 경력조회 실시

⑤ 현장 직무교육
검색업무 수행 전 최소 80시간 동안 보안검색대에서 현장 직무교육(OJT) 실시

(8) 공항운영자가 보안검색요원의 감독자를 채용하는 경우에는 제40조 및 제41조에서 정한 사항 이외에 2년 이상의 보안검색 실무경험이 있는 사람을 채용하여야 하며, 채용 후 보안검색감독자로 지정하여야 한다.

(9) 항공사 및 도심공항터미널운영자가 보안검색요원의 감독자를 채용하는 경우에는 제40조 및 제41조에서 정한 사항 이외에 2년 이상의 보안검색 실무경험이 있는 사람을 채용하여야 하며, 채용 후 보안검색감독자로 지정하여야 한다. 다만, 항공사 및 도심공항터미널운영자는 기존의 소속직원 일부를 보안검색감독자로 지정하여 항공보안 업무를 담당하게 할 수 있다.

(10) 공항운영자가 항공경비요원의 감독자를 채용하는 경우에는 제40조 및 제41조에서 정한 사항 이외에 2년 이상의 항공경비 실무경험이 있는 사람을 채용하여야 하며, 채용 후 항공경비감독자로 지정하여야 한다.

22) 교육훈련

(1) 보안검색요원 등에 대한 교육은 교육훈련지침에 따라 다음 각 호와 같이 구분하여 실시한다.
① 초기교육(Initial Training)
② 직무교육(On-The-Job Training)
③ 정기교육(Recurrent Training)

(2) 보안검색요원 등이 보안검색 업무를 수행하는 동안에는 국가 민간항공보안 교육훈련지침제12조의2 제2항에 따라 발급된 인증서를 휴대하여야 하며, 항공보안감독관이 인증서의 확인을 요청하는 경우 이에 협조하여야 한다.

(3) 보안검색요원 등에 대한 교육훈련 주기, 교과내용, 서류 관리, 평가 등에 관한 세부적인 사항은 교육훈련지침에 따른다.

(4) 교육훈련지침에 따라 항공보안교육 훈련을 실시한 자는 다음 각 호의 내용이 포함된 교육훈련 기록 내용을 3년간 보존하여야 하며, 보안검색요원 등이 퇴직한 경우에는 퇴직한 날로부터 최소 90일간 교육훈련 결과를 유지·관리한다.

① 교육명칭
② 교육일시
③ 교육장소
④ 교육시간
⑤ 강사
⑥ 교육시간표
⑦ 불시평가 또는 평가 결과(해당과정에 한한다)
⑧ 참석자 명단 및 서명

(5) 교육훈련지침에 따라 교육 훈련을 실시하는 기관의 장은 국토교통부장관이 요청하는 경우 교육훈련 결과를 제출하여야 한다.

(6) 국토교통부장관은 교육훈련지침이 교육 목적에 부합하는지와 운영에 따른 문제점이 없는지를 정기적으로 검토한다.

(7) 국토교통부장관은 공항운영자, 항공사, 항공보안 교육기관 및 기타 관련조직이 실시하는 교육훈련에 대하여 다음 각 호의 사항을 정기적으로 점검한다.

① 항공보안 교육훈련 내용의 적절성 및 현 상황 반영 여부
② 강의 방법 적절성 여부
③ 교육 시설 및 장비의 적절성 여부

④ 교육 이수자 현황 및 교육결과 자료
⑤ 현 교육의 문제점 파악 등

(8) 국토교통부장관은 점검 결과 본 지침을 충족하지 못한 사실을 발견하였을 경우 해당 미비점에 대한 시정조치를 지시할 수 있으며, 이를 접수한 각 관련 조직은 해당 미비점에 대한 시정조치계획을 제출하여야 한다.

(9) 항공보안교육기관의 장은 다음 각 호의 자료를 유지한다.
① 각 기관의 보안교육책임자 명단
② 각 교육훈련기관의 교육강사 명단
③ 각 교육훈련기관의 교육훈련과정
④ 교육훈련기관을 수료한 자에 대한 교육 결과 자료
⑤ 국토교통부장관이 발행한 교육훈련지침 사본 등

23) 자체 수준관리 지침

(1) 공항운영자, 항공사 및 도심공항터미널운영자 등은 보안의 효율성과 효과성을 확보하기 위하여 국가항공보안 수준관리지침에 따라 자체 수준관리지침을 수립·시행하여야 한다.

(2) 국토교통부장관은 공항운영자 등이 수립·시행하는 자체 수준관리 지침이 국가항공보안 수준관리 지침을 준수하며 시행되는 지에 대하여 정기적으로 감독한다.

(3) 공항운영자 등이 수립하는 자체 수준관리 지침에는 다음 각 호의 사항이 포함되어야 한다.
① 제목
② 목적
③ 정의
④ 적용범위
⑤ 책임분장
⑥ 자체 점검관 및 불시평가 요원 지정
⑦ 자체 보안점검 방법 및 횟수

⑧ 자체 불시평가 방법 및 횟수
⑨보안검색요원 등의 교육훈련 요건
⑩ 점검을 위한 인적, 물적 자원(불시평가 물품 포함)
⑪ 자체 일일 보안 확인 방법

24) 보안점검 등에 대한 결과 분석 및 이행실태 확인

(1) 보안평가, 보안점검 및 불시평가 결과 나타난 문제점은 다음 각 호와 같이 구분한다.
① 인적분야
② 장비분야
③ 규정, 조직분야
④ 기타 환경분야

(2) 인적분야는 문제점이 보안검색요원 등의 업무 미흡 등으로 발생한 것으로 다음 각 호의 사항을 고려하여야 한다.
① 교육이수 유무, 근무경력
② 숙련도
③ 인적관계(신원조사 결과 및 이전 근무 경력)
④ 훈련(Exercises)실시 및 참여 여부

(3) 장비분야는 장비의 결함 또는 정비 미흡 등으로 발생한 것으로 다음 각 호의 사항을 고려하여야 한다.
① 장비의 내구 연수
② 장비의 유지 보수 실태
③ 장비의 성능
④ 장비의 운용실태(장비 활용도)

(4) 규정, 조직분야는 국가, 공항운영자, 항공사 등의 보안 지침에 명확한 절차나 기준이 수립되어 있지 않아 발생한 것으로 다음 각 호의 사항을 고려하여야 한다.
① 규정, 지침의 제·개정 여부
② 보안 조직 운용의 적절성 여부

③ 규정 이행 등의 현실 적합 여부
④ 규정 등의 이행 여부

(5) 기타 환경분야는 공항운영자, 항공사 등의 운영실태 등이 미흡하거나 국토교통부장관이 정한 기준을 충족하지 못하여 발생하는 것으로 다음 각 호의 사항을 고려하여야 한다.
① 시설개선 등이 불가능한 경우
② 예산 부족
③ 공항운영자, 항공사 등의 기본 방침이 국토교통부장관의 지침과 상이한 경우

(6) 항공보안감독관은 점검활동을 실시한 후 제54조에 따른 분석결과를 별표 15에 따라 기록한다.

(7) 항공보안감독관은 점검활동 분석 결과 미비점에 대해서는 항공보안감독관 업무규정 별지 제2호 서식의 시정조치서를 발부하고, 그 결과를 항공보안감독관 업무규정 별지 제4호 서식의 시정조치서 관리대장에 기록한다.

(8) 제2항에 따라 발부한 시정조치서의 조치사항이 완료될 때까지 보안점검 또는 불시평가 등을 통하여 그 이행여부를 재확인한다.

(9) 시정조치서를 접수한 공항운영자, 항공사 등은 이에 대한 이행계획서를 수립하고, 이행시기를 현장조치, 단기(10일 이내), 중기(10일 이상 3개월 미만), 장기(3개월 이상)으로 구분하여 20일 이내에 국토교통부장관에게 제출하여야 한다.

(10) 국토교통부장관은 제55조제1항에 나타난 문제점의 분포도에 따라 다음 연도 감독계획에 개선 대책을 수립하여야 하며 증·감소율에 따라 개선 대책을 재수립하거나 강화하여야 한다.

25) 항공보안 자율보고

(1) 승객·승무원, 공항운영자 및 항공운송사업자 등의 항공보안 업무 종사자는 다음 각 호의 사항에 대하여 항공보안 자율보고(이하 "자율보고"라 한다)를 할 수 있다.

① 불법방해행위를 시도하거나 발생될 가능성이 있음을 알게 된 경우
② 승객 또는 상주직원 등이 보안검색을 받지 아니하고 보호구역으로 진입한 사실을 알게 된 경우
③ 위해물품을 허가 없이 보호구역 또는 항공기내로 반입한 사실을 알게 된 경우
④ 항공보안 사고로 발전할 수 있는 행위 또는 위험한 행동을 인지한 경우
⑤ 그 밖에 항공보안 위해요인을 알게 된 경우

(2) 자율보고를 하려는 사람은 다음 각 호의 사항을 포함하여 국토교통부장관에게 서면 또는 유선으로 보고하여야 한다.
① 보고자의 성명, 주소 및 연락처
② 발생 일시 및 장소
③ 상황 개요
④ 항공보안업무 종사자의 경우 업무 분야(공항, 항공사, 취급업체 및 공항상주업체 등)

(3) 자율보고는 다음 각 호의 어느 하나에 해당하는 방법에 따라 제출할 수 있다.
① 전화, 전자우편 등 전자적 방법
② FAX 또는 우편 등

(4) 국토교통부장관은 별도의 기관을 지정하여 자율보고를 운영하게 할 수 있다.

(5) 국토교통부장관은 자율보고를 받은 경우 그 내용을 검토하여 긴급 사항, 일반사항 또는 부적합 사항인지를 우선 판단하고, 이를 정밀 분석하여 사실 여부를 확인하여야 한다.

(6) 국토교통부장관은 자율보고 내용이 항공보안에 중대한 영향을 미칠 수 있다고 판단하는 경우 관계기관, 공항운영자 및 항공운송사업자 등에게 그 내용을 통보하여야 한다.

(7) 국토교통부장관은 자율보고 내용을 정밀 분석한 후 필요한 대책을 수립하거나 수준관리지침을 보완하는 등 정책에 반영하여야 한다.

(8) 국토교통부장관은 자율보고를 받은 경우 접수대장에 기록하고, 보고된 내용을 별도로 보관하여 기밀을 유지하여야 하며 자율보고 내용이 부적합한 경우 이를 접수대장에 기재하고, 보고자에게 반송 또는 폐기한다.

(9) 국토교통부장관은 자율보고 담당자를 별도로 지정하여 해당 업무를 수행하도록 하여야 하며, 자율보고한 사람의 신분을 공개하여서는 아니 된다.

(10) 자율보고 담당자는 보고내용에 대하여 추가 확인이 필요한 경우 자율보고자에게 보충 질의를 할 수 있으며, 이 경우 보고자의 신분보호를 위하여 연락처 등 개인정보에 대하여 기밀을 유지하여야 한다.

(국토교통부 훈령) 항공보안감독관 업무규정

1) 목적

이 규정은 항공보안법 제33조 및 시행규칙 제19조제4항에 따라 항공보안감독관의 지정·운영 및 점검활동 등에 관하여 필요한 사항을 규정함을 목적으로 한다.

2) 용어정의

(1) "항공보안감독관"이란 항공보안법 제33조 제1항에 따라 항공안전 및 보안에 관한 점검 업무를 수행하도록 국토교통부장관이 지정한 소속 공무원을 말한다.

(2) "점검활동"이란 항공보안감독관 등이 보안업무의 효율성 증대를 위하여 항공보안법제10조에 따라 자체 보안계획을 수립하는 공항운영자, 항공운송사업자 등에 대하여 실시하는 현장조사, 보안평가, 보안점검을 말한다.
(3) "현장조사(Survey)"란 민간항공에 대한 불법방해행위(Acts of unlawful interference), 항공기납치(Hijacking), 파괴행위(Sabotage) 및 테러공격(Terrorist attack) 등을 방지하기 위하여 그 취약성을 분석하고, 보호대책을 수립하기 위하여 공항별로 공항운영자, 항공사 등에 대한 항공보안 업무 운영실태 등을 조사하는 것을 말한다.
(4) "보안평가(Audit)"란 공항운영자등이 수립한 자체 보안계획의 이행여부 및 실제 이행능력 등을 확인하기 위하여 점검하는 것을 말한다.
(5) "보안점검(Inspection)"이란 민간항공보안에 대한 보안대책 및 통제절차 등이 적절히 수행되고 있는지를 확인하기 위하여 공항, 항공기 및 공항운영자등에 대하여 점검하는 것을 말한다.
(6) "불시평가(Test)"란 보안업무 수준이 적절하게 유지되고 있는지를 확인하기 위하여 공항, 항공기 및 공항운영자 등에 대한 보안대책 및 통제절차 수행능력 등을 불시에 확인하는 것을 말한다.
(7) "확인서"란 점검활동시 나타난 위반 사항을 서면으로 확인하기 위하여 작성하는 서류를 말한다.
(8) "시정조치"란 점검활동시 나타난 현장에서의 개선이 필요한 사항을 시정할 수 있도록 강구하는 제반조치를 말한다.
(9) "시정조치서"란 시정조치가 필요한 경우 항공보안감독관이 발부하는 서류를 말한다.

3) 항공보안감독관의 지정

(1) 국토교통부장관은 다음 각 호의 어느 하나에 해당하는 소속 공무원을 항공보안감독관으로 지정할 수 있다.

① 항공보안 업무 실무 경력이 3년 이상이고, 항공안전공무원 교육훈련규정에 따른 직무교육훈련을 이수하고 제3조의2 제1항 및 제2항에서 정한 시험에 합격한 경우

② 국토교통부장관으로부터 인가를 받은 항공훈련기관 또는 국제민간항공기구(ICAO) · 미 교통보안청(TSA) · 국제항공운송협회(IATA) 등의 항공보안교육기관에서 항공보안기초, 항공보안감독자, 항공보안감독관초기 과정 및 항공안전공무원 교육훈련규정에 따른 직무교육훈련을 이수하고 제3조의2 제1항 및 제2항에서 정한 시험에 합격한 경우

(2) 제1항에 따른 감독관으로 지정받으려는 소속 공무원은 별지 제5호서식의 항공보안감독관 서약서를 작성하여 국토교통부장관에게 제출하여야 한다.

4) 감독관 시험

(1) 국토교통부장관은 제3조 제1항 따른 교육훈련을 이수한 감독관 후보자에 대해 시험을 실시하여야 한다.

(2) 제1항에 따른 시험은 항공보안관련 이론지식과 감독관으로서의 실무능력이 평가 될 수 있도록 하여야한다.

(3) 국토교통부장관은 감독관으로 지정된 사람의 업무기량 유지 및 전문성 향상을 위해 정기적으로 시험을 실시할 수 있다.

(4) 제3항에 따른 시험은 다음 각 호의 사항에 대한 숙지여부가 평가될 수 있도록 실시하여야 한다.

① 항공보안관련 규정 제 · 개정에 관한 사항

② 최근 항공보안분야 국제동향

③ 항공보안 상황 유형별 대응 능력

④ 기타 항공보안 감독업무 수행을 위해 필요하거나 이와 관련된 지식 등

5) 감독관의 지정취소

(1) 국토교통부장관은 감독관이 다음 각 호의 어느 하나에 해당하는 경우 그 지정을 취소할 수 있다. 단, 제4호 및 제5호의 경우는 당연 취소된다.

① 점검활동 과정에서 금품 수수 등으로 감독관의 품위를 손상시킨 경우

② 점검활동 결과 등을 허위로 보고한 경우

③ 감독관의 권한을 남용한 경우

④ 최근 5년 동안 정기교육을 받지 않은 경우

⑤ 퇴직자

(2) 제1항에 따라 지정 취소된 사람이 감독관으로 지정받고자 하는 경우, 제3조 및 제3조의2 제1항 및 제2항에 따른 과정을 거쳐 신규로 지정 되어야 한다. 다만, 제1항 제4호의 사유로 지정 취소된 사람은 제14조에 따라 20시간 이상의 정기교육을 이수한 경우 재 지정될 수 있다.

6) 감독관의 업무

감독관의 업무는 다음 각 호와 같다.

(1) 공항운영자등에 대한 현장조사, 보안평가, 보안점검 및 불시평가 등 점검활동 수행

(2) 국제민간항공기구 등 대외 점검기관으로부터 공항운영자등에 대한 점검시 입회하여 점검업무 지원 및 협력

(3) 항공기 납치 및 폭발사건 등 불법행위에 대한 보안사건 조사에 대한 참여 · 협력 지원

(4) 그 밖에 국토교통부장관이 정하는 업무

7) 점검활동의 수행 및 감독계획 수립

(1) 감독관은 공항운영자등에 대한 현장조사, 보안평가, 보안점검 및 보안평가 등 점검활동을 수행하는 경우 국가항공보안 수준관리지침에 따라야 한다.

(2) 국토교통부장관은 감독관이 점검활동을 수행할 수 있도록 매년 12월 20일까지 다음 연도의 항공보안 감독계획을 수립하여야 하며, 이를 지방항공청장에게 통보하여야 한다.

(3) 지방항공청장은 제1항에 따른 감독계획에 따라 감독관에 대한 다음 연도의 자체 감독계획을 수립하여 12월 31일까지 국토교통부장관에게 제출하여야 한다.

(4) 제1항 및 제2항의 감독계획에는 다음 사항이 포함되어야 한다.

① 점검대상 및 점검방법
② 점검분야 및 주요점검내용
③ 점검자
④ 점검기간
⑤ 기타 점검에 필요한 사항

8) 점검의 실시

(1) 감독관이 점검활동을 하는 경우 관련기관 합동으로 실시하거나 감독관 1인 또는 2인 이상이 합동으로 실시할 수 있다.

(2) 감독관은 제7조에 따른 연간 감독계획에 따라 점검활동을 실시하여야 한다. 다만, 감독관이 점검계획 이외의 점검을 하려는 때에는 미리 그 사유를 국토교통부장관 또는 지방항공청장에게 보고하여야 한다.

(3) 감독관은 점검활동을 하는 경우에는 점검표를 활용하고, 점검대상자의 확인서는 별지 제1호 서식에 따라 작성하도록 하여야 한다.

(4) 감독관은 감독활동 과정에서 항공보안에 관한 위해요소를 발견한 경우 별지 제2호서식의 시정조치서를 작성하여야 한다.

9) 점검결과의 보고 및 조치

(1) 감독관은 점검활동을 실시한 후 업무일 기준 10일 이내에 지적사항, 조치사항, 시정조치서에 대한 사항, 개선사항 및 건의사항 등이 포함된 점검결과보고서를 작성하여 국토교통부장관 또는 지방항공청장에게 보고하여야 한다.

(2) 제1항에 따라 보고를 받은 지방항공청장은 점검결과를 국토교통부장관에게 보고하여야 하며, 연간 종합보고서는 다음 연도 1월 10일까지 작성하여 보고하여야 한다.

(3) 국토교통부장관 또는 지방항공청장은 점검 실시 후 업무일 기준 10일 이내에 시정지시 등을 포함한 점검결과를 해당 점검대상자에게 통보하여야 한다. 다만, 점검결과에 대한 추가 사실확인 등이 필요한 경우에는 업무일 기준 10일을 초과하여 점검결과를 통보 할 수 있다.

(4) 제3항에 따라 시정조치서를 발부 할 경우 감독관은 시정조치 여부를 확인하고, 이에 대한 기록을 최소 3년 이상 보존하여야 한다.

(5) 국토교통부장관은 항공보안 제도개선과 감독업무의 통일성 등을 위해 점검대상자를 상대로 감독활동에 대하여 사후 평가를 실시 할 수 있다.

(6) 사후평가는 항공보안법 제33조의2에 따른 항공보안자율신고 보고서를 활용하거나, 점검대상자를 무작위로 선정하여 설문 또는 면담 등을 통해 실시할 수 있다.

10) 감독관의 의무

(1) 감독관은 점검을 시작하기에 앞서 점검대상자(항공시설인 경우에는 그 소유자 또는 관리자를 말한다) 또는 관계직원에게 감독관임을 확인할 수 있도록 별지 제3호 서식에 의한 항공보안감독관 증표를 제시하여야 한다. 다만, 불시에 보안평가를 하는 경우에는 증표를 제시하지 아니할 수 있다.

(2) 감독관은 점검을 실시함에 있어 필요하다고 인정할 때에는 다음 각 호의 조치를 취하여야 한다.

① 「항공보안법」 또는 같은 법에 따른 명령 등에 위반한 사실을 발견한 경우에는 별지 제1호 서식에 따른 확인서 등의 작성

② 관계서류 및 물품 등의 검사

③ 관계직원에 대한 질의

④ 기타 점검에 필요한 조치

(3) 감독관이 제2항제1호에 따라 확인서를 작성한 경우에는 관련 업체의 장 또는 해당 직원에게 서명을 받아 징구하여야 한다.

(4) 감독관은 점검 중에 긴급한 조치를 취하지 아니할 경우 항공보안에 막대한 지장을 초래할 수 있는 위해요소를 발견하였을 때에는 이를 즉시 국토교통부장관에게 보고하여야 한다.

11) 감독관의 교육훈련

(1) 국토교통부장관 및 지방항공청장은 감독관의 자질 향상을 위하여 감독관 최초 지정 또는 정기교육 등을 이수한 날로부터 연 1회 이상 다음 각 호의 어느 하나에 해당하는 교육 등이 이수될 수 있도록 하여야 한다.

① 항공안전공무원 교육훈련 규정에 따른 20시간 이상의 항공보안감독관 정기교육 과정

② 국토교통부장관으로부터 인가를 받은 항공훈련기관, 국제민간항공기구 또는 국제민간항공기구에서 인정한 교육기관에서 실시하는 항공보안 교육 과정

③ 항공보안세미나, 항공보안워크숍 또는 항공보안 관련 국제회의 등에 2일 이상 참석

(2) 제1항에 따른 정기교육을 부득이한 사유로 이수하지 못한 사람이 1년이 경과한 날부터 30일 이내에 정기교육을 이수한 경우에는 1년 이내에 정기교육을 이수한 것으로 본다.

(3) 제1항 및 제2항에 따른 정기교육을 받지 않은 감독관은 다음 정기교육을 이수할 때까지 감독관 자격이 정지되며, 점검활동을 수행할 수 없다. 다만, 감독관으로 지정된 사람이 항공보안 업무를 담당하지 않게된 경우에는 제1항 및 제2항에 따른 정기교육을 이수하지 않아도 5년간 그 자격이 유지 된다.

12) 증표관리 및 기록유지

(1) 감독관은 업무를 수행할 때에는 별지 제3호 서식의 항공보안 감독관 증표를 소지하여야 하며, 이를 타인에게 대여하여서는 아니 된다.
(2) 감독관은 지정이 취소되거나, 항공보안 업무를 담당하지 않게 된 경우에는 항공보안감독관 증표를 반납하여야 한다.
(3) 감독관은 제10조에 따라 시정조치서 등을 발부한 경우 별지 제4호의 시정조치서 관리대장에 발부 사실과 관련 내용을 기록 · 유지하여야 한다.

5. 항공보안 자율신고제도

제33조의2(항공보안 자율신고) ① 민간항공의 보안을 해치거나 해칠 우려가 있는 사실로서 국토교통부령으로 정하는 사실을 안 사람은 국토교통부장관에게 그 사실을 신고(이하 이 조에서 "항공보안 자율신고"라 한다)할 수 있다.
② 국토교통부장관은 항공보안 자율신고를 한 사람의 의사에 반하여 신고자의 신분을 공개하여서는 아니 되며, 그 신고 내용을 보안사고 예방 및 항공보안 확보 목적 외의 다른 목적으로 사용하여서는 아니 된다.
③ 공항운영자등은 소속 임직원이 항공보안 자율신고를 한 경우에는 그 신고를 이유로 해고, 전보, 징계, 그 밖에 신분이나 처우와 관련하여 불이익한 조치를 하여서는 아니 된다.

④ 국토교통부장관은 제1항 및 제2항에 따른 항공보안 자율신고의 접수·분석·전파에 관한 업무를 대통령령으로 정하는 바에 따라 「한국교통안전공단법」에 따른 한국교통안전공단에 위탁할 수 있다. 이 경우 위탁받은 업무에 종사하는 한국교통안전공단의 임직원은 「형법」 제129조부터 제132조까지의 규정을 적용할 때에는 공무원으로 본다.
⑤ 항공보안 자율신고의 신고방법 및 신고처리절차 등에 관하여 필요한 사항은 국토교통부령으로 정한다.

1) 자율신고업무 위탁

시행령 제19조의2 국토교통부장관은 법 제33조의2 제4항 전단에 따라 항공보안 자율신고의 접수 · 분석 · 전파에 관한 업무를 한국교통안전공단법에 따른 한국교통안전공단에 위탁한다.

2) 자율신고 절차

시행규칙 제19조의2 법 제33조의2 제1항에서 "국토교통부령으로 정하는 사실"이란 다음 각 호의 어느 하나에 해당하는 사실을 말한다.
(1) 불법방해행위가 시도되거나 발생될 가능성이 있는 사실
(2) 법 제10조제2항에 따른 자체 보안계획을 이행하지 아니한 사실
(3) 보안검색이 완료된 승객과 완료되지 못한 승객이 접촉한 사실
(4) 법 제13조제1항을 위반하여 공항운영자의 허가를 받지 아니하고 보호구역에 진입한 사실
(5) 법 제14조제4항을 위반하여 항공기에 대한 보안점검을 실시하지 아니한 사실
(6) 법 제15조제1항, 제16조 및 제17조제2항에 따라 보안검색이 이루어지지 아니한 사실
(7) 법 제21조를 위반하여 위해물품을 항공기 내에 반입한 사실

(8) 법 제31조제2항에 따라 자체 우발계획을 이행하지 아니한 사실
(9) 법 제32조에 따른 보안조치를 공항운영자등이 이행하지 아니한 사실
(10) 그 밖에 항공보안을 해치거나 해칠 우려가 있는 사실

법 제33조의2제1항에 따라 항공보안 자율신고를 하려는 자는 별지 서식에 따른 항공보안 자율신고서 또는 국토교통부장관이 정하여 고시하는 전자적인 신고방법에 따라 한국교통안전공단에 신고하여야 한다.

항공보안 자율신고를 접수한 한국교통안전공단은 분기별로 해당 신고 현황을 국토교통부장관에게 보고하여야 한다. 다만, 긴급한 조치가 필요한 신고의 경우에는 신고를 받은 후 지체 없이 국토교통부장관에게 보고하여야 한다.

보고를 받은 국토교통부장관은 신고사항을 조사하여 항공보안을 위하여 필요한 조치를 하거나 항공보안 대책을 마련하여야 하며 규정에서 정한 사항 외에 항공보안 자율신고의 접수·분석 및 전파 등에 관하여 필요한 사항은 국토교통부장관이 정하여 고시한다.

제8장 보 칙

1. 재정지원

제34조(재정 지원) 국가는 예산의 범위에서 항공보안 업무 수행에 필요한 비용을 지원할 수 있다.

국가 예산의 범위내에서 항공보안 업무 수행에 필요한 재정을 지원할 수 있는 근거를 마련하였는데 이는 독립채산제로 운영되는 '공항운영자(인천국제공항공사, 한국공항공사)'가 항공보안 및 보안검색 장비의 확충과 시설투자재원을 확보함에 있어 부족한 재정상 자금운영을 위해 국고보조 등의 근거를 마련하고자 한 것이다.

2. 감독

제35조(감독) ① 국토교통부장관은 이 법 또는 이 법에 따른 명령이나 처분을 위반하는 행위에 대하여는 시정명령 등 필요한 조치를 할 수 있다.
② 국토교통부장관은 항공보안장비의 안전 및 적합성을 확보하기 위하여 인증기관 및 시험기관에 대하여 필요한 범위에서 지도·감독을 할 수 있다.
③ 국토교통부장관은 제2항에 따라 감독상 필요하다고 인정되는 경우에는 인증기관 및 시험기관의 운영과 업무의 처리에 관한 명령을 할 수 있으며, 소속 공무원으로 하여금 그 장부와 전표, 서류, 시설 등을 검사하게 할 수 있다. 이 경우 검사를 하는 공무원은 그 권한을 표시하는 증표를 지니고 이를 관계인에게 내보여야 한다.

국토교통부장관은 항공보안과 관련한 명령이나 처분을 위반하는 행위에 대하여는 시정명령 등 필요한 조치를 할 수 있도록 하였으며, 항공보안 장비의 안전 및 적합성을 확보하기 위하여 인증기관 및 시험기관을 지도·감독을 할 수 있도록 명시하였다.

3. 항공보안정체계의 구축

제35조의2(항공보안정보체계의 구축) ① 국토교통부장관은 항공보안정보의 체계적인 관리 및 정보공유를 위하여 항공보안정보체계를 구축·운영할 수 있다.

② 국토교통부장관은 항공보안정보체계의 구축·운영에 필요한 자료의 제출 또는 정보의 제공을 공항운영자등에게 요청할 수 있다. 이 경우 자료의 제출이나 정보의 제공을 요구받은 자는 정당한 사유가 없으면 이에 따라야 한다.

항공보안정보의 체계적인 관리 및 정보공유를 위하여 항공보안정보체계를 구축·운영할 수 있도록 하였으며, 항공보안정보체계의 구축·운영에 필요한 자료의 제출 또는 정보의 제공을 공항운영자등에게 요청할 수 있도록 명시하였다.

4. 청문

제37조(청문) 국토교통부장관은 다음 각 호의 어느 하나에 해당하는 취소처분을 하려면 청문을 하여야 한다.

1. 제15조제8항(제16조제1항 후단, 제2항 후단 및 제17조제5항에서 준용하는 경우를 포함한다)에 따른 위탁업체지정의 취소
2. 제17조의3제1항에 따른 상용화주 지정의 취소
3. 제27조의5에 따른 시험기관 지정의 취소
4. 제28조제4항에 따른 교육기관 지정의 취소

국토교통부장관은 보안검색 위탁업체 지정취소, 상용화주 지정취소, 시험기관 지정취소, 교육기관 지정취소 등의 처분을 하려면 청문절차를 이행하도록 하였다.

5. 권한의 위임 · 위탁

> **제38조(권한의 위임 · 위탁)** ① 이 법에 따른 국토교통부장관의 권한은 대통령령으로 정하는 바에 따라 그 일부를 지방항공청장에게 위임할 수 있다. 이 경우 지방항공청장은 위임받은 권한의 일부를 국토교통부장관의 승인을 받아 소속 기관의 장에게 재위임할 수 있다.
>
> ② 이 법에 따른 국토교통부장관의 권한은 대통령령으로 정하는 바에 따라 그 일부를 다른 행정청이나 행정청이 아닌 자에게 위탁할 수 있다.

시행령 제20조 국토교통부장관은 법 제38조제1항에 따라 다음 각 호의 권한을 지방항공청장에게 위임한다.

(1) 법 제2조제3호에 따른 항공운송사업자 중 소형항공운송사업자 및 외국인 국제항공운송사업자가 법 제10조제2항에 따라 수립하는 자체 보안계획의 승인 또는 변경승인

(2) 법 제2조제4호부터 제6호까지의 규정에 따른 업체가 법 제10조제2항에 따라 수립하는 자체 보안계획의 승인 또는 변경승인

(3) 법 제12조에 따른 공항시설 보호구역과 임시 보호구역의 지정 및 지정취소의 승인

(4) 법 제15조제2항 및 이 영 제13조제1항에 따른 특별 보안검색 대상의 인정

(5) 법 제15조제2항 및 이 영 제13조제3항제5호에 따른 허가

(6) 법 제15조제2항 및 이 영 제15조제2항제2호에 따른 증명서의 인증

(7) 법 제15조제7항 및 제8항(법 제16조 및 제17조제5항에서 준용하는

경우를 포함한다)에 따른 보안검색 위탁업체의 지정 및 지정 취소

(8) 법 제17조의2 및 제17조의3에 따른 상용화주의 지정 및 지정 취소

(9) 법 제19조제1항에 따른 보안검색 실패 등의 보고 접수

(10) 법 제19조제2항에 따른 항공보안을 위한 필요한 조치

(11) 법 제19조제3항에 따른 보안검색 등 보안조치

(12) 법 제21조제2항 및 제4항에 따른 항공기내 무기 반입의 허가

(13) 법 제31조제3항 본문에 따른 자체 우발계획의 승인 또는 변경승인(자체 보안계획과 별도로 승인 또는 변경승인을 받는 경우만 해당한다)

(14) 법 제33조제1항에 따른 항공보안 감독관(해당 지방항공청장 소속 항공보안 감독관만 해당한다)을 통한 점검업무 수행

(15) 법 제33조제3항에 따른 서류 및 자료 제출 요구(제7호에 따른 점검업무 수행과 관련된 경우만 해당한다)

(16) 법 제33조제4항에 따른 시정조치 또는 보안대책 수립 명령(제7호에 따른 점검업무 수행과 관련된 경우만 해당한다)

(17) 법 제37조제1호 및 제2호에 따른 청문의 실시

(18) 법 제51조제4항에 따른 과태료의 부과 · 징수(지방항공청장에게 위임된 사무와 관련된 사항만 해당한다)

6. 벌칙적용에서 공무원 의제

> **제38조의2(벌칙 적용에서 공무원 의제)** 항공보안장비 성능 인증 및 성능평가시험에 관한 업무에 종사하는 인증기관 및 시험기관의 임직원은 「형법」 제129조부터 제132조까지의 규정에 따른 벌칙을 적용할 때에는 공무원으로 본다.

항공보안장비 성능 인증 및 성능평가시험에 관한 업무에 종사하는 인증

기관 및 시험기관의 임직원은 정부가 수행하여야 함에 있어 형법 제129조(수뢰, 사전수뢰), 제130조(제3자뇌물제공), 제131조(수뢰후 부정처사, 사후수뢰), 제132조(알선수뢰)에서 규정한 벌칙을 적용할 때에는 공무원으로 본다.

제9장 >>> 벌 칙

1. 항공기 파손죄

제39조(항공기 파손죄) ① 운항중인 항공기의 안전을 해칠 정도로 항공기를 파손한 사람(「항공안전법」 제138조제1항에 해당하는 사람은 제외한다)은 사형, 무기징역 또는 5년 이상의 징역에 처한다.

② 계류 중인 항공기의 안전을 해칠 정도로 항공기를 파손한 사람은 7년이하의 징역에 처한다.

2. 항공기 납치죄

제40조(항공기 납치죄 등) ① 폭행, 협박 또는 그 밖의 방법으로 항공기를 강탈하거나 그 운항을 강제한 사람은 무기 또는 7년 이상의 징역에 처한다.

② 제1항의 죄를 범하여 사람을 사상(사상)에 이르게 한 사람은 사형 또는 무기징역에 처한다.

③ 제1항의 미수범은 처벌한다.

④ 제1항 또는 제2항의 죄를 범할 목적으로 예비 또는 음모한 사람은 5년 이하의 징역에 처한다. 다만, 그 목적한 죄를 실행에 옮기기 전에 자수한 사람에 대하여는 그 형을 감경하거나 면제할 수 있다.

3. 공항시설 파손죄

제41조(항공시설 파손죄) ① 항공기 운항과 관련된 항공시설을 파손하거나 조작을 방해함으로써 항공기의 안전운항을 해친 사람(「항공안전법」 제140조에 해당하는 사람은 제외한다)은 10년 이하의 징역에 처한다.
② 제1항의 죄를 범하여 사람을 사상에 이르게 한 사람은 사형, 무기징역 또는 7년 이상의 징역에 처한다.

4. 공항시설 파손죄

제42조(항공기 항로 변경죄) 위계 또는 위력으로써 운항중인 항공기의 항로를 변경하게 하여 정상 운항을 방해한 사람은 1년 이상 10년 이하의 징역에 처한다.

5. 직무집행 방해죄

제43조(직무집행방해죄) 폭행·협박 또는 위계로써 기장등의 정당한 직무집행을 방해하여 항공기와 승객의 안전을 해친 사람은 10년 이하의 징역에 처한다.

6. 항공기 위험물건 탑재죄

제44조(항공기 위험물건 탑재죄) 제21조를 위반하여 휴대 또는 탑재가 금지된 물건을 항공기에 휴대 또는 탑재하거나 다른 사람으로 하여금 휴대 또는 탑재하게 한 사람은 2년 이상 5년 이하의 징역 또는 2천만원 이상 5천만원 이하의 벌금에 처한다.

7. 공항운영 방해죄

제45조(공항운영 방해죄) 거짓된 사실의 유포, 폭행, 협박 및 위계로써 공항운영을 방해한 사람은 5년 이하의 징역 또는 5천만원 이하의 벌금에 처한다.

8. 항공기내 폭행죄

제46조(항공기 내 폭행죄 등) ① 제23조제2항을 위반하여 항공기의 보안이나 운항을 저해하는 폭행·협박·위계행위 또는 출입문·탈출구·기기의 조작을 한 사람은 10년 이하의 징역에 처한다.

② 제23조제2항을 위반하여 항공기 내에서 다른 사람을 폭행한 사람은 5년 이하의 징역에 처한다.

9. 항공기 점거 및 농성죄

제47조(항공기 점거 및 농성죄) 제23조제3항을 위반하여 항공기를 점거하거나 항공기 내에서 농성한 사람은 3년 이하의 징역 또는 3천만원 이하의 벌금에 처한다.

10. 운항방해정보 제공죄

제48조(운항 방해정보 제공죄) 항공운항을 방해할 목적으로 거짓된 정보를 제공한 사람은 3년 이하의 징역 또는 3천만원 이하의 벌금에 처한다.

11. 벌칙

제49조(벌칙) ① 제23조제1항제7호를 위반하여 기장등의 업무를 위계 또는 위력으로써 방해한 사람은 10년 이하의 징역 또는 1억원 이하의 벌금에 처한다.

② 다음 각 호의 어느 하나에 해당하는 사람은 3년 이하의 징역 또는 3천만원 이하의 벌금에 처한다.

1. 제23조제1항제6호를 위반하여 조종실 출입을 기도한 사람
2. 제23조제4항을 위반하여 기장등의 지시에 따르지 아니한 사람

12. 벌칙

제50조(벌칙) ① 제23조제8항을 위반하여 공항에서 보안검색 업무를 수행 중인 항공보안검색요원 또는 보호구역에의 출입을 통제하는 사람에 대하여 업무를 방해하는 행위 또는 폭행 등 신체에 위해를 주는 행위를 한 사람은 5년 이하의 징역 또는 5천만원 이하의 벌금에 처한다.

② 운항 중인 항공기 내에서 다음 각 호의 어느 하나에 해당하는 사람은 3년 이하의 징역 또는 3천만원 이하의 벌금에 처한다.

1. 제23조제1항제1호를 위반하여 폭언, 고성방가 등 소란행위를 한 사람
2. 제23조제1항제3호를 위반하여 술을 마시거나 약물을 복용하고 다른 사람에게 위해를 주는 행위를 한 사람

③ 다음 각 호의 어느 하나에 해당하는 자는 5천만원 이하의 벌금에 처한다.
1. 제10조제2항을 위반하여 자체 보안계획을 수립하지 아니한 자
2. 제15조를 위반하여 보안검색 업무를 하지 아니하거나 소홀히 한 사람
3. 제31조제2항을 위반하여 자체 우발계획을 수립하지 아니한 자

④ 다음 각 호의 어느 하나에 해당하는 자는 3천만원 이하의 벌금에 처한다.
1. 제10조제2항을 위반하여 자체 보안계획의 승인을 받지 아니한 자
2. 제16조 또는 제17조를 위반하여 보안검색 업무를 하지 아니하거나 소홀히 한 사람
3. 제31조제3항을 위반하여 자체 우발계획의 승인을 받지 아니한 자

⑤ 계류 중인 항공기 내에서 다음 각 호의 어느 하나에 해당하는 사람은 2천만원 이하의 벌금에 처한다.
1. 제23조제1항제1호를 위반하여 폭언, 고성방가 등 소란행위를 한 사람
2. 제23조제1항제3호를 위반하여 술을 마시거나 약물을 복용하고 다른 사람에게 위해를 주는 행위를 한 사람

⑥ 운항 중인 항공기 내에서 다음 각 호의 어느 하나에 해당하는 사람은 1천만원 이하의 벌금에 처한다.
1. 제23조제1항제2호를 위반하여 흡연을 한 사람
2. 제23조제1항제4호를 위반하여 다른 사람에게 성적(성적) 수치심을 일으키는 행위를 한 사람
3. 제23조제1항제5호를 위반하여 전자기기를 사용한 사람

⑦ 계류 중인 항공기 내에서 다음 각 호의 어느 하나에 해당하는 사람은 5백만원 이하의 벌금에 처한다.
1. 제23조제1항제2호를 위반하여 흡연을 한 사람
2. 제23조제1항제4호를 위반하여 다른 사람에게 성적(성적) 수치심을 일으키는 행위를 한 사람
3. 제23조제1항제5호를 위반하여 전자기기를 사용한 사람

⑧ 제13조제1항을 위반하여 공항운영자의 허가를 받지 아니하고 보호구역에 출입한 사람은 100만원 이하의 벌금에 처한다.

13. 양벌규정

제50조의2(양벌규정) 법인의 대표자나 법인 또는 개인의 대리인, 사용인, 그 밖의 종업원이 그 법인 또는 개인의 업무에 관하여 제50조의 어느 하나에 해당하는 위반행위를 하면 그 행위자를 벌하는 외에 그 법인 또는 개인에게도 해당 조문의 벌금형을 과(科)한다. 다만, 법인 또는 개인이 그 위반행위를 방지하기 위하여 해당 업무에 관하여 상당한 주의와 감독을 게을리하지 아니한 경우에는 그러하지 아니하다.

14. 과태료

제51조(과태료) ① 다음 각 호의 어느 하나에 해당하는 자에게는 1천만원 이하의 과태료를 부과한다.

1. 제10조제2항에 따라 승인받은 자체 보안계획을 이행하지 아니한 자(국가항공보안계획과 관련되는 부분만 해당한다)
2. 제14조제2항을 위반하여 항공기내 보안요원을 탑승시키지 아니한 항공운송사업자
3. 제14조제4항을 위반하여 항공기에 대한 보안점검을 실시하지 아니한 항공운송사업자
4. 제17조제1항을 위반하여 통과 승객이나 환승 승객에게 휴대물품을 가지고 내리도록 조치하지 아니한 항공운송사업자
5. 제19조제1항을 위반하여 국토교통부장관에게 보고하지 아니한 자

5의2. 제25조제1항을 위반하여 항공기 내에서 죄를 범한 범인을 관할 국가경찰관서에 인도하지 아니한 기장등이 소속된 항공운송사업자

6. 제27조제1항을 위반하여 국토교통부장관이 고시하는 항공보안장비를 사용하지 아니한 자
7. 제31조제3항에 따라 승인받은 자체 우발계획을 이행하지 아니한 자(국가항공보안 우발계획과 관련되는 부분만 해당한다)
8. 제32조에 따른 보안조치를 이행하지 아니한 자

9. 제33조제4항에 따른 시정조치 또는 명령을 이행하지 아니한 자
10. 제33조의2제3항을 위반하여 불이익한 조치를 한 자
11. 제35조에 따른 시정명령 등 필요한 조치를 이행하지 아니한 자

② 다음 각 호의 어느 하나에 해당하는 자에게는 500만원 이하의 과태료를 부과한다.
1. 제23조제9항에 따른 안내를 하지 아니한 항공운송사업자
2. 제29조를 위반하여 보안검색에 관한 기록을 작성·유지하지 아니한 자
3. 제33조제3항에 따른 점검업무의 수행에 필요한 서류 및 자료를 제출하지 아니하거나 거짓의 자료를 제출한 자

③ 제17조제1항에 따른 항공운송사업자의 지시에도 불구하고 휴대물품을 가지고 내리지 아니한 사람에게는 100만원 이하의 과태료를 부과한다.

④ 제1항부터 제3항까지의 규정에 따른 과태료는 대통령령으로 정하는 바에 따라 국토교통부장관이 부과·징수한다.

시행령 제21조 법 제51조제1항부터 제3항까지의 규정에 따른 과태료의 부과기준은 별표와 같다.

[별표] 과태료의 부과기준(제21조 관련)

1. 일반 기준

가. 1개의 위반행위 또는 사유가 2개 이상의 과태료 부과기준에 해당되는 경우에는 그 중 금액이 큰 과태료 부과기준을 적용한다.

나. 위반행위의 횟수에 따른 과태료의 가중된 부과기준은 최근 1년간 같은 위반행위로 과태료 부과처분을 받은 경우에 적용한다. 이 경우 기간의 계산은 위반행위에 대하여 과태료 부과처분을 받은 날과 그 처분 후 다시 같은 위반행위를 하여 적발된 날을 기준으로 한다.

다. 나목에 따라 가중된 부과처분을 하는 경우 가중처분의 적용 차수는 그 위반행위 전 부과처분 차수(나목에 따른 기간 내에 과태료 부과처분이 둘 이상 있었던 경우에는 높은 차수를 말한다)의 다음 차수로 한다.

라. 부과권자는 다음의 어느 하나에 해당하는 경우에는 제2호에 따른 과태료 금액의 2분의 1의 범위에서 그 금액을 줄일 수 있다. 다만, 과태료를 체납하고 있는 위반행위자의 경우에는 그러하지 아니하다.
  1) 위반행위자가 「질서위반행위규제법 시행령」 제2조의2제1항 각 호의 어느 하나에 해당하는 경우
  2) 위반행위가 사소한 부주의나 오류로 인한 것으로 인정되는 경우
  3) 위반행위자가 법 위반상태를 시정하거나 해소하기 위하여 노력한 것이 인정되는 경우
  4) 그 밖에 위반행위의 정도, 위반행위의 동기와 그 결과 등을 고려하여 그 금액을 줄일 필요가 있다고 인정되는 경우
마. 부과권자는 다음의 어느 하나에 해당하는 경우에는 제2호에 따른 과태료 금액의 2분의 1의 범위에서 그 금액을 늘릴 수 있다. 다만, 법 제51조에 따른 과태료 금액의 최고한도를 넘을 수 없다.
  1) 위반의 내용·정도가 중대하여 공중에 미치는 영향이 크다고 인정되는 경우
  2) 법 위반상태의 기간이 6개월 이상인 경우
  3) 그 밖에 위반행위의 정도, 위반행위의 동기와 그 결과 등을 고려하여 그 금액을 늘릴 필요가 있다고 인정되는 경우

2. 개별기준

위반행위	근거 법조문	과태료 금액 (단위:만원)		
		1회 위반	2회 위반	3회 이상 위반
가. 법 제10조제2항에 따라 승인받은 자체 보안계획을 이행하지 않은 경우(국가항공보안계획과 관련되는 부분만 해당한다)	법 제51조제1항제1호	500	750	1,000
나. 법 제14조제2항을 위반하여 항공기내보안요원을 탑승시키지 않은 경우	법 제51조제1항제2호	500	750	1,000
다. 법 제14조제4항을 위반하여 항공기에 대한 보안점검을 실시하지 않은 경우	법 제51조제1항제3호	500	750	1,000

라. 법 제17조제1항을 위반하여 통과 승객이나 환승 승객에게 휴대물품을 가지고 내리도록 조치하지 않은 경우	법 제51조제1항제4호	500	750	1,000
마. 법 제19조제1항을 위반하여 국토교통부장관에게 보고하지 않은 경우	법 제51조제1항제5호	500	750	1,000
바. 법 제25조제1항을 위반하여 항공기 내에서 죄를 범한 범인을 관할 국가경찰관서에 인도하지 않은 경우	법 제51조제1항제5호의2	500	500	500
사. 법 제27조제1항을 위반하여 국토교통부장관이 고시하는 항공보안장비를 사용하지 않은 경우	법 제51조제1항제6호	500	750	1,000
아. 법 제31조제3항에 따라 승인받은 자체 우발계획을 이행하지 않은 경우(국가항공보안 우발계획과 관련되는 부분만 해당한다)	법 제51조제1항제7호	500	750	1,000
자. 법 제32조에 따른 보안조치를 이행하지 않은 경우	법 제51조제1항제8호	1,000	1,000	1,000
차. 법 제33조제4항에 따른 시정조치 또는 명령을 이행하지 않은 경우	법 제51조제1항제9호	1,000	1,000	1,000
카. 법 제33조의2제3항을 위반하여 불이익한 조치를 한 경우	법 제51조제1항제10호	1,000	1,000	1,000
타. 법 제35조에 따른 시정명령 등 필요한 조치를 이행하지 않은 경우	법 제51조제1항제11호	1,000	1,000	1,000
파. 법 제23조제9항에 따른 안내를 하지 않은 항공운송사업자	법 제51조제2항제1호	100	250	500
하. 법 제29조를 위반하여 보안검색에 관한 기록을 작성·유지하지 않은 경우	법 제51조제2항제2호	50	250	500
거. 법 제33조제3항에 따른 점검업무의 수행에 필요한 서류 및 자료를 제출하지 않거나 거짓의 자료를 제출한 경우	법 제51조제2항제3호	100	250	500
너. 법 제17조제1항에 따른 항공운송사업자의 지시에도 불구하고 휴대물품을 가지고 내리지 않은 경우	법 제51조제3항	50	75	100

부칙 〈법률 제14954호, 2017.10.24.〉

제1조(시행일) 이 법은 공포 후 1년이 경과한 날부터 시행한다.

제2조(항공보안장비 성능 인증에 대한 경과조치) ① 장비운영자는 제27조 제1항의 개정규정에도 불구하고 이 법 시행일 이전부터 사용하고 있는 항공보안장비 중 제작국가 등의 항공보안장비 인증 공인기관으로부터 성능을 인증 받은 항공보안장비에 대하여는 해당 장비의 내용연수를 다 할 때까지 국토교통부령으로 정하는 바에 따라 사용할 수 있다.

② 장비운영자는 제27조 제1항의 개정규정에도 불구하고 국토교통부장관으로부터 성능 인증을 받고 생산 중인 항공보안장비가 각기 다른 제작사의 장비로서 종류별로 2종 이상이 인증되기 이전까지는 제작국가 등의 항공보안장비 인증 공인기관으로부터 성능을 인증받은 장비를 사용할 수 있다.

제 10 장 ICAO 기타 부속서 항공보안 관련조항

1. 부속서 2(항공규칙) 에서 발췌

○ 3.7 불법방해행위

불법방해행위 하에 있는 항공기는 ATS(항공교통관제소)에 불법침입 상황으로 인한 기존의 비행 스케쥴 변경 등 긴급조치 사항을 알려야 한다. 이러한 일련의 조치들은 불법방해행위 하에 있는 항공기에 미칠 수 있는 악영향을 최소화하기 위함이다.

주 1 – 불법침입 상황에서 ATS의 책임 및 임무는 부속서 11에서 기술하고 있다.

주 2 – 불법침입 발생 시 항공기가 ATS에 상황을 통보할 수 없을 때 활용할 지침자료는 본 부속서의 붙임 B에서 다루고 있다.

주 3 – SSR장비를 갖춘 항공기로써 불법방해행위 하에 있는 항공기가 취해야 할 조치사항은 부속서 11, PANS-ATM(Doc 4444) 및 PANS-OPS(DOC8186)에서 다루고 있다.

주 4 – CPDL 장비를 갖춘 항공기가 불법 방해 행위 대상이 되었을 경우 취할 조치는 부속서 11, PANS – RAC(Doc4444)에 명시되어져 있으며 이 문제 관련한 지침자료는 항행교통업무 데이터 연결 적용 매뉴얼(Doc 9694)에 명시되어 있다.

○ 붙임 B – 불법침입

1. 일반사항

다음 과정은 불법침입 발생 시 항공기가 ATS에 상황을 알릴 수 없을 때 활용할 지침서이다.

2. 불법침입상황 발생 시 조치 절차

2.1 해외 비행 상황을 달리 보고할 수 없는 상황에 부딪치게 되면 항공기의 기장은 적어도 ATS에 통보할 수 있게 되거나 레이더망에 들게 될 때까지 지정된 항로와 비행 속도를 계속 유지하여야 한다.

2.2 불법방해행위하에 있는 항공기의 기장은 ATS 기관과의 무선통신 연락 없이 지정된 항적범위와 순항고도를 이탈해야 할 경우, 기장은 가능한 한 아래사항을 실행하여야 한다.

1) 기내상황이 허용하는 한 VHF 비상주파스와 다른 적절한 주파수를 통해 경고메시지를 보내도록 노력하여야 한다. 기타 장비, 예를 들면 기내 트랜스폰더, 데이터 링크 등은 가능한 장비의 사용이 필요할 때 사용되어야 한다.

2) Doc 7030 (지역의 부수절차)에 있는 비행중 긴급사태에 관한 특별절차가 수립되어 있고 공시되어 있는 경우 그 절차에 따르도록 하여야 한다.

3) 만약 적용할 수 있는 지역적 조치사항이 수립되어 있지 않다면 비행고도 FL290 이상일 경우 300m(1000 ft) 또는 비행고도 FL290 미만일 경우 150m(500ft)로 비행함으로서 해당지역에서 IFR 비행에 통상 사용되는 순항고도와 다른 고도로 진행하여야 한다.

(1) 최소수직 안전거리가 300m(1000ft)가 적용되는 곳에서 150m(500ft)

(2) 최소수직 안전거리가 300m(1000ft)가 적용되는 곳에서 150m(500ft)

주. – 불법방해행위 하에 있는 항공기가 취해야 할 조치사항은 본 부속서의 3.8항에서 기술하고 있다.

2. 부속서 6(항공기 운항) 에서 발췌

○ 13.1 국내 상업 항공 운영

권고사항 – 본 장에 명시된 국제 표준 및 권고사항은 모든 체약국에 의해 국내선 상업 항공운영에도 적용되어야 한다.

○ 13.2 조종실 보안

13.2.1 조종실 문이 설치된 모든 항공기는 이 조종실 문이 시건될 수 있도록 하여야 하며 객실에서 수상한 행동이 발생하거나 보안위반사항이 발생할 경우 객실승무원이 비밀리에 운항 승무원에게 알릴 수 있는 방법이 마련되도록 하여야 한다.

13.2.2 2003년 11월 1일부터 최대이륙중량 45,500kg 이상 또는 승객 좌석 60석이상인 모든 여객기는 설치 가능한 범위 내에서 소형화기 및 수류탄 파편에서 견딜 수 있으며 비인가자가 강제로 진입하지 못하도록 설계된 조종실 출입문을 설치하여야 한다. 이 문은 조종실내부에서 개폐될 수 있어야 한다.

13.2.3 13.2.2에 의거 조종실 문이 설치된 모든 항공기는 :

1) 인가된 자에 의해 출입이 허가된 경우를 제외하고는 항공기가 도착하여 해당 문이 열리기전까지 모든 외부 문이 닫힐 때 해당 조종실문도 닫히고 시건 되어야 한다.

2) 조종실문으로 진입요청한 자를 확인하고 수상한 행동이나 예상 위협을 탐지하기 위하여 조종실 외부로부터 모니터링 할 수단이 제공되어야 한다.

13.2.4 권고사항 – 모든 여객기는 설치 가능한 범위 내에서 소형화기 및 수류탄 파편에서 견딜 수 있으며 비인가자가 강제로 진입하지 못하도록 설계된 조종실 출입문을 설치하여야 한다. 이 문은 조종실내부에서 개폐될 수 있어야 한다.

13.2.5 권고사항 - 13.2.4에 의거 조종실 문이 설치된 모든 항공기는 :

1) 인가된 자에 의해 출입이 허가된 경우를 제외하고는 항공기가 도착하여 해당 문이 열리기 전까지 모든 외부 문이 닫힐 때 해당 조종실문도 닫히고 시건되어야 한다.
2) 조종실문으로 진입요청한 자를 확인하고 수상한 행동이나 예상 위협을 탐지하기 위하여 조종실 외부로부터 모니터링할 수단이 제공되어야 한다.

○ 13.3 항공기 수색 체크리스트

항공사는 항공기 폭파행위 예상 시 폭발물 수색을 위해 사용되는 절차에 대한 체크리스트가 기내에 비취 되도록 하여야 한다. 이 체크리스트는 기내 폭발물이나 의심스러운 물건이 발견될 경우 취할 조취와 해당 항공기에 폭발물 최소 피해위치에 대한 지침 등이 포함되어야 한다.

○ 13.4 훈련 프로그램

13.4.1 항공사는 불법 방해 행위 영향을 최소화하기 위하여 승무원이 가장 적합한 방법으로 행동할 수 있도록 하는 교육훈련 프로그램을 수립, 유지하여야 한다. 이 교육프로그램은 최소한 아래 항목을 포함하여야 한다.

1) 발생한 사건 심각정도 판단
2) 승무원간 통신 및 협력
3) 적절한 호신 대응
4) 항공사 소속 국가에서 인가받은 비 살상용 무기사용
5) 납치범 대응과 승객 대응을 원활히 할 수 있도록 테러리스트 행동 이해
6) 다양한 위협 상황 관련한 실제 상황 교육 연습

7) 항공기 보호를 위한 조종실 운영절차

8) 항공기 수색절차 및 최소 폭발물 영향 지역에 대한 지침

13.4.2 항공사는 직원들이 파괴행위 또는 다른 형태의 불법 방해 행위를 예방할 수 있도록 항공기에 탑승할 승객, 수하물, 화물, 우편물, 장비, 비품 및 공급품에 대한 보안대책과 기법 관련 지원들에게 훈련시키기 위한 교육훈련프로그램을 수립, 유지하여한다.

○ 13.5 불법 방해 행위 보고

항공기의 기장은 불법방해행위 발생과 동시에 그 상황을 지체 없이 지정된 해당기관에 보고해야 한다.

○ 13.6 기타사항

13.6.1 권고사항 - 최소 위협 폭발물 위치에는 폭발을 최소화하고 폭발방향을 바꿀 수 있는 특별 수단이 마련되어야 한다.

13.6.2 권고사항 - 항공사가 승객으로부터 무기를 접수하였을 경우, 항공기 운항 중 어떠한 자도 접근할 수 없도록 적절한 장소가 항공기내에 마련되어야 한다.

3. 부속서 8(항공기 감항성) 에서 발췌

○ 3부 대형 항공기

3부A. 1960년 6월 13일 또는 이후, 2004년 3월 이전 증명서가 제출된 5700Kg이상 항공기

○ 11.1 국내선 상업항공운송에 사용되는 항공기

권고사항 - 본 장에 규정한 국제 표준 및 권고사항은 국내선 항공편 운항하는 상업운송 항공편에 적용되어야 한다.

○ 11.2 폭발물 최소 영향 위치

2000년 3월 12일 증명서 제출된 최대 이륙 중량이 45,000킬로그램 이상이거나 승객 좌석이 60석 이상인 항공기에 대하여, 폭발물 폭파 시 항공기 및 기내에 있는 자 피해를 최소화 할 수 있도록 항공기 설계 시 폭발물 최소영향 위치가 반영되어야 한다.

○ 11.3 운항승무원실 보호

권고사항 - 부속서 6 13장 1부에 규정된 인가된 운항승무원실 문을 설치하여야 하는 모든 항공기와 기존 문 개보수하여 관련 기관에 수정형식증명받기 위해 증명서 제출된 항공기에 대하여 소형 무기 및 수류탄 파편에 의해 파괴되지 않을 정도의 강도를 가지도록 그리고 운항 시 승객 및 객실 승무원이 진입할 수 있도록 설계될 경우 강제 침입을 방지할 수 있을 정도의 강도를 가지도록 운항승무원 문의 격벽, 바닥 및 천정이 보강되는 것이 고려되어야 한다.

주 - 모든 상업 여객 운송 항공기에 있는 운항승무원실 문에 대한 보안요건 관련한 지침 및 권고사항은 부속서 6 13장 1부에 포함되어져 있다.

○ 11.4 내부설계

2000년 3월 12일 인가승인 제출을 한 최대 이륙 중량이 45,000킬로그램 이상이거나 승객 좌석이 60석이상인 항공기에 대하여, 폭발물 또는 기타 위험한 물품이 항공기에 은닉되지 않도록 그리고 위해물품 탐지를 위한 수색을 원활히 할 수 있도록 항공기 설계 시 해당 요건 반영이 고려되어야 한다.

○ 3부 대형 항공기

3부B 2004년 3월 2일 또는 이후 증명서가 제출된 5700kg이상 항공기

○ 10.2. 폭발물 최소영향 위치

최대 이륙 중량이 45,000킬로그램 이상이거나 승객 좌석이 60석 이상인 항공기에 대하여, 폭발물 폭파 시 항공기 및 기내에 있는 자 피해를 최소화 할 수 있도록 항공기 설계 시 폭발물 최소위치가 해당요건 반영이 고려되어야 한다.

○ 10.3 운항승무원실 보호

10.3.1 부속서 6 13장 1부에 규정된 인가된 운항승무원실 문을 설치하여야 하는 모든 항공기와 기존 문 개보수하여 관련기관에 인가받기 위해 2006년 5월 20일 또는 그 이후 최초로 승인요청서가 제출된 항공기에 대하여 소형 무기 및 수류탄 파편에 의해 파괴되지 않을 정도의 강도를 가지도록 그리고 운항 시 승객 및 객실 승무원이 진입할 수 있도록 설계될 경우 강제 침입을 방지할 수 있을 정도의 강도를 가지도록 운항승무원 문의 격벽, 바닥 및 천정이 설계되어야 한다.

10.3.2 권고사항 - 부속서 6 13장 1부에 규정된 인가된 운항승무원실 문을 설치하여야 하는 모든 항공기와 기존 문 개보수하여 관련기관에 인가 받기 위해 2006년 5월 20일 또는 그 이후 개정증명서가 제출된 항공기에 대하여 소형 무기 및 수류탄 파편에 의해 파괴되지 않을 정도의 강도를 가지도록 그리고 운항 시 승객 및 객실 승무원이 진입할 수 있도록 설계될 경우 강제 침입을 방지할 수 있을 정도의 강도를 가지도록 운항승무원 문의 격벽, 바닥 및 천정이 보강되는 것이 고려되도록 하여야 한다.

○ 10.4 내부설계

인가된 최대 이륙 중량이 45,000 킬로그램 이상이거나 승객 좌석이 60석 이상인 항공기에 대하여, 폭발물 또는 기타 위험한 물품이 항공기에 은닉되지 않도록 그리고 위해물품 탐지를 위한 수색을 원활히 할 수 있도록 항공기 설계 시 해당 요건 반영이 고려되어야 한다.

4. 부속서 9(출입국간소화) 에서 발췌

○ 2장 출입국 간소화

2.2 각 체약국은 효율적인 항공기 입출항 관련한 절차 개발 시 적용 가능한 범위 내에서 항공보안 및 마약통제 대책 적용을 고려하여야 한다.

○ 3장 승객과 수하물 출발 도착

3.2 각 체약국은 효율적인 승객승무원 국경통제 관련한 절차 개발 시, 적용 가능한 범위 내에서 항공보안, 국경보안성, 마약통제 대책, 출입국 통제대책 적용을 고려하여야 한다.

3.4 체약국은 기계판독가능 여행 문서에 대한 유효기간을 연장하여서는 아니 된다.

주1 – 기계판독가능 여행문서 요건 (DOC 9393 시리즈)은 기계판독 지역에 포함된 유효일자 및 기타 정보의 변경을 허용하지 않는다.

주2 – 현 국가 법령 또는 규정에 유효기간을 연장 가능하도록 명시한 국가는 합리적 기간으로 관련 조항을 고쳐야 한다.

○ 여행서류 보안

3.7 체약국은 여행서류가 불법적으로 변경, 복사 또는 사용되는 경우를 방지하기 위하여 새로운 여행서류 버전에 보안사양을 정기적으로 갱신하여야 한다.

3.8 체약국은 보과 도난방지와 새로 발급되는 여행서류 오남용을 방지하기 위하여 여행서류 제작 및 발급 관련 통제대책을 수립하여야 한다.

3.9 권고사항 - 각 체약국은 Doc.9303에 명시된 기계판독부분을 지원하기 위한 한 개 또는 이상의 데이터 저장 방법을 사용하여 기계판독 가능 여권, 비자, 기타 공식 여행서류에 생체정보를 삽입하여야 한다. 통합된 회로칩에 삽입된 필요 정보는 기계판독 가능 지점에 있는 정보와 디지털 사진이미지 같이 데이터 페이지에 프린터 된 정보와 동일 한다. 지문이미지 또는/와 홍채이미지는 체약국이 여권에 넣는 안면생체정보를 보완하는 선택적으로 사용할 수 있는 생체인식 정보이다. 기계판독 여권에 생체정보를 입력한 각 체약국은 해당 데이터를 ISO/IEC 14443와 ICAO에서 정한 논리적 자료 체계에 따라 프로그램 된 비접촉 통합회로에 저장하여야 한다.

○ 여행서류

3.10 체약국은 2010년 4월 1일 이전에 Doc9303 1부에서 규정한 사양에 따라 기계판독가능 여권만을 발급하여야 한다.

주 - 이 조항은 비상시 발급되는 유효기간이 있는 비기계 판독 여권 또는 임시 여행서류 발급을 제한하려는 의도는 아니다.

3.10.1 2005년 11월 24일 이후 발급된 여권으로 기계판독이 가능하지 않은 여권에 대하여 체약국은 유효일이 2015년 11월 24일로 하여야 한다.

○ 여행서류 검사

3.31 각 체약국은 허위 및 변형 등을 방지하기 위하여 여객이 제시한 여행서류를 평가하는 항공사를 지원하여야 한다.

3.33 항공사는 통제목적으로 여객이 환승지점 및 도착지점 국가에서 규정하는 서류를 소지하고 있는지 확인하기 위해 필요한 조치를 취하여야 한다.

○ 입국 절차 및 책임

3.46 각 체약국 일반당국은 사기, 변조, 가짜 여행서류를 압류하여야 한다. 또한 일반당국은 여행 서류의 올바른 소지자를 가장한 사람이 소지한 여행서류를 압류하여야 한다. 이러한 문서들은 즉시 없애거나 발급자로 명시 된 해당 체약국 당국 또는 그 체약국의 외교단에게 반환되어야 한다.

3.47 권고사항 - 탑승 전 특정여권 또는 비자를 확인하기 위하여 관련 당국에 전자형태로 상세한 내용을 송부하기 위하여 그리고 신속한 도착 통관을 위하여 도착 전에 해당 정보에 대한 위험분석을 위하여 가능한 범위 내에서 체약국은 사전여객 정보 시스템을 도입하여야 한다. 체크인시간을 최소화하기 위하여, 기계판독 가능한 여행서류 정보를 읽기 위하여 여행서류 판독 장치가 사용되어야 한다.

○ 승무원 및 기타 항공기 운영자 신원확인 및 입국

3.70 승무원 증명서는 관련 당국 또는 이의 대리인이 실시한 신원조회 확인 후 발급되어야 한다. 승무원 증명서 발급 전, 신청자 임용현황, 공카드 보관통제, 발급자 신원요건등과 같은 적절한 통제가 적용되어야 한다.

○ 4장. 화물 및 기타 물품 반입반출

4.6 실행 가능한 범위 내에서, 효율성 향상을 위하여 수출 또는 수입되는 물품의 물리적 검색을 원활히 하기 위하여 현재적 검색 또는 검사 기법이 사용되어야 한다.

○ 5장. 입국불허승객 및 추방자

5.8 입국불허 승객이 퇴거에 저항할 수 있다고 판단되면 체약국은 항공사가 항공기 안전 확보를 위한 예방조치를 취할 수 있도록 사전에 가능한 출발 일정을 항공사에게 통보하여야 한다.

5.18 체약국은 자국에서 추방자를 퇴출할 경우 모든 의무, 책임 및 비용을 부담하여야 한다.

5.19 추방자 호송을 위하여 항공사와 사전 조율할 경우, 체약국은 가능한 빨리, 최소 항공기 출발 24시간 전에는 아래 정보를 제공하여야 한다.

1) 퇴거명령사 사본(체약국 법령에 규정되었을 경우)
2) 체약국 위험분석 및 항공사가 항공기 보안에 위험을 주는지 여부를 평가할 수 있는 관련 정보
3) 호송인 성명과 국적

주 - 간소화기준과 보안기준의 협력을 위하여 부속서 17의 4장 적용이 고려되어야 한다.

○ 6장 국제공항 - 항공교통 시설 및 서비스

6.16 권고사항 - 체약국은 모든 보안대책 및 기타 통제요건이 충족할 경우 공항 및 항공사가 공항외부 체크인 시설을 운영하는 것을 허가하여야 한다.

5. 부속서 10 (항공통신 Ⅳ권 감시레이더 및 충돌방지시스템) 에서 발췌

○ 2.1 2차 감시레이더(SSR)

2.1.4 Mode A 응답코스 (정보펄스)

2.1.4.2.1 코드 7700은 비상상황 하에 있는 항공기를 나타내기 위하여 사용한다.

2.1.4.2.3 코드 7500은 불법 방해 행위 하에 있는 항공기를 나타내기 위하여 사용된다.

2.1.4.3 Mode A 코드 7500(공중납치), 7600(통신두절) 및 7700(비상상태)의 상황을 즉각적으로 인지 할 수 있도록 지상코드 해독장비가 제공되어야 한다.

6. 부속서 11 (항공교통업무) 에서 발췌

○ 2.23 비상사태 발생 시 항공기에 취해야 할 조치

2.23.1 불법 방해 행위를 포함한 비상사태가 발생하였거나 발생이 추정되는 항공기는 상황에 따라 필요시 타 항공기에 우선하여 최대한의 배려와 지원을 하여야 하며 최우선적으로 처리하여야 한다.

주 - 항공기가 비상사태에 놓여져 있을 경우 적절한 데이터 링크능력 및 2차 감시레이더(SSR) 트랜스폰더가 장착되어있는 항공기는 해당 장비를 아래와 같이 작동시킨다.

(1) 모든 A, 코드 7700에 놓는다.

(2) 불법 방해 행위 하에 있음을 구체적으로 표시하기 위하여 모

드 A, 코드 7500에 놓는다.

(3) 적절한 비상 ADS장비를 작동시킨다.

(4) CPDLC를 통하여 적절한 비상메시지를 전송한다.

2.23.2 특정 항공기에 불법 방해 행위가 발생하였거나 의심될 경우 항공 교통관제기관은 신속히 해당 항공기의 요청에 대응하여야 한다. 항공기의 안전운항에 관한 정보는 지속적으로 교환되고 해당 항공기의 운항을 촉진시키도록 하며 특히 항공기의 안전한 착륙을 위해 필요한 조치를 신속히 취해져야 한다.

2.23.3 특정 항공기에 불법 방해 행위가 발생하였거나 의심될 경우 항공 교통관제기관은 해당절차에 따라 신속하게 국가에서 지정한 관련 책임기관에 알려야 하며 관련항공사가 또는 대리인에게 필요한 정보교환을 하여야 한다.

주 1. 위치 이탈한 항공기 또는 미확인 항공기는 불법 방해 행위하에 있는 항공기로 의심 될 수 있다.

주 2. 위치 이탈한 항공기 또는 미확인항공기 처리 관련 절차가 2.24.1에 명시되어져 있다.

주 3. PANS-ATM (Doc 4444), 15장, 15.1.3에 불법행위관련 구체적인 추가 절차가 포함되어져 있다.

○ 5장. 경계경보 제공

5.1.1 경계경보 서비스는 다음 항공기에 대해 반드시 제공되어야 한다.

(3) 불법방해행위 상태에 있거나 있다고 추정되는 항공기

○ 5.2 구조조정 센터 통보

5.2.1 적절한 통보가 필요한 경우, 5.5.1에 기술한 내용을 제외하고 항공 교통 관제소는 다음 상황을 포함한 비상사태에 처한 항공기에 대해 즉시 구조조정센토로 통보하여야 한다.

b) 경계단계 : 항공기와 기내 탑승객의 안전에 대하여 명확히 우려가 되는 경우는 제외

(4) 항공기가 불법 방해 행위 하에 있는 것으로 알려졌거나 믿어지는 경우

○ 5.5 항공사에 통보

5.5.1 지역관제센터 또는 운항정보센터는 항공기가 불확실한 상태에 있거나 경계단계에 있다고 판단될 경우 구조조정센터에 통보하기 전에 항공사에 먼저 통보하여야 한다.

주 - 항공기가 조난상태에 있을 구조조정센터는 조항 5.2.1에 따라 그 사실을 즉시 통보받아야 한다.

5.5.2 지역관제센터 또는 운항정보센터에 의하여 구조조정센터에 통보된 모든 정보는 가능한 신속히 해당 항공사에 전달되어야 한다.

○ 5.6 비상사태에 있는 항공기 주변 항공기 운영에 관한 통보

5.6.1 항공교통관제소가 특정 항공기가 비상사태에 처했음을 확인하였을 경우, 해당 항공기 주변에 있는 다른 항공기는 5.6.2에 기술한 상황을 제외하고 가능한 실제 비상사태에 대하나 내용을 알려야 한다.

5.6.2 항공교통 관제소가 특정 항공기가 불법 방해 행위 하에 있다는 사실을 접수받았거나 추정되는 경우, 해당 항공기로부터 최초로 해당사실을 접수하였거나, 그러한 통보가 상황을 악화시키지 않을 것이 확실한 경우를 제외하고는 긴급사태의 내용에 대한 어떠한 내용도 항공교통관제 공중-지상통신망을 사용하여 통보하여서는 아니 된다.

7. 부속서 13(항공기 사고 조사) 에서 발췌

○ 5장 - 사고조사

- 조직 활동 및 조직
- 해당국 책임 조사 실시
- 항공보안 책임당국에 통보

5.11 조사 중에 불법 방해 행위가 관련되었다는 것이 판명되거나 의심이 될 경우, 조사 책임자는 즉시 관련 체약국의 항공보안 책임기관이 통보 받을 수 있도록 조취를 취하여야 한다.

8. 부속서 14 (비행장) 에서 발췌

○ 3.14 격리 주기장

3.14.1 불법 방해 행위 하에 있는 것으로 판명되거나 믿어지는 또는 그 밖의 사유로 일반 비행장으로부터 격리가 필요한 항공기의 주기를 위해 격리주기장이 지정되거나 비행장 관제탑에 이에 대한 적절한 구역이 통보되어야 한다.

3.14.2 권고사항 - 항공기 격리 주기장은 최대한 거리를 두어 위치하여야 하며 어떠한 경우에도 타 항공기 주기장소, 거눔ㄹ 또는 공공장소 등으로부터 최소 100m 이상 떨어져 있어야 한다. 격리위치는 가능한 휘발유 및 항공유나 전기 또는 통신선로 같은 지하시설 위에 위치하지 않도록 각별한 주의를 기울여야 한다.

○ 5.3 등화시설

5.3.23 계류장 조명시설 (조항 5.3.16.1 및 5.3.17.1 참고)

5.3.23.1 권고사항 - 야간에 이용할 수 있도록 계류장, 제빙시설 및 항공기 격리 주기장으로 지정된 곳에 계류장 조명시설이 제공되어야 한다.

주 1 - 항공기 제빙시설이 활주로 근처에 위치하여 있으며 영구 조명이 기장에 혼란을 초래 할 수 있을 경우 기타 조명 장치를 고려할 필요가 있다.

주 2 - 항공기격리주기장 지정은 조항 3.13에 기술되어 있다.

주 3 - 계류장 조명시설은 비행장 설계 지침서 Part 4 에 명시되어 있다.

○ 8.1 항행시설 전력공급 시스템

8.1.10 권고사항. - 아래에 기술된 공항시설에 최소한의 동력을 제공할 수 있는 2차 전력이 제공되어야 한다.

(5) 조항 9.11에 따라 설치되어 있는 필수 보안등

○ 9.1 공항 비상 계획

주 - 공항비상계획이란 공항 또는 공항 부근에서 발생하는 비상사태에 대처하기 위하여 공항에서 준비하는 일련의 과정을 말한다. 공항비상계획 수립의 목적은 사고발생시 생명을 구하고 항공기 정상적인 운항을 유지함으로써 사고로 인한 영향을 최소화하는 것이다. 공항비상 계획에는 비상사태 해결을 도울 수 있는 여러 관련기관 및 주변 지역의 관련기관과 대응 업무 조정 절차가 규정되어져 있다. 해당 기관이 공항비상계획 수립 시 필요한 지침자료는 공항업무편람 Part7에 기술되어 있다.

9.1.1 공항비상계획은 공항에서 이루어지는 항공기운항 및 기타 활동과 부합하여 수립되어야 한다.

9.1.2 공항비상계획은 공항 또는 공항부근에서 발생하는 비상사항 대응 조치에 대한 조정사항을 포함하여야 한다.

주 1. - 비상사태의 예 : 항공기 비상, 폭발물 위협을 포함한 파괴 행위, 불법 납치된 항공기, 위험물품 발견, 건물화재 및 천재지변 등

9.1.3 비상계획에는 비상사태 발생 시 모든 해당 기관의 대응 또는 참여 관련한 조정사항이 포함되어야 한다.

주 - 일반적으로 비상사태 관련 대응기관은 다음과 같다.

- 공항 내 지역 : 관제탑, 화재 및 구조기관, 공항 행정기관, 의료 서비스 센터, 항공사, 보안조직 및 공항경찰

- 공항 외부지역 : 소방서, 경찰, 의료 구급대, 병원, 군 및 해양 순찰대 또는 해안 보안대

9.1.4 권고사항 - 본 계획은 필요에 따라 구조 조정센터와의 조정 및 협력관련 내용을 포함하여야 한다.

9.1.5 권고사항 - 공항 비상계획은 최소한 다음 사항을 포함하여야 한다.

(1) 예상되는 비상사태 유형

(2) 비상계획에 포함된 관련기관

(3) 비상사태 유형별 각 기관의 책임 및 임무, 비상 운영 센터 및 명령지휘소

(4) 특정 비상사태 발생 시 연락할 수 있는 사무소 및 인력의 이름 및 전화번호

(5) 비행장 및 인근지역의 그리드 맵

- 비상운영센터 및 현장지휘소

9.1.7 권고사항 - 지상 비상운영센터 및 이동 현장지휘소는 비상사태 발생 시 사용될 수 있어야 한다.

9.1.8 권고사항 - 비상운영센터는 비행장 시설의 일부로 설치되어야 하고, 비상사태에 대한 전체조정 및 일반 지휘에 대한 책임역할을 수행하여야 한다.

9.1.9 권고사항 - 현장지휘소는 필요시 비상사태 발생장소로 신속하게

이동 될 수 있는 시설이어야 하며 비상사태에 대처하는 기관의 현장조정 역할을 담당하여야 한다.

9.1.10 권고사항 - 비상운영센터 및 현장지휘소 통제책임자를 지정하여야 한다.

- 통신 시스템

9.1.11 권고사항 - 본 계획 및 공항 요건에 의거 현장지휘소와 비상운영센터 상호간, 또는 참여기관과 연결되는 적절한 통신시스템이 확보되어야 한다.

- 공항비상 훈련

9.1.12 비상계획에는 계획의 적절성 및 효율성을 평가하기 위하여 정기 테스트 절차가 포함되어야 한다.

주 - 비상계획에는 모든 참여기관 및 관련시설을 포함하여야 한다.

9.1.13 비상계획 테스트는 아래와 같이 이루어 져야 한다.

(1) 종합 공항비상 훈련은 매 2년에 1번 이상 실시되어져야 한다.

(2) 종합 비상 훈련기간 동안 발견된 미비점을 보완하기 위하여 2년 사이의 기간에 부분 비상훈련을 실시하여야 한다.

주 - 종합훈련은 여러 종류의 비상사태 발생 시 비상계획에 의거 적절히 대응할 수 있는지 확인하기 위하여 실시한다. 부분 비상훈련은 관련기관의 대응의 적정성 및 통신시스템과 같은 비상계획상의 구성요소가 적절히 맞는지 확인하기 위하여 실시한다.

○ 9.10 보안 울타리

9.10.2 일반 대중의 출입이 제한되는 비행장 지역으로 비인가자가 접근하는 것을 방지하기 위해 보안 우랄리나 기타 적절한 장벽이 설

치되어야 한다.

주 1. - 여기에는 출입금지를 위해 필요한 하수시설, 덕트, 터널 등의 설치가 포함된다.

주 2. - 일반도로 위를 통과하는 활주로, 유도로로 비인가자 접근을 방지하기 위해 특별한 조치가 취해져야 한다.

9.10.3 보호를 위한 적합한 수단이 비인가 받은 사람의 비행장 근처의 민간 항공의 안전을 위한 시설 필수와 지상 설비로의 우발적이거나 계획적인 접근을 저지하기 위해서 제공되어야 한다.

9.10.4 일반인의 접근이 허가된 지역으로부터 이동지역과 항공기의 안전운항에 필수적인 공항의 다른 시설 또는 구역을 분리하기 위하여 울타리나 장벽이 설치되어야 한다.

9.10.5 권고사항 - 보다 큰 보안이 필수적일 때, 순찰을 간소화하고 침입이 어렵게 하기 위해 개방지역의 양쪽에 울타리나 장벽이 설치되어야 한다. 보안 순찰과 유지를 위한 인력 사용을 위한 비행장 울타리 안에 있는 외각 도로와 관련된 조항을 재검토해야 한다.

○ 9.11 보안등

권고사항 - 보안강화가 필요하다고 판단되는 비행장지역과 국제민간항공보안 및 관련시설 보호를 위해 설치된 울타리 및 기타 장벽지역에 최소한의 조명이 제공되어야 한다. 공항울타리와 장벽의 양쪽, 특히 접근통제지점에 조명이 제공될 수 있도록 등화시설이 설치되어야 한다.

9. 부속서 18 (위험물의 안전한 항공운송) 에서 발췌

○ 2.2 위험물품 기술 지침

2.2.1 각 체약국은 ICAO 이사회에서 수립한 절차에 따라 정기적으로 승인, 발간되는 위험물품 항공안전운송 관련 기술지침(Doc 9284)에 포함된 상세 규정을 준수토록 하기 위한 적절한 조치를 취하여야 한다. 또한 각 체약국은 발간된 기술지침서 적용기간 중에 수정안 발간 시 이를 준수하기 위한 필요조치를 취하여야 한다.

2.2.2 권고사항 - 각 체약국은 체약국이 준수토록 권고되는 기술지침 수정사항 적용 시 어려움이 있을 경우 이를 ICAO에 보고해야 한다.

○ 10장. 교육훈련 프로그램 적용

기술지침에 의거 위험물품 교육훈련 프로그램이 수립되고 최신으로 유지되어야 한다.

○ 13장. 위험물품 보안규정

각 체약국은 사람, 재산 또는 환경을 위험하게 할 수 있는 위험물품의 도난 및 오염을 최소화하기 위하여 화주, 항공사 및 기타 위험물품 항공운송에 관련된 자들에게 적용될 수 있는 위험물품 보안대책을 수립하여야 한다. 이러한 대책은 기타 부속서 및 기술지침에 명시된 보안 규정과 조화를 이루어야 한다.

10. Doc9284 (위험물품 항공안전 운송 관련 기술지침)에서 발췌

○ 4장. 교육훈련

본 장은 AE2, CA 18, HK1의 국가 규정의 영향을 받는다. : 표 A1참고 바람

○ 4.1 교육훈련 프로그램 수립

4.1.1 아래 조직은 위험물 운송 관련 초기 및 정기 교육훈련 프로그램을 수립, 유지하여야 한다.

(7) 승객 및 수하물 보안검색 업무를 수행하는 조직

11. Doc 4444 (항행 업무절차 - 항공규칙 및 항공교통업무)에서 발췌

○ 5.2 항공교통관제 이격에 대한 일반 규정

5.2.1.3 항공기 항로이탈이나 불법 방해 행위 같은 예외적인 상황 발생 시 규정된 최소한의 이격거리 이상으로 격리하여야 한다. 과도한 떨어진 거리 적용으로 인한 가 항공교통흐름을 방해하는 것을 방지하기 위하여 모든 관련 요소들을 고려하여 결정하여야 한다.

주 - 특별한 상황의 불법 방해 행위가 발생한 항공기의 경우 해당 항공기와 다른 항공기사이의 거리는 규정된 최소거리 이상의 거리를 확보하여야 하는 예외적인 경우가 있을 수 있다.

○ 15.1 비상대처 과정

15.1.1 일반과정

15.1.1.1 여러 다양한 비상사태 요소에 따라 상세하고 정확한 대응대책을 수립하는 것은 어렵다. 여기서 대략적으로 기술하고 있는 절차는 항공교통 관제사를 위한 일반적인 지침이다. 항공교통 관제소는 전체적이고 완벽한 조정역할을 하며, 관제사는 비상상황 처리 시 가장 최선의 판단을 하여야 한다.

주 1 - 비상사태 및 우발사태 관련한 추가 레이더 운영 절차는 8장 8.8.1에 기술되어 있다.

주 2 - 비상사태에 있는 항공기의 조종사가 이전에 관제탑으로부터 트랜스폰더를 특정코드로 변경하도록 지시 받았을 경우, 특수상황으로 인하여 기장이 다른 코드로 결정하여야하거나 또는 다른 코드로 변경토록 관제탑으로부터 통보 받지 않는 한, 이 코드를 계속 유지하여야 한다. 관제탑이 특정코드를 지정하지 않은 경우, 기장은 Mode A 7700으로 맞추어야 한다.

15.1.1.2 항공기에 의해 비상이 발령되었을 경우 항공교통 관제소는 다음과 같은 조취를 취하여야 한다.

(1) 항공기 편명, 비상사태의 형태, 비행승무원의 의도, 항공기 위치, 고도 등이 운항승무원에 의해 명확히 확인되지 않았을 경우, 이를 확인하기 위한 모든 조치를 취한다.

(2) 최적의 도움을 줄 수 있는 방법을 결정한다.

(3) 항공기에 도움을 줄 수 있는 항공교통관제 업무나 기타 제공 가능 업무에 대한 목록을 작성한다.

(4) 착륙 적합한 비행장, 최소 안전고도, 날씨정보 등 관련 추가 정보를 요청한 정보와 함께 운항승무원에게 제공한다.

(5) 항공사나 운항승무원으로부터 다음과 같은 관련 정보를 얻는다. : 탑승인원, 남은 연료량, 위험물질 탑재여부 및 탑재 시 위험물질 특성

(6) 해당 지역의 적절한 항공교통 관제소 및 관련당국에 대한 정보를 항공기에 통보한다.

15.1.1.3 가능한 한 무선 주파수와 SSR을 변경을 하지 않아야 하며, 관련 항공기에 보다 향상된 서비스가 제공될 수 있는 경우에 한하여

변경하여야 한다. 엔진고장이 발생하였던 항공기는 가능한 운항을 최소화하여야 한다. 비상사태에 처한 항공기 주변에서 운항중인 항공기는 관련 상황에 대한 정보를 제공받아야 한다.

주 . - 15.1.1.2 e)에 명시된 정보는 항공사 또는 기타 조직으로부터 입수가 곤란한 경우에 한하여 운항승무원에게 요청하여야 하며 필수 정보에 한정하여 요청하여야 한다.

15.1.2 우선순위 - 불법 방해 행위를 포함하여 비상상태에 있다고 알려지거나 믿어지는 항공기는 타 항공기보다 우선적으로 관제되어야 한다.

15.1.3 불법방해행위 및 항공기 폭발물 위협

15.1.3.1 항공교통 관제요원은 항공기 불법 방해 행위 발생 징후를 인지할 수 있도록 준비되어야 한다.

15.1.3.2 항공기에 대한 불법 방해 행위가 의심되지만 SSR Mode A Code 7500 및 Code 7700의 자동 확인 표시기가 제공되지 않은 경우, 레이더 관제사는 SSR해독기를 Mode A Code 7500으로 세팅한 후 Code 7700으로 작동 할 수 있다.

주. - SSR트랜스폰더를 장착한 항공기는 불법방해 행위 하에 있을 경우 이를 명확히 표시하기 위하여 트랜스폰더를 Mode A Code 7500으로 작동해야 한다. 항공기는 급박하고 중대한 위험으로 신속한 도움이 필요한 상황을 표시하기 위해서 Mode A Code 7700으로 작동할 수 있다.

15.1.3.3 항공기에 대한 불법방해행위가 알려지거나 의심될 경우 또는 폭발물 위협경보를 접수받은 경우 항공교통관제소는 항공기의 항로 및 착륙하려는 공항에서의 항행시설, 절차 및 업무에 대하여 관련 정보를 포함하여 해당 항공기에서 요청한 사항에 대하여 신속히 제공하여야 하며 운항을 신속하게 하기 위한 조치를 취하여야 한다.

15.1.3.3.1 항공교통 관제소가 취해야할 조치 사항은 다음과 같다

(1) 항공기로부터 응답이 오기를 기다리지 말고 항공기 안전을 위한 조치사항 관련 정보를 계속해서 전송한다.

(2) 적용 가능한 방법으로 항공기의 항로를 감시하여야 하며 만약 항공기의 통신상태가 저상이 아닐 경우 항공기로부터 다른 반응이나 전송을 기다리지 말고 인접 항공교통 관제소와 관제이양에 대하여 협력하여야 한다.

(3) 비행경로에 속할 수 있는 다른 항공교통 관제소에 계속해서 정보를 제공하여야 한다.

주. – 본 규정 적용 시, 남아있는 연료량, 항공기의 갑작스런 진로 및 변경가능성 등 항공기의 향후 추이에 영향을 끼치게 될 모든 요소를 고려해야 한다. 이 조는 특정 영공 진입시점에 대한 적절한 정보를 사전에 각 관련 항공교통 관제소에 제공하기 위함이다.

(4) 아래 기관에 통보한다.

(가) 항공사 또는 항공사 지정 대리인

(나) 관련 비상연락절차에 따른 해당구조 조정센터

(다) 관련 보안 당국

주. – 보안 당국 및 항공사는 기 수립된 처리절차에 따라 관련 당사자에게 순차적으로 통보하다.

(5) 항공기와 지정된 보안당국 사이에서 불법 방해 행위와 관련한 적절한 메시지를 상호 전달한다.

주. – 이 메시지는 최소한 아래사항을 포함하여야 한다. : 비상상황 선언하는 최신메시지, 기존사건에 대한 갱신메시지, 관련 당국에 의해 결정되는 내용 포함한 메시지, 책임이전 메시지, 책임접수 메시지, 특정 사건이 사건과 더 이상 관계되지 않는다는 메시지, 사건종결 메시지

15.1.3.4 폭발물 또는 기타 폭발장치가 항공기에 탑재되었다는 정보를 접수하였을 경우 아래의 추가 절차가 적용되어야 한다. 폭발물 위협접수를 받은 항공교통 관제소는 아래의 조취를 취한다.

(1) 만약 항공기와 직접 교신이 가능한 경우, 즉시 운항승무원에 위협 및 위협 주변 환경에 대하여 통보한다.

(2) 만약 항공기와 직접 교신이 가능하지 않을 경우, 다른 항공교통 관제소 또는 기타 채널을 이용하여 가장 신속한 방법으로 운항승무원에 해당사항을 통보한다.

15.1.3.5 항공교통 관제소는 항공기와 교신 시 운항승무원의 의도를 확인하여야 하며 이를 해당 항공기와 관련된 다른 항공교통 관제소에 통보하여야 한다.

15.1.3.6 다른 항공기 및 지상요원, 건물에 대한 안전을 위협하지 않는 범위 내에서 해당 항공기에 대한 관제를 가장 신속한 방법으로 처리하여야 한다.

15.1.3.7 운항중인 항공기에 의해 요청된 새로운 목적지에 대하여 즉시 허가를 내주어야 한다. 외부 압력과 내부객실압력 차를 줄이거나 유지하기 위한 고도상승 및 하강 관련한 운항승무원의 어떠한 요청도 신속히 받아들여져야 한다.

15.1.3.8 지상 주기된 해당 항공기는 타 일반 항공기 및 시설로부터 가능한 멀리 떨어져 있도록 하여야 하며 필요시 활주로를 비우도록 하여야 한다. 현장 상황에 따라 해다 항공기를 지정된 주기지역 또는 독립계류장으로 유도하도록 지시하여야 한다. 만약 기장이 승객과 승무원을 신속하게 내리기로 결정한 경우, 다른 일반 항공기, 차량 및 인원은 해당 위협 항공기로부터 멀리 떨어진 안전한 곳에 위치하도록 하여야 한다.

15.1.3.9 항공교통 관제소는 폭발물 처리 관련하여 승무원에게 어떠한 권고나 제안을 하여서도 아니 된다.

15.1.3.10 불법방해행위의 대상으로 믿어지거나 다른 이유로 정상적인 공항운영으로부터 격리될 필요가 있는 항공기는 격리 주기장으로 유도되어져야 한다. 이런 격리 주기장이 설정되지 않은 경우, 또는 주기장으로 지정된 지역을 사용할 수 없을 경우, 해당 항공기는 공항당국과 사전 합의된 지역으로 인도되어져야 한다. 해당 항공기에 대한 지상 유도시 지정된 주기장으로 인도될 수 있도록 유도로를 명확히 지정하여야 한다. 이 유도로는 공항의 시설, 타 항공기 및 구조물의 안전위험을 최소화 할 수 있도록 선택되어져야 한다.

주 - 부속서 14, 제1권, 제3장 참고

12. Doc 8168 (항행 업무절차 - 항공기운항 I권 - 비행절차)에서 발췌

○ 1.4 비상사태 처리절차

비상사태에 직면한 항공기 기장은 항공교통관제소가 특정코드 상으로 트랜스폰더 작동을 미리 지시한 경우가 아닌 경우 트랜스폰더를 Mode A Code 7700에 맞춰야 한다. 항공교통관제소가 미리 지정한 경우에 항공기의 기장은 항공교통관제소가 달리 지시하는 바가 없다면 그 특정코드를 유지해야 한다.

○ 1.6 운항중 항공기 불법방해행위

1.6.1 운항중인 항공기내에서 불법 방해 행위가 발생한 경우 기장은 상황이 Code 7700으로 맞출 수 없을 경우 비상사태를 표시할 수 있도록 트랜스폰더를 Mode A Code 7500에 맞추도록 해야 한다.

1.6.2 Mode A Code 7500을 선택하고 조항 1.1.5에 따라 항공교통 관제소에서 이를 확인, 요청하면 기장은 조항 1.1.4에 의거 상황에 따라 비상사태를 확인하거나 또는 상황에 따라 응답을 하지 않아야 한다.

주 - 기장으로부터 응답이 없을 경우 항공교통 관제소는 코드 7500이 실수로 선택되지 않았다고 판단하여야 한다.

저자소개

■ 소대섭

現 한서대학교 항공융합학부 항공보안시스템전공 교수
現 (사) 대한민국 항공보안협회 이사
現 항공보안포럼 이사
前 인천국제공항공사 항공보안교육원 부원장 및 전임교관
前 인천국제공항공사 부장

저서

항공보안(Aviation Security) (항공보안교육원 소대섭외 공저, 2004)
항공보안법규집 (항공보안교육원 소대섭외 편저, 2004)
보안검색(Aviation Security Screening) (항공보안교육원 소대섭 외 공저, 2005)
항공보안론 (고광남 · 소대섭 공저, 백산출판사 2006)
항공보안법규 (대한민국항공보안협회 편저, 진영사 2015)
보안검색론 (고광남 · 소대섭 공저, 진영사 2018)